# Führer durch die Technische Mechanik

Eine neuartige Übersicht über ihre Grundlagen
Methoden und Ergebnisse für
Studium und Praxis

von

## Dr.-Ing. Horst Müller

Privatdozent an der Techn. Hochschule
Hannover

Mit 166 Textabbildungen

Berlin
Verlag von Julius Springer
1935

ISBN-13:978-3-642-90132-4    e-ISBN-13:978-3-642-91989-3
DOI: 10.1007/978-3-642-91989-3

# Vorwort.

Wer die Geschichte eines Landes studieren will, darf nicht nur die Ereignisse in ihrer zeitlichen Reihenfolge betrachten, sondern er muß auch die gleichzeitigen Vorgänge in den Nachbarländern, sowie die Vorgeschichte mit einbeziehen. Genau dasselbe gilt für alle anderen Lehrgebiete. Jedes Gebiet ist ein Organismus, keines seiner Glieder dient Selbstzwecken, sondern sie alle hängen innig miteinander zusammen, und nur, wer diesen inneren Zusammenhang sieht und kennt, wird es beherrschen.

Das vorliegende Buch will nicht in die Reihe der bisher üblichen Lehrbücher treten oder einen Ersatz für Vorlesungen bieten, sondern, nachdem der Lernende schrittweise in die einzelnen Probleme eingeführt wurde, und die Aufgaben nacheinander an ihn herantraten, soll er jetzt die Dinge nebeneinander sehen und so das Ineinandergreifen der einzelnen Gesetze deutlicher erkennen. Auf vollständige Ableitung der Lehrsätze konnte auf Grund der an den Leser gestellten Voraussetzungen zugunsten der Übersichtlichkeit verzichtet werden. Ihr wesentlicher Inhalt oder der Gedankengang von Konstruktionen tritt dafür in den Vordergrund. Die vielen Seitenhinweise, die die enge Verknüpfung der einzelnen Gebiete untereinander zeigen, und die Anleitungen zur Ableitung der Gesetze sollen den Leser zum Mitarbeiten in horizontaler und vertikaler Richtung veranlassen. Übungsbeispiele werden, soweit es sich nicht um Grundaufgaben handelt, nicht gebracht. Sie gehören nicht zur Aufgabe dieses Buches. Dem Lernenden sei aber gesagt, daß er nur durch eifriges Üben Sicherheit in der Beherrschung der Lehrsätze und deren Anwendung erhält. Besonderer Wert wird auf die meist sehr stiefmütterlich behandelten Zeichenmaßstäbe gelegt, die erfahrungsgemäß viele Schwierigkeiten bereiten.

Genau wie ein Wanderer nicht nur einen Weg verfolgt, sondern einen Überblick über das durchwanderte Gebiet und die mit ihm verwachsenen Leute gewinnen will, so möge der Leser, sei es bei der Vorbereitung fürs Examen, sei es beim Studium oder beim Nachschlagen im vorliegenden etwas Gleichwertiges finden!

Hannover, im Januar 1935.

Dr.-Ing. **Horst Müller.**

# Inhaltsverzeichnis.

## A. Vorbemerkungen.



## B. Statik.

## C. Kinematik.

Inhaltsverzeichnis.

## D. Kinetik.

# A. Vorbemerkungen.

## I. Einteilung der Mechanik.

### Lehre von den Kräften und von der Bewegung der Körper.

| Statik. | Kinematik. | Kinetik[1]. |
|---|---|---|
| Gleichgewicht der Kräfte und Momente. Ruhe oder gleichförmige Bewegung. Beziehungen zwischen den Kräften und Momenten. | Bewegung der Körper ohne Beachten der wirkenden Kräfte und Momente. Beziehungen zwischen Ort und Zeit. | Kein Gleichgewicht der Kräfte und Momente. Beschleunigte Bewegung. Beziehungen zwischen Kräften, Momenten, Ort und Zeit. |

| Beschaffenheit der untersuchten Körper | | |
|---|---|---|
| **starr** | **elastisch oder plastisch** | **flüssig oder gasförmig** |
| Mechanik der starren Körper = Stereomechanik. | Elastizitäts- und Festigkeitslehre = Elastomechanik | Hydro- und Aeromechanik (Volumen beständig). Gasdynamik (Volumen veränderlich). |

## II. Allgemeines.

### 1. Unterscheide Skalare und Vektoren.

| Skalare = richtungslose Größen | Vektoren = gerichtete Größen |
|---|---|
| vollständig bestimmt durch Angabe eines Zahlenwertes. | außer Angabe der Größe — des absoluten Betrages — ist noch die Orientierung im Raum — die Richtung und Lage der „Strecke" — anzugeben. |
| Beispiel: Zeit, Temperatur, spez. Gewicht, Masse, Arbeit usw. | Beispiel: Geschwindigkeit, Beschleunigung, Kraft, Moment, Winkelgeschwindigkeit, Drall usw. |
| Darstellung: Lateinische und griechische Buchstaben, z. B. $t$, $\vartheta$, $\gamma$, $m$, $A$ ... | Darstellung: |

Vektoren-Darstellung:

| Zeichnung | Rechnung |
|---|---|
| Pfeil. | deutsche Buchstaben oder griechische mit einem Querstrich, z. B. $\mathfrak{v}$, $\mathfrak{b}$, $\mathfrak{P}$, $\mathfrak{M}$, $\mathfrak{B}$, $\overline{\omega}$, $\overline{\varepsilon}$ ... |

| | |
|---|---|
| Rechnen wie mit benannten Zahlen. | Besondere Rechengesetze (siehe weiter unten). |

---

[1] Bisweilen werden unter dem Ausdruck Dynamik die Statik und Kinetik zusammengefaßt. Aus didaktischen Gründen findet man aber auch die Kinematik und Kinetik als Dynamik behandelt.

## 2. Orientierung im Raum durch Koordinatensysteme.

| Cartesische Koordinaten. | | Zylinder-koordinaten. | Polarkoordinaten (Kugelkoordinaten). |
|---|---|---|---|
| Rechtssystem | Linkssystem | | |

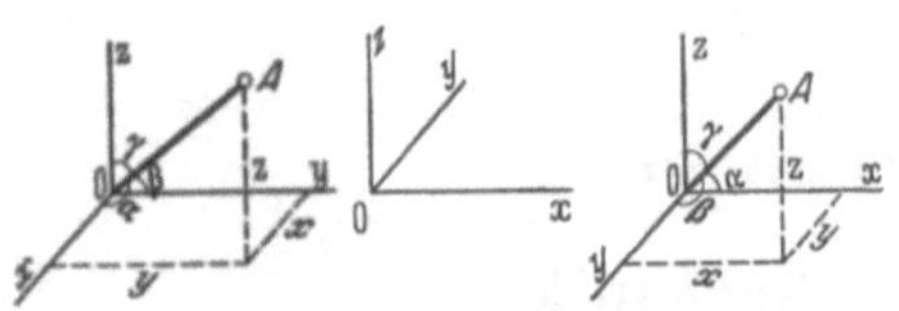

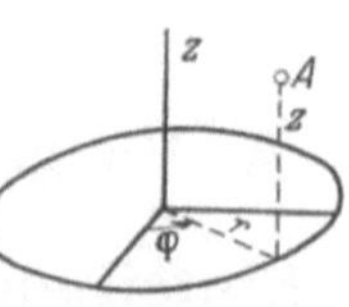

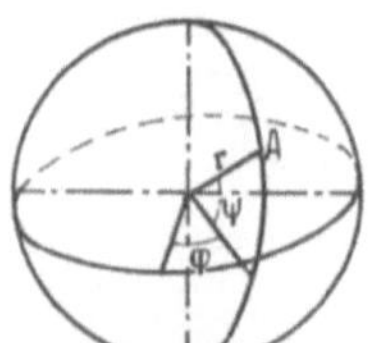

Abb. 1. Cartesische Koordinaten. a), b) Rechtssystem, c) Linkssystem.

Achsen $xyz$ stehen aufeinander senkrecht. Fortschreiten von der

$x$-Achse über die $y$-Achse in der $z$-Richtung;
$y$-Achse über die $z$-Achse in der $x$-Richtung;
$z$-Achse über die $x$-Achse in der $y$-Richtung.

ergibt eine

rechtsgängige    linksgängige

Schraube[1].

Abb. 2.
Zylinderkoordinaten.
$r$ = Radius des Grund-kreises.
$\varphi$ = Drehwinkel.
$z$ = Achse = Höhe über dem Grundkreis.

Abb. 3.
Polarkoordinaten.
$r$ = Radiusvektor.
$\varphi$ = Seitenwinkel (Längengrad).
$\psi$ = Höhenwinkel (Breitengrad).

## 3. Darstellung eines Vektors.

| Zeichnung | Rechnung |
|---|---|
| durch einen Pfeil. | durch die Komponenten des Pfeiles — meist in cartesischen Koordinaten. — Die Richtung der Achsen $xyz$ wird durch die „Einheitsvektoren" $i\,j\,\mathfrak{k}$ von der absoluten Größe 1 und der Richtung der $xyz$-Achse angegeben. Z. B. |

$$\mathfrak{P} = i \cdot X + j \cdot Y + \mathfrak{k} \cdot Z = \mathfrak{X} + \mathfrak{Y} + \mathfrak{Z}$$

Größe: Pfeillänge.

absoluter Betrag (Maßzahl)

$$|\mathfrak{P}| = P = \sqrt{X^2 + Y^2 + Z^2}$$

Richtung: Neigung des Pfeiles.

Neigungswinkel $\alpha\,\beta\,\gamma$ gegen die Koordinatenachsen $xyz$. Richtungscosinus

$$\cos \begin{pmatrix} \alpha \\ \beta \\ \gamma \end{pmatrix} = \frac{X,\ Y,\ Z\text{-Komponente}}{\text{ganze Länge}}\,[2].$$

Sinn: Pfeilspitze.
Lage (Wirkungslinie): Lage des Pfeiles im Lageplan.

Vorzeichen der Komponenten.
Koordinaten eines Punktes der Angriffsgeraden.

## 4. Vektorarten.

| Axiale = gebundene = linien-flüchtige | Planare = freie |
|---|---|
| dürfen nur in ihrer Richtung verschoben werden. | dürfen in ihrer Richtung und parallel dazu verschoben werden. |
| Z. B. Kraft, Winkelgeschwindigkeit. | Z. B. Moment, Fortschreitgeschwindigkeit. |

---

[1] Manche Autoren setzen beim Rechtssystem als positive Drehung die der obigen Definition entgegengesetzt an. Dies bedeutet, daß bei den Momentenbildungen (siehe S. 5) vor den Determinanten ein — Zeichen anzubringen ist.

[2] In der Ebene ist $\qquad \cos^2\alpha + \cos^2\beta \qquad = 1$,
im Raume ist $\qquad \cos^2\alpha + \cos^2\beta + \cos^2\gamma = 1$.

Unter $\alpha\,\beta\,\gamma$ ist stets der spitze Winkel gegen die $xyz$-Richtung zu verstehen. Der Quadrant wird durch das Vorzeichen der Komponenten bestimmt.

Für den Winkel $\delta$ zwischen zwei Vektoren mit den Richtungswinkeln $\alpha_1\,\beta_1\,\gamma_1$ ist $\alpha_2\,\beta_2\,\gamma_2$

$$\cos \delta = \cos\alpha_1 \cdot \cos\alpha_2 + \cos\beta_1 \cdot \cos\beta_2 + \cos\gamma_1 \cdot \cos\gamma_2.$$

Beim Parallelverschieben um $\pm\,\mathfrak{a}$ entsteht ein Moment der Kraft oder der Winkelgeschwindigkeit (= Fortschreitgeschwindigkeit) (siehe Abb. 4 und 5).

$$\mathfrak{M} = [\mathfrak{a} \cdot \mathfrak{P}]; \quad M = |\mathfrak{M}| = a \cdot P \cdot \sin \widehat{\mathfrak{a}\,\mathfrak{P}} = P \cdot l$$
$$\mathfrak{v} = [\mathfrak{a} \cdot \overline{\omega}]; \quad v = |\mathfrak{v}| = a \cdot \omega \cdot \sin \widehat{\mathfrak{a}\,\overline{\omega}} \; *$$

Damit der Gleichgewichtszustand nicht geändert wird, ist beim Parallelverschieben ein Moment

$$\mathfrak{M} = -\,[\mathfrak{a}\,\mathfrak{P}] = [\mathfrak{P}\,\mathfrak{a}]$$
$$\mathfrak{v} = -\,[\mathfrak{a}\,\overline{\omega}] = [\overline{\omega}\,\mathfrak{a}] \quad \text{(siehe S. 5)}$$

anzubringen.

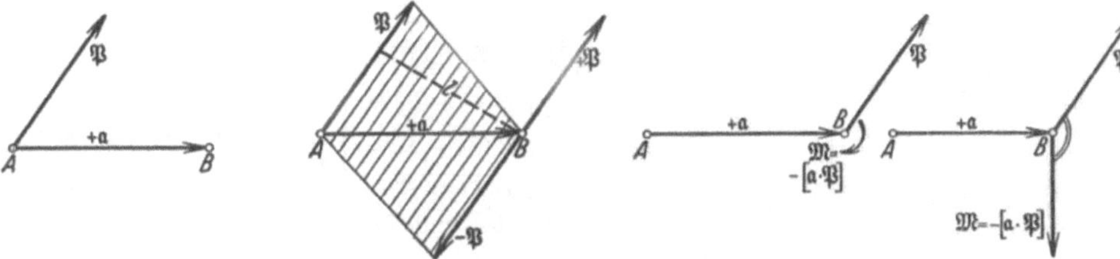

Abb. 4. Parallelverschieben eines Kraftvektors $\mathfrak{P}$.
a) Kraft $\mathfrak{P}$ im Punkte $A$ ist gleichwertig b) Kraft $\mathfrak{P}$ in $A$ und $\pm\,\mathfrak{P}$ in $B$, d. h. Kraft $\mathfrak{P}$ in $B$ und Kräftepaar $P \cdot l$. Dies ist gleichwertig c) und d) Kraft $\mathfrak{P}$ in $B$ und Moment $\mathfrak{M} = -\,[\mathfrak{a}\,\mathfrak{P}]$.

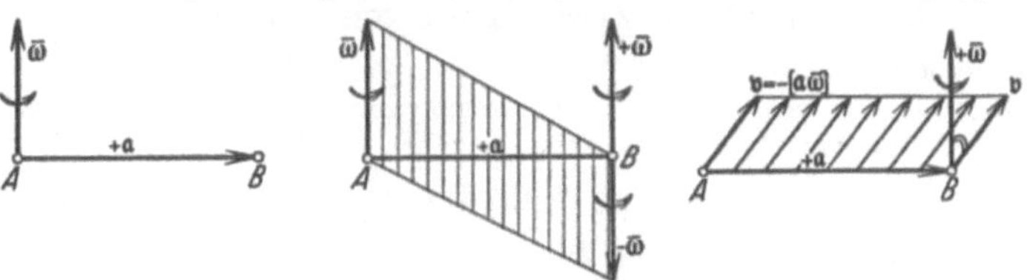

Abb. 5. Parallelverschieben des Vektors der Winkelgeschwindigkeit $\overline{\omega}$.
a) Vektor $\overline{\omega}$ in $A$ ist gleichwertig b) $\overline{\omega}$ in $A$ und $\pm\,\overline{\omega}$ in $B$, d. h. Winkelgeschwindigkeit $\overline{\omega}$ um $B$ und Winkelgeschwindigkeitenpaar $-\,[\mathfrak{a}\,\overline{\omega}]$. Dies ist gleichwertig c) Winkelgeschwindigkeit $\overline{\omega}$ in $B$ und Fortschreitgeschwindigkeit $\mathfrak{v} = -\,[\mathfrak{a}\,\overline{\omega}]$.

## 5. Absolute Größe eines Vektors.

Zeichnung:

aus Aufriß und Grundriß         aus Aufriß und Seitenriß

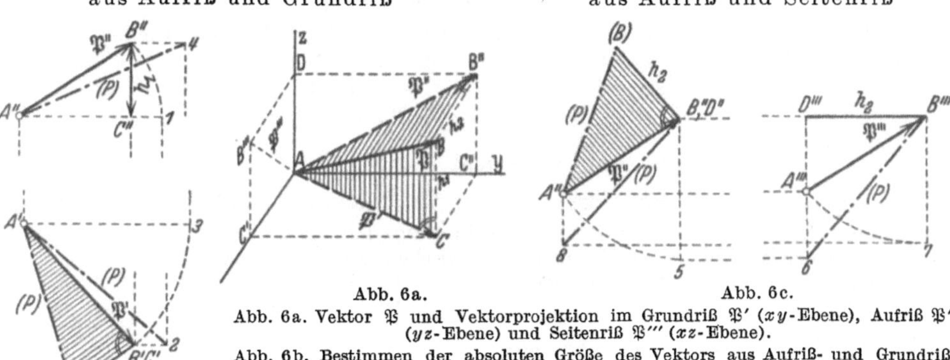

Abb. 6a.         Abb. 6c.

Abb. 6a. Vektor $\mathfrak{P}$ und Vektorprojektion im Grundriß $\mathfrak{P}'$ ($xy$-Ebene), Aufriß $\mathfrak{P}''$ ($yz$-Ebene) und Seitenriß $\mathfrak{P}'''$ ($xz$-Ebene).

Abb. 6b. Bestimmen der absoluten Größe des Vektors aus Aufriß- und Grundrißprojektion.

Abb. 6c. Bestimmen der absoluten Größe des Vektors aus Aufriß- und Seitenrißprojektion.

---

* Siehe Kinematik S. 47.

1. Konstruktion des im Raume stehenden Dreiecks $ABC$ aus einer Projektion $P'$ bzw. $P''$ der Höhe $h_{1,2}$ und dem rechten Winkel zwischen der Projektion und der Höhe. Die Hypotenuse dieses Dreiecks ist die wahre Größe von $\mathfrak{P}$ (siehe Abb. 6a bis c).

2. Die Projektion in der einen Ebene wird unter Festhalten eines Endpunktes gedreht, bis sie parallel zur anderen Projektionsebene liegt. Der andere Endpunkt des Vektors beschreibt in der ersten Projektionsebene konstruktionsgemäß einen Kreis mit der Projektionslänge als Radius und in der zweiten Projektionsebene bewegt er sich auf einer Geraden parallel zur Schnittlinie der beiden Projektionsebenen.

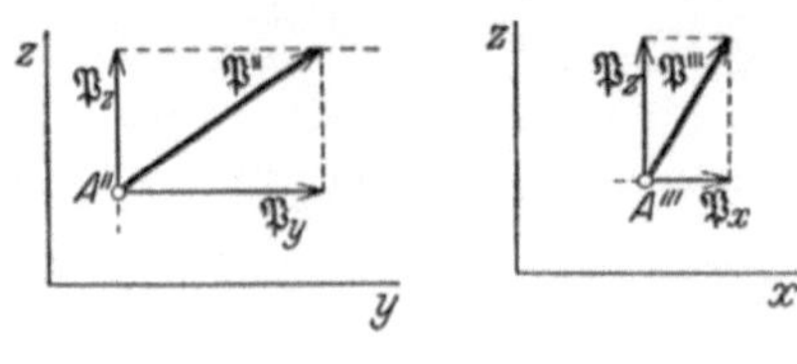

Abb. 6b. Linienzug $B''12$ und $B'2$ oder $B'34$ und $B''4$.

Abb. 6c. Linienzug $A''56$ und $A'''6$ oder $A'''78$ und $A''8$.

Rechnung:

$$P = \sqrt{P_x^2 + P_y^2 + P_z^2}$$

$$= \left.\begin{cases} \sqrt{P'^2 + P_z^2} = \\ \sqrt{P''^2 + P_x^2} = \\ \sqrt{P'''^2 + P_y^2} = \end{cases}\right\} \frac{1}{\sqrt{2}} \cdot \sqrt{P'^2 + P''^2 + P'''^2}$$

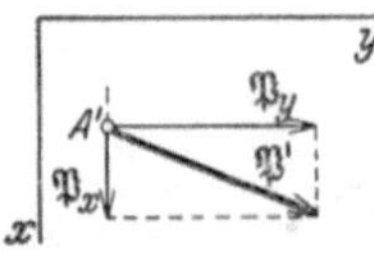

Abb. 7. Zusammenhang zwischen den Vektorprojektionen im Grund-, Auf- und Seitenriß und den Vektorkomponenten in der $xyz$-Richtung.

(siehe Abb. 6a und 7).

# III. Rechnen mit Vektoren.

## 1. Addition (s. Zusammensetzen von Kräften).

Der resultierende Vektor ist die Diagonale im Parallelogramm aus den beiden Summanden, d. h. er ist die Schlußlinie im Vektorpolygon. Die Reihenfolge der Summanden ist beliebig, aber der Umfahrungssinn muß gewahrt werden.

$$\mathfrak{A} + \mathfrak{B} = \mathfrak{B} + \mathfrak{A} = \mathfrak{i}(A_x + B_x) + \mathfrak{j}(A_y + B_y) + \mathfrak{k}(A_z + B_z),$$

$$\mathfrak{A} + \mathfrak{B} + \mathfrak{C} = \mathfrak{A} + \mathfrak{C} + \mathfrak{B} = \mathfrak{B} + \mathfrak{A} + \mathfrak{C} = \mathfrak{C} + \mathfrak{A} + \mathfrak{B}.$$

## 2. Subtraktion

wie Addition. Das Minuszeichen dreht nur den Pfeilsinn um.

$$\mathfrak{A} - \mathfrak{B} = \mathfrak{A} + (-\mathfrak{B}) = \mathfrak{i}(A_x - B_x) + \mathfrak{j}(A_y - B_y) + \mathfrak{k}(A_z - B_z).$$

## 3. Multiplikation.

### a) Skalar $\mathfrak{m}$ mal Vektor $\mathfrak{A}$.

Richtung und Sinn des Vektors bleiben ungeändert, Größe wird $m \cdot A$. Ist $m$ negativ, so wird auch noch der Sinn des Vektors umgekehrt. (Vgl. Subtraktion $m = -1$.)

$$\mathfrak{m}\,\mathfrak{A} = \mathfrak{i} \cdot m A_x + \mathfrak{j} \cdot m A_y + \mathfrak{k} \cdot m \cdot A_z$$

$$\mathfrak{m}(\mathfrak{A} + \mathfrak{B}) = \mathfrak{m} \cdot \mathfrak{A} + \mathfrak{m} \cdot \mathfrak{B}.$$

### b) Vektor $\mathfrak{A}$ mal Vektor $\mathfrak{B}$.

**Skalares = inneres Produkt.**

Schreibweise: Wie Produkt benannter Zahlen, bisweilen auch in runde Klammern (...) gefaßt oder kleiner Kreis zwischen beiden Vektoren.

Es wird der eine Vektor auf den anderen projiziert und diese beiden Größen werden wie Skalare miteinander multipliziert.

**Vektorielles = äußeres Produkt**

in eckige Klammern gefaßt oder Malzeichen zwischen beiden Vektoren.

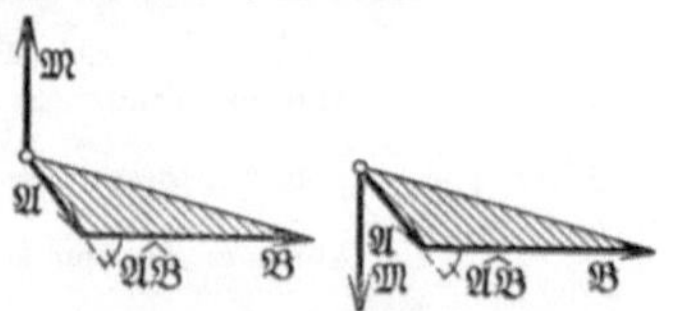

Abb. 8. Vektorprodukt $\mathfrak{M} = [\mathfrak{A}\,\mathfrak{B}]$ im a) rechts- und b) linkshändigen Koordinatensystem.

Der Wert des äußeren Produktes ist gleich dem doppelten Inhalt des schraffierten Dreiecks (siehe Abb. 8). Der diesen Wert darstellende Vektor steht senkrecht auf der Ebene (dem Dreieck) der beiden zu multiplizierenden Vektoren, und zwar in der Richtung, daß $\mathfrak{A}\,\mathfrak{B}\,\mathfrak{M}$ ein Rechts-/Links-system bilden.

$$\mathfrak{A}\cdot\mathfrak{B}=(\mathfrak{A}\cdot\mathfrak{B})=\mathfrak{A}\circ\mathfrak{B}=A\cdot B\cdot\cos\widehat{\mathfrak{A}\mathfrak{B}}$$
$$=A\cos\widehat{\mathfrak{A}\mathfrak{B}}\cdot B$$
$$=A\cdot B\cos\widehat{\mathfrak{A}\mathfrak{B}}$$
$$=A_x\cdot B_x+A_y\cdot B_y+A_z\cdot B_z$$

$$\mathfrak{M}=[\mathfrak{A}\cdot\mathfrak{B}]=\mathfrak{A}\times\mathfrak{B}=A\cdot B\cdot\sin\widehat{\mathfrak{A}\mathfrak{B}}$$
$$=\begin{vmatrix} \mathfrak{i} & \mathfrak{j} & \mathfrak{k} \\ A_x & A_y & A_z \\ B_x & B_y & B_z \end{vmatrix}$$
$$=\mathfrak{i}\begin{vmatrix} A_y & A_z \\ B_y & B_z \end{vmatrix}-\mathfrak{j}\begin{vmatrix} A_x & A_z \\ B_x & B_z \end{vmatrix}+\mathfrak{k}\begin{vmatrix} A_x & A_y \\ B_x & B_y \end{vmatrix}$$
$$=\mathfrak{i}\cdot(A_y\cdot B_z-A_z\cdot B_y)+\mathfrak{j}(A_z B_x-A_x B_z)$$
$$+\mathfrak{k}\cdot(A_x\cdot B_y-A_y\cdot B_x).$$

**Beispiel:** Arbeit = skalares Produkt aus Kraft und Weg.

Kraft $\qquad \mathfrak{P}=\mathfrak{X}+\mathfrak{Y}+\mathfrak{Z}$

Weg $\qquad d\mathfrak{s}=d\mathfrak{x}+d\mathfrak{y}\cdot d\mathfrak{z}$

Arbeit $\quad dA=\mathfrak{P}\cdot d\mathfrak{s}=P\cdot ds\cdot\cos\widehat{\mathfrak{P}d\mathfrak{s}}$
$$=X\cdot dx+Y\,dy+Z\cdot dz.$$

Moment = Vektorprodukt aus Hebelarm und Kraft.

Hebelarm $\quad \mathfrak{r}=\mathfrak{x}+\mathfrak{y}+\mathfrak{z}$

Kraft $\qquad \mathfrak{P}=\mathfrak{X}+\mathfrak{Y}+\mathfrak{Z}$

Moment $\quad \mathfrak{M}=[\mathfrak{r}\cdot\mathfrak{P}]=r\cdot P\cdot\sin\widehat{\mathfrak{r}\mathfrak{P}}$
$$=\begin{vmatrix} \mathfrak{i} & \mathfrak{j} & \mathfrak{k} \\ x & y & z \\ X & Y & Z \end{vmatrix}$$
$$=\mathfrak{i}\,yZ+\mathfrak{j}\,zX+\mathfrak{k}\,xY-\mathfrak{k}\,yX-\mathfrak{i}\,zY-\mathfrak{j}\,xZ$$
$$=+\mathfrak{i}\begin{vmatrix} y & z \\ Y & Z \end{vmatrix}-\mathfrak{j}\begin{vmatrix} x & z \\ X & Z \end{vmatrix}+\mathfrak{k}\begin{vmatrix} x & y \\ X & Y \end{vmatrix}$$
$$=+\mathfrak{i}(yZ-zY)-\mathfrak{j}(xZ-zX)+\mathfrak{k}(xY-yX)$$
$$=\mathfrak{M}_x\qquad+\mathfrak{M}_y\qquad+\mathfrak{M}_z$$

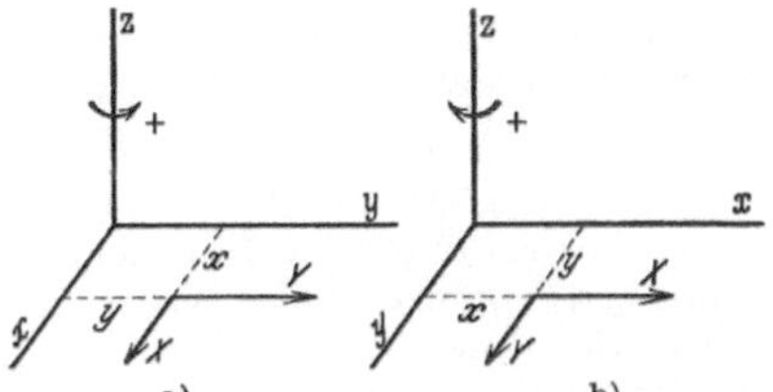


Abb. 9. Grundfigur zum Bestimmen des Vorzeichens von Kraftmomenten um eine Achse im a) rechts- und b) linkshändigen Koordinatensystem. Nach Aufstellen des Momentes um die $z$-Achse $M_z=x\cdot Y-y\cdot X$ folgen $M_{x,y}$ um die $x$- und $y$-Achse durch zyklische Vertauschung.

Die Reihenfolge der Faktoren ist beliebig
$$\mathfrak{A}\cdot\mathfrak{B}=\mathfrak{B}\cdot\mathfrak{A}$$

nicht beliebig
$$\mathfrak{M}=[\mathfrak{A}\cdot\mathfrak{B}]=-\mathfrak{M}_1=-[\mathfrak{B}\cdot\mathfrak{A}].$$

## c) Sonderfälle.

1. Vektoren einander parallel, $\sphericalangle\,\widehat{\mathfrak{A}\mathfrak{B}}=0$; $\cos\widehat{\mathfrak{A}\mathfrak{B}}=1$; $\sin\widehat{\mathfrak{A}\mathfrak{B}}=0$

$$\mathfrak{A}\cdot\mathfrak{A}=\mathfrak{A}^2=A^2=A_x^2+A_y^2+A_z^2,$$
$$\mathfrak{i}\cdot\mathfrak{i}=\mathfrak{j}\cdot\mathfrak{j}=\mathfrak{k}\cdot\mathfrak{k}=\mathfrak{i}^2=\mathfrak{j}^2=\mathfrak{k}^2=1.$$

$$[\mathfrak{A}\cdot\mathfrak{A}]=[\mathfrak{A}]^2=0,$$
$$[\mathfrak{i}]^2=[\mathfrak{j}]^2=[\mathfrak{k}]^2=0,$$

Beispiel: Das Moment einer Kraft um eine ihr parallele Achse ist null.

2. Vektoren senkrecht aufeinander, $\sphericalangle \widehat{\mathfrak{A}\mathfrak{B}} = 90^0$;   $\cos \widehat{\mathfrak{A}\mathfrak{B}} = 0$;   $\sin \widehat{\mathfrak{A}\mathfrak{B}} = 1$

| | |
|---|---|
| $\mathfrak{A}\mathfrak{B} = A_x B_x + A_y B_y + A_z B_z = 0$, | $[\mathfrak{A}\mathfrak{B}] = A \cdot B$, |
| $\mathfrak{i}\mathfrak{j} = \mathfrak{j}\mathfrak{k} = \mathfrak{k}\mathfrak{i} = 0$. | $[\mathfrak{i}\mathfrak{j}] = \mathfrak{k}$, |
| Beispiel: Eine auf ihrer Wegrichtung senk- | $[\mathfrak{j}\mathfrak{k}] = \mathfrak{i}$, |
| recht stehende Kraft verrichtet keine Arbeit. | $[\mathfrak{k}\mathfrak{i}] = \mathfrak{j}$. |

### d) Zeichnerische Bestimmung des Vektorproduktes $\mathfrak{M} = [\mathfrak{r} \cdot \mathfrak{P}]$.

In der Ebene:

Pol in senkrechtem Abstande $H$ von der Kraft wählen (siehe Abb. 10), im Kraftplan Polstrahlen $0$ und $1$ ziehen und im Lageplan parallel dazu die Seilstrahlen. Die Parallele zur Kraft $\mathfrak{P}$ im Lageplan durch den Bezugspunkt $0$ gibt in ihrer Länge $y$ zwischen den

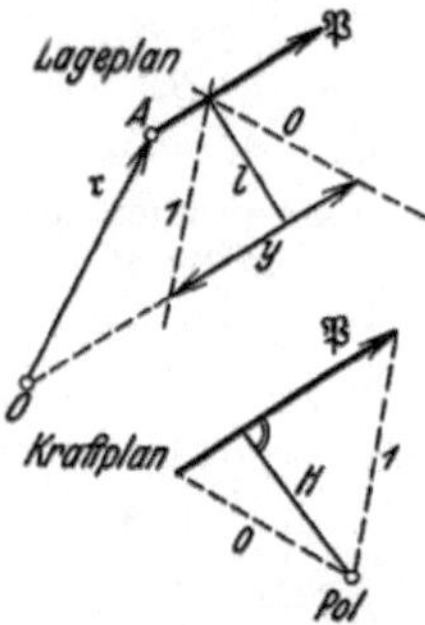

Abb. 10. Zeichnerische Bestimmung des Vektorproduktes bei ebener Darstellung.

Seilstrahlen $0$ und $1$ ein Maß für das Moment[1]

$$\mathfrak{M}_0 = [\mathfrak{r} \cdot \mathfrak{P}],$$
$$|\mathfrak{M}_0| = H \cdot y.$$

Maßstäbe:

Längenmaßstab im Lageplan $l$ m/mm.
Kraftmaßstab im Kraftplan $k$ kg/mm.
Polabstand $H$ stellt als Strecke im Kraftplan eine Kraft von der Größe $H = \overline{H} \cdot k$ kg dar, wobei $\overline{H}$ die Länge des Polabstandes in mm bedeutet. Die Strecke $y$ stellt eine Länge von $\overline{y}$ mm mal $l$ m/mm dar, also ist der Maßstab für das Moment

$$m = \overline{H} \cdot k \cdot l \, [\text{mm} \cdot \text{kg/mm} \cdot \text{m/mm}] = [\text{mkg/mm}]$$

und die Größe des Momentes beträgt

$$|\mathfrak{M}| = m \cdot \overline{y} \; \text{mkg/mm}.$$

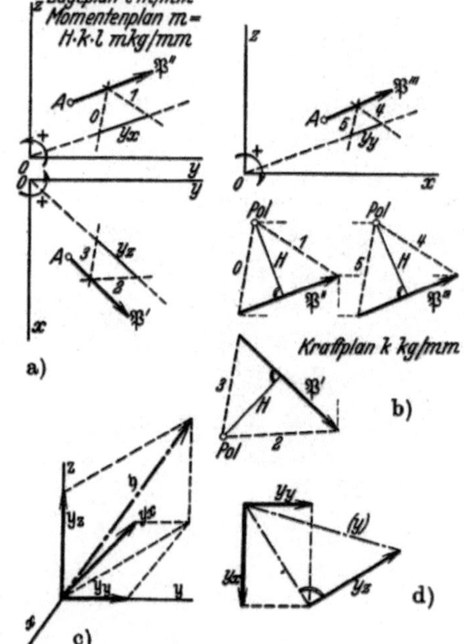

Abb. 11. Zeichnerische Bestimmung des Vektorproduktes bei räumlicher Darstellung.
a) Lageplan: Grund-, Auf- und Seitenriß.
b) Kraftplan für den Grund-, Auf- und Seitenriß.
c) räumlich-anschauliche Darstellung der Momentenvektoren.
d) Bestimmen der absoluten Größe des Momentenvektors.

Im Raume:

Das räumliche Bild wird auf drei zueinander senkrechte Ebenen projiziert und dort als drei ebene Probleme behandelt (siehe Abb. 11). Man erhält so die Momente um die drei Achsen $x\,y\,z$, die zu einem resultierenden Moment (siehe S. 26) vereinigt werden können. Betreffs des Vorzeichens der Momente beachte S. 5. Wählt man den Polabstand $H$ in allen Projektionsebenen gleich groß, so ist

$$|\mathfrak{M}| = |[\mathfrak{r} \cdot \mathfrak{P}]| = H \cdot y_{res} = H \cdot \sqrt{y_x^2 + y_y^2 + y_z^2}.$$

---

[1] Der Beweis folgt aus der Ähnlichkeit der Dreiecke $01y$ und $01P$ im Lage- und Kraftplan. Danach verhält sich $l:y = H:P$, d. h. $l \cdot P = H \cdot y$. Es ist aber $l \cdot P = \mathfrak{M}_0 = [\mathfrak{r}\mathfrak{P}]$ $= r \cdot P \cdot \sin \widehat{\mathfrak{r}\mathfrak{P}}$.

### e) Produkt von Vektorsummen.

$\mathfrak{A}(\mathfrak{B}+\mathfrak{C}) = \mathfrak{A}\mathfrak{B}+\mathfrak{A}\mathfrak{C},$

$(\mathfrak{A}+\mathfrak{B})\cdot(\mathfrak{C}+\mathfrak{D}) = \mathfrak{A}\mathfrak{C}+\mathfrak{A}\mathfrak{D}+\mathfrak{B}\mathfrak{C}+\mathfrak{B}\mathfrak{D}.$

Sonderfall: $\mathfrak{A}=\mathfrak{C};\ \mathfrak{B}=\mathfrak{D}$

$(\mathfrak{A}\pm\mathfrak{B})^2 = \mathfrak{A}^2\pm 2\,\mathfrak{A}\,\mathfrak{B}+\mathfrak{B}^2$
$= A^2\pm 2\,A\,B\cos\widehat{\mathfrak{A}\mathfrak{B}}+B^2$

(Cosinussatz).

$[\mathfrak{A}(\mathfrak{B}+\mathfrak{C})] = [\mathfrak{A}\mathfrak{B}]+[\mathfrak{A}\mathfrak{C}],$

$[(\mathfrak{A}+\mathfrak{B})\cdot(\mathfrak{C}+\mathfrak{D})] = [\mathfrak{A}\mathfrak{C}]+[\mathfrak{A}\mathfrak{D}]+[\mathfrak{B}\mathfrak{C}]+[\mathfrak{B}\mathfrak{D}].$

$[(\mathfrak{A}+\mathfrak{B})\cdot(\mathfrak{A}-\mathfrak{B})] = -2[\mathfrak{A}\mathfrak{B}],$

$[(\mathfrak{A}-\mathfrak{B})\cdot(\mathfrak{A}+\mathfrak{B})] = +2[\mathfrak{A}\mathfrak{B}].$

### f) Produkt von Produkten.

$\mathfrak{A}[\mathfrak{B}\mathfrak{C}] = \mathfrak{B}[\mathfrak{C}\mathfrak{A}] = \mathfrak{C}[\mathfrak{A}\mathfrak{B}]$

$= \begin{vmatrix} A_x & A_y & A_z \\ B_x & B_y & B_z \\ C_x & C_y & C_z \end{vmatrix} \cdot$

= Inhalt des aus den Vektoren $\mathfrak{A}$, $\mathfrak{B}$, $\mathfrak{C}$ gebildeten Parallelepipeds (siehe Abb. 12).

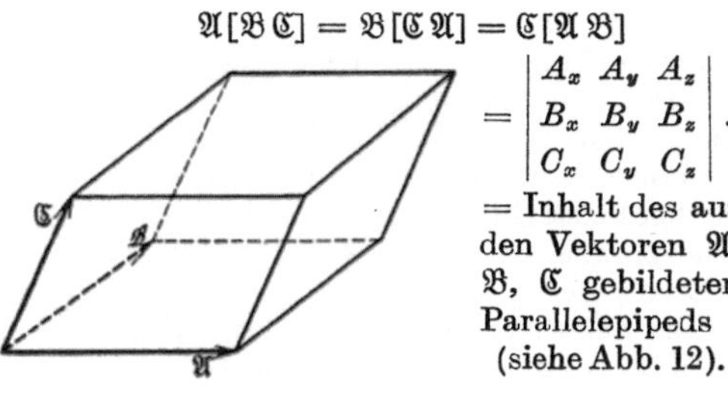

Abb. 12. Parallelepiped aus drei Vektoren $\mathfrak{A}$, $\mathfrak{B}$ und $\mathfrak{C}$.

$[\mathfrak{A}[\mathfrak{B}\mathfrak{C}]] = \mathfrak{B}(\mathfrak{A}\mathfrak{C})-\mathfrak{C}(\mathfrak{A}\mathfrak{B})$

ist ein Vektor, der $\perp\mathfrak{A}$ und $\perp[\mathfrak{B}\mathfrak{C}]$ steht.

$[[\mathfrak{A}\mathfrak{B}]\cdot\mathfrak{C}] = -[\mathfrak{C}[\mathfrak{A}\mathfrak{B}]]$
$= -\mathfrak{A}(\mathfrak{C}\mathfrak{B})+\mathfrak{B}(\mathfrak{C}\mathfrak{A}).$

## 4. Differentiation nach einem Skalar.

Ist $\mathfrak{a}_0$ der Einheitsvektor in Richtung $\mathfrak{A}$, so ist: $\mathfrak{A}=\mathfrak{a}_0\cdot A$ und $d\mathfrak{A}=d\mathfrak{a}_0\cdot A+\mathfrak{a}_0\cdot d A$ (siehe Abb. 13). Da aber $\mathfrak{a}_0^2=1$ ist, folgt aus $\mathfrak{a}_0\cdot d\mathfrak{a}_0=0$, daß $d\mathfrak{a}_0\perp\mathfrak{a}_0$ also auch $\perp\mathfrak{A}$ steht. Es ist also:

$$\frac{d\mathfrak{A}}{dt} = \frac{d\mathfrak{a}_0}{dt}\cdot A+\mathfrak{a}_0\cdot\frac{dA}{dt}$$

$$= \left[\frac{d\overline{\alpha}}{dt}\cdot\mathfrak{A}\right]+\mathfrak{a}_0\cdot\frac{dA}{dt}$$

$$= \mathfrak{i}\frac{dA_x}{dt}+\mathfrak{j}\frac{dA_y}{dt}+\mathfrak{k}\frac{dA_z}{dt},$$

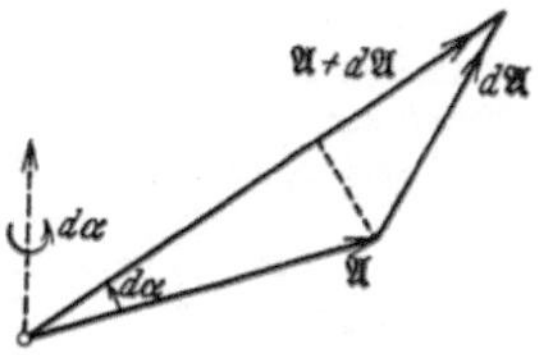

Abb. 13. Vektorveränderung.

$$\frac{d(\mathfrak{A}\mathfrak{B})}{dt} = \frac{d\mathfrak{A}}{dt}\cdot\mathfrak{B}+\mathfrak{A}\cdot\frac{d\mathfrak{B}}{dt},$$

$$\frac{d[\mathfrak{A}\mathfrak{B}]}{dt} = \left[\frac{d\mathfrak{A}}{dt}\cdot\mathfrak{B}\right]+\left[\mathfrak{A}\cdot\frac{d\mathfrak{B}}{dt}\right].$$

# IV. Differentiation und Integration zeichnerisch gegebener Kurven.

## 1. Differentiation.

Gegeben: $\quad y=F(x).$

Gesucht: $\quad \dfrac{dy}{dx}=y'=F'(x).$

### a) Tangentenverfahren.

$$y'=\frac{dy}{dx}=\operatorname{tg}\varphi=\text{Neigung der Kurve } y=F(x).$$

Pol im Abstande $H$ [mm] wählen (siehe Abb. 14), Tangente im Aufpunkte $A$ an die Kurve $y=F(x)$ zeichnen und Parallele dazu durch den Pol, die auf der Ordinate im Poleck die Größe von $y'$ angibt.

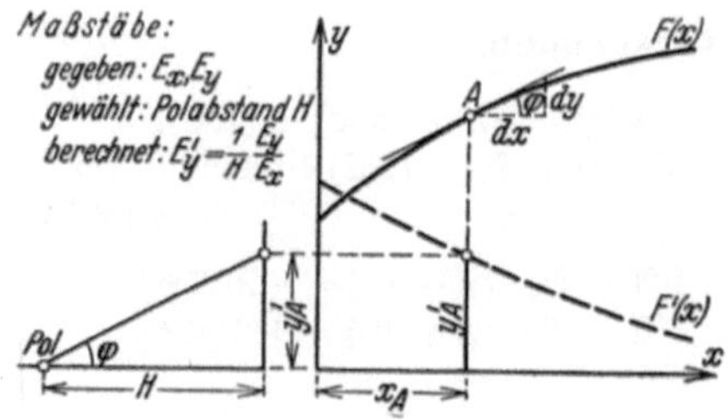

Abb. 14. Zeichnerische Differentiation einer Kurve nach dem Tangentenverfahren.

Nach Konstruktion ist $Y' = H \cdot \dfrac{dY}{dX}$ *,

nach Definition ist $y' = \dfrac{dy}{dx}$

also $\dfrac{y'}{Y'} = \dfrac{dy}{dY} \cdot \dfrac{dX}{dx} \cdot \dfrac{1}{H}$

d. h. aber $E_{y'} = \dfrac{1}{H} \cdot \dfrac{E_v}{E_y}$.

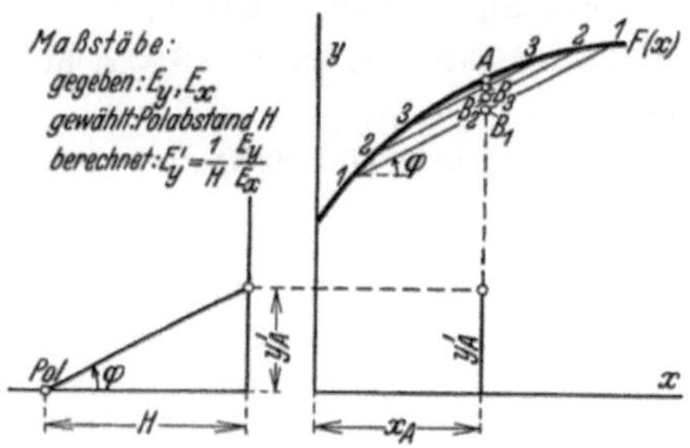

Abb. 15. Aufsuchen des Berührungspunktes einer Tangente.

Statt den Berührungspunkt $A$ vorzugeben und dort die Tangente zu zeichnen, kann man auch umgekehrt zur gegebenen Tangentenrichtung den Berührungspunkt suchen. — Vom Pol aus wird die Tangentenrichtung durch den Polstrahl vorgegeben (siehe Abb. 15) und die parallel dazu gezogenen Sehnen ($11$, $22$, $33 \ldots$) der Kurve $y = F(x)$ werden halbiert. Der Schnittpunkt der Halbierungskurve ($B_1 B_2 B_3 \ldots$) mit der gegebenen $y = F(x)$ ist der gesuchte Berührungspunkt $A$ der vorgegebenen Tangentenrichtung, d. h. der Ort $x_A$ für den gegebenen Differentialquotienten $y'_A$.

## b) Sehnenverfahren.

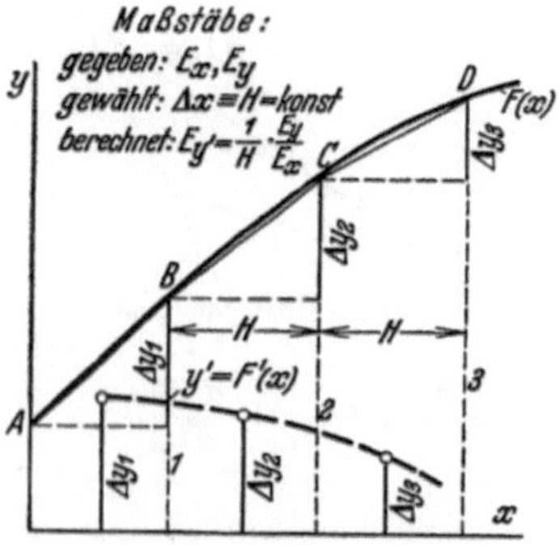

Die Kurve $y = F(x)$ wird durch ein Sehnenpolygon ersetzt (siehe Abb. 16, $A, B, C, D$). Die Neigung der Sehnen gibt den mittleren Differentialquotienten im Bereich $\Delta x$ an. Maßstäbe wie oben. Wählt man den Abstand $\Delta X = \text{const} = H$, so gibt schon die Ordinatendifferenz $\Delta y$ den Wert des Differentialquotienten an.

Abb. 16. Zeichnerische Differentiation einer Kurve nach dem Sehnenverfahren.

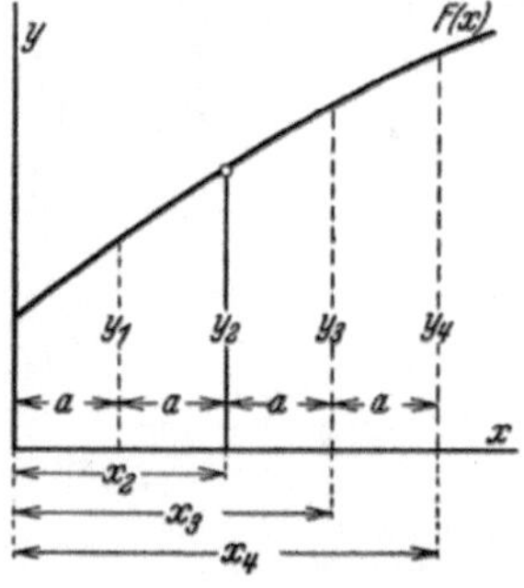

Abb. 17. Zur rechnerischen Differentiation nach dem Differenzen-Verfahren.

---

* Bei dem Bestimmen der Maßstäbe bedeuten Großbuchstaben aus der Zeichnung abzugreifende Längen in mm und die entsprechenden Kleinbuchstaben sind die Symbole für die dargestellten benannten Größen (z. B. $S, s = $ Weg, $T, t = $ Zeit, $V, v = $ Geschwindigkeit, $\Omega, \omega = $ Winkelgeschwindigkeit usw.). Der Maßstab wird angegeben durch $E_y$, d. h. Einheit der dargestellten Größe $y$ (z. B. $E_s = 10$ m/mm, d. h. 1 mm in der Zeichnung stellt einen Weg von 10 m dar, ebenso $E_v E_\omega$ usw.). Bisweilen — insbesondere bei Lage- und Kraftplänen — wird der Maßstab durch Kleinbuchstaben angegeben (z. B. Längenmaßstab eines Lageplanes $l = 10$ m/mm, Kraftmaßstab $k = 100$ kg/mm, Momentenmaßstab $m$ mkg/mm usw.). Diese Bezeichnung ist nicht immer empfehlenswert, da Kleinbuchstaben oft als Symbole für bestimmte Größen benützt werden, z. B. $l = $ Längen, $v$, $w = $ Geschwindigkeiten usw.

Im vorliegenden Buche ist für die Maßstabbezeichnung im Kapitel Statik die letztere Methode angewendet worden, dagegen in den Kapiteln Kinematik und Kinetik die erstere.

### c) Differenzenverfahren.

Abszisse in Streifen gleicher Breite $a$ unterteilen. Es ist (siehe Abb. 17)

$$y_3 = F(x_3) = F(x_2 + a) = y_2 + a \cdot F_2' + \frac{a^2}{2} \cdot F_2'' + \frac{a^3}{6} \cdot F_2''' + \frac{a^4}{24} \cdot F_2^{IV} \ldots$$

$$y_1 = F(x_1) = F(x_2 - a) = y_2 - a \cdot F_2' + \frac{a^2}{2} \cdot F_2'' - \frac{a^3}{6} \cdot F_2''' + \frac{a^4}{24} \cdot F_2^{IV} \ldots$$

$$y_4 = F(x_4) = F(x_2 + 2a) = y_2 + 2a \cdot F_2' + \frac{4a^2}{2} \cdot F_2'' + \frac{8a^3}{6} \cdot F_2''' + \frac{16a^4}{24} \cdot F_2^{IV} \ldots$$

$$y_0 = F(x_0) = F(x_2 - 2a) = y_2 - 2a \cdot F_2' + \frac{4a^2}{2} \cdot F_2'' - \frac{8a^3}{6} \cdot F_2''' + \frac{16a^4}{24} \cdot F_2^{IV} \ldots$$

daraus folgt für den Differentialquotienten an der Stelle $2$:

$$\left(\frac{dy}{dx}\right)_2 = y_2' = F_2' = \frac{1}{12 \cdot a} \cdot [8 \cdot (y_3 - y_1) - (y_4 - y_0)] .$$

Auswertung tabellarisch.

Maßstäbe:    Gegeben:    $E_y$; $E_x$ .
           Gewählt:    Feldbreite $\Delta X \equiv a$ [mm].
           Berechnet: $E_{F'} = \dfrac{E_y}{E_x}$ .

| Punkt | Ordinate mm | $Y_{n+1} - Y_{n-1}$ mm | $8(Y_{n+1} - Y_{n-1})$ mm | $Y_{n+2} - Y_{n-2}$ mm | $[\ldots\ldots]$ mm | $F' = y' = [\ldots] \dfrac{E_{F'}}{12\,a}$ $\ldots\ldots$ |
|---|---|---|---|---|---|---|
| 1 | 2 | 3 | 4 | 5 | $6 = 4 - 5$ | $6 \cdot \dfrac{E_{F'}}{12\,a}$ |

Ist die Kurve $y = F(x)$ eine Parabel, so daß $F''' = 0$[*] ist, so genügt die erste Differenzenbildung: $y_{n+1} - y_{n-1}$ zur Bestimmung von

$$y_n' = \frac{1}{2a} \cdot [y_{n+1} - y_{n-1}] .$$

Die Ordinatendifferenz kann dann sogleich aus der Zeichnung abgegriffen werden. Maßstäbe wie oben.

## 2. Integration.

Gegeben:   $y = F(x)$.

Gesucht:   $z - z_0 = \int y \cdot dx = \int\limits_{x_0}^{x} F(x) \cdot dx$.

### a) Ordinatenverfahren.

Gleiche Streifenbreite $\Delta X$ wählen, Ersatz von $F(x)$ durch eine Treppenkurve $ABCDEFGH$ (siehe Abb. 18) so, daß in jedem Streifen $\Delta X$ die Summe der über- und unterschießenden Beträge (in der Abbildung durch Schraffur kenntlich gemacht) gleich null ist. Die Rechteckhöhe ist dann ein Maß für den Streifeninhalt $Z = Y \cdot \Delta X$, und die gesamte Fläche unter der $y = F(x)$-Kurve ist der Summe der Streifenordinaten verhältig. Die Summe wird entweder durch schritt-

[*] Z. B. ist für die ruckfreie Bewegung die zeitliche Ableitung der Beschleunigung — der Ruck — $\dot{b} = \dddot{s} = 0$, also die Weg-Zeit-Kurve eine Parabel.

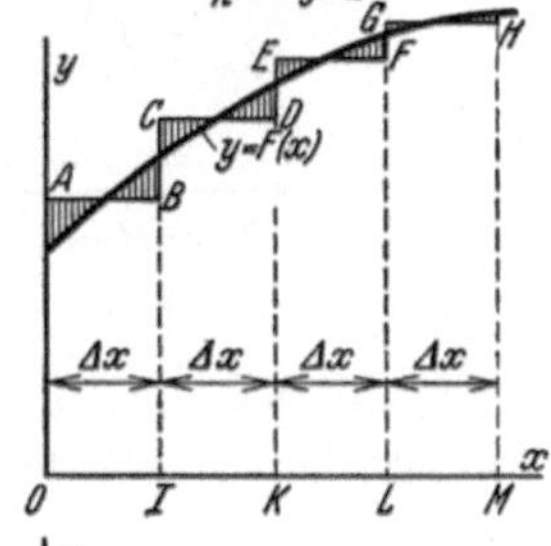


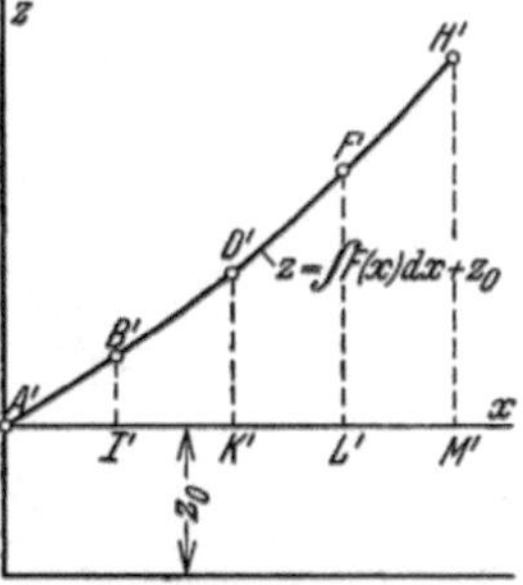


Abb. 18. Zeichnerische Integration nach dem Ordinatenverfahren.

weises Auftragen der Ordinaten (Vergrößern oder Verkleinern mit dem Multiplikationszirkel, $I'B' = n \cdot IB$, $K'D' = n \cdot KD$ usw.) oder tabellarisch bestimmt. Wird während der Rechnung die Streifenbreite von $\Delta X$ auf $\Delta X_1$ geändert, so sind statt der Ordinaten $n \cdot Y$ die Werte $n \cdot \dfrac{\Delta X_1}{\Delta X} \cdot Y$ zu addieren.

Es ist:
$$z_1 - z_0 = \int y \cdot \Delta x = y_{mi} \cdot \Delta x.$$

Es wurde aufgetragen:
$$Z_1 - Z_0 = n \cdot Y_{mi},$$

mithin ist
$$\frac{z_1 - z_0}{Z_1 - Z_0} = \frac{1}{n} \cdot \frac{y_{mi}}{Y_{mi}} \cdot \Delta x,$$

d. h. also
$$E_z = \frac{1}{n} \cdot E_y \cdot E_x \cdot \Delta X.$$

## b) Sehnenverfahren.

Beliebige Streifenbreite $\Delta X$, Ersatz der $y = F(x)$-Kurve durch eine flächengleiche Treppenkurve (siehe Abb. 19 $ABCDEFGH$), Pol auf Abszissenache wählen und im Abstande $H$ die Höhen der Rechteckstreifen jedesmal von der Abzissenachse aus auftragen. ($PB = U0$, $QD = U1$, $RF = U2$, $SH = U3$). Polstrahlen $(0, 1, 2, 3)$ und in den zugehörigen Streifen die Parallelen dazu ziehen. Die Schnittpunkte ($KLMN$) der Parallelen mit der jeweiligen Streifenbegrenzung sind Punkte der gesuchten Integralkurve. Die Seilstrahlen (Parallelen zu den Polstrahlen) sind Sehnen der Integralkurve.

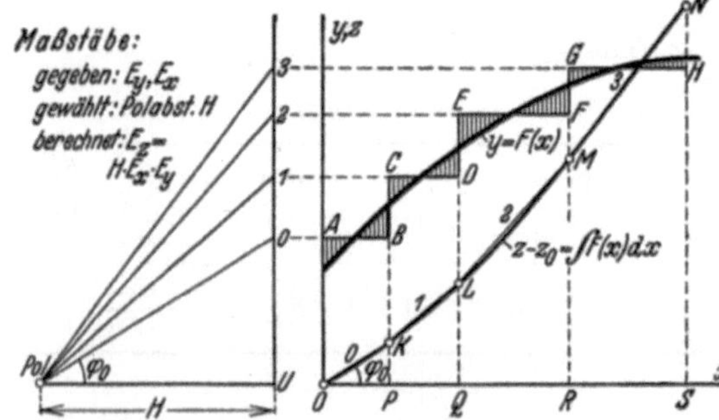


Abb. 19. Zeichnerische Integration nach dem Sehnenverfahren.

Maßstab der Integralkurve:

Es ist:  $\operatorname{tg} \varphi_0 = \dfrac{Y_B}{H} = \dfrac{Z_B}{X_B}$,  wobei  $Y_B = PB$,  $Z_B = PK$  und  $X_B = OB$  ist.

$$Z_B = \frac{1}{H} \cdot X_B \cdot Y_B,$$

$$z_B = x_B \cdot y_B,$$

mithin
$$E_z = H \cdot E_y \cdot E_x.$$

## c) Tangentenverfahren.

Beliebige Streifenbreite $\Delta Y$ wählen, Ersatz der gegebenen Kurve $y = F(x)$ durch eine flächengleiche Treppenkurve (siehe Abb. 20). Pol wählen, Polstrahlen $(0, 1, 2, 3 \ldots)$ zu den Rechteckordinaten ziehen und die Parallelen dazu in den zugehörigen Feldstreifen. Zu einem Sprung in der Treppe gehört ein Knick in der Integralkurve. Unter den Schnittpunkten ($ABC \ldots$) der Ersatz-Treppenkurve mit der gegebenen Kurve $y = F(x)$ liegen Punkte ($A'$, $B', C' \ldots$) der Integralkurve, die sich tangential an den aus den Seilstrahlen (Parallelen zu den Polstrahlen) gebildeten Linienzug anschließt.

Maßstab der Integralkurve:
$$E_z = H \cdot E_x \cdot E_y.$$

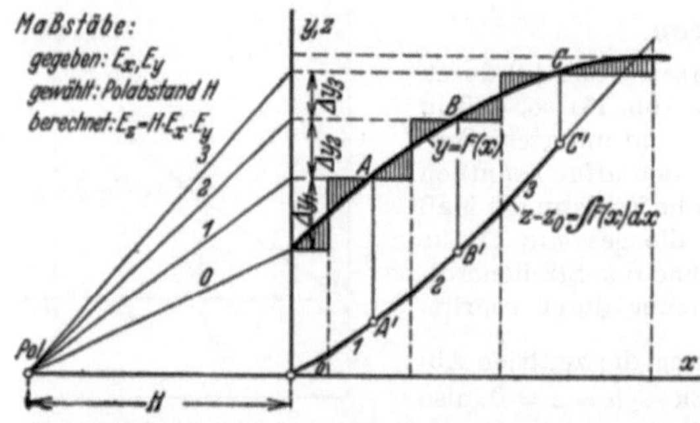


Abb. 20. Zeichnerische Integration nach dem Tangentenverfahren.

### d) Auszählen der Kästchen.

Kurve $y = F(x)$ auf Millimeterpapier zeichnen, beliebige Streifenbreite $\Delta X$ wählen und Streifenflächeninhalt durch Auszählen der mm² bestimmen. Zuerst die vollen cm² oder noch größere Einheiten zählen, aldann die ¼ cm² und zum Schluß die mm² zählen. Der $n$-fache Betrag des Flächeninhaltes wird am Ende jedes Streifens aufgetragen[1] und gibt einen Punkt der Integralkurve. Diese Methode führt sehr schnell zum Ziele, wenn es sich nicht so sehr um die Integralkurve als um den Endwert des Integrales handelt.

Maßstab: $\quad E_z = \dfrac{1}{E_F} \cdot E_x \cdot E_y .$

### e) Sofortige zweimalige Integration mit dem Seileck.

(Vgl. Statik, Bestimmen der Momentenlinien S. 33.)

Beliebige Streifenbreite $\Delta X$ wählen, Streifenschwerpunkte (siehe Abb. 21) angeben, Streifeninhalt $Z = Y \cdot \Delta X$ berechnen, und im Flächeneck (entspricht dem Krafteck der Statik) als Längen unter Vermittelung des Maßstabes $E_F$ mm²/mm aneinanderreihen ($Z_1 = 01$, $Z_2 = 12$, $Z_3 = 23$, $Z_4 = 34$, $Z_5 = 45$, $Z_6 = 56$, Vorzeichen des Flächeninhaltes beachten, Fläche $\pm Y \cdot \Delta X = \pm Z$ geht im Flächeneck nach $\genfrac{}{}{0pt}{}{\text{oben}}{\text{unten}}\Big).$
Pol wählen, Polstrahlen und parallel dazu die Seilstrahlen bis zum Schnitt mit der jeweiligen Streifenschwerlinie ziehen. Das so entstandene Seileck ($ABCDEF$) ist die Einhüllende der gesuchten Integralkurve. Schnittpunkte der Feldbegrenzung mit dem Seileck sind Punkte der Integralkurve ($OGHIKLM$, Beweis siehe S. 6).

Beachten der ersten Integrationskonstanten: Im Flächeneck

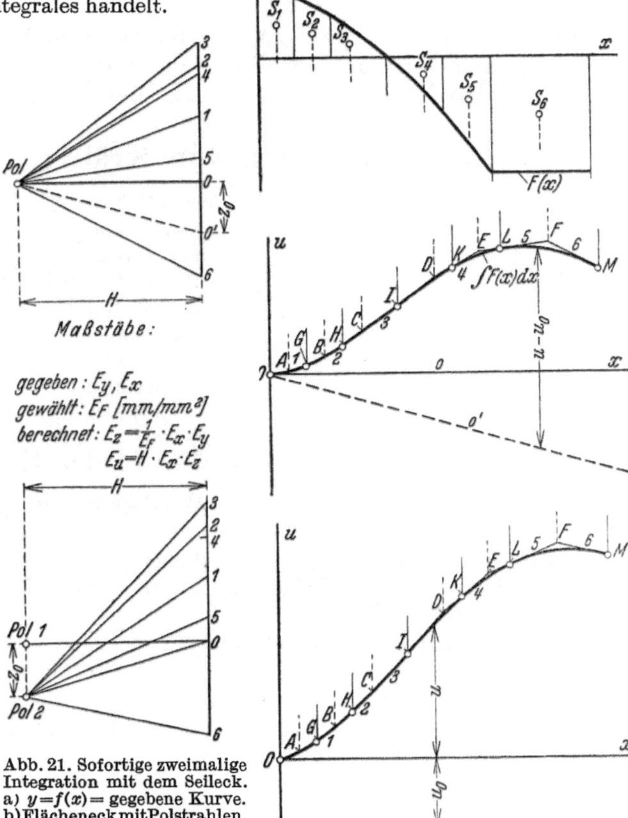



Abb. 21. Sofortige zweimalige Integration mit dem Seileck.
a) $y = f(x) =$ gegebene Kurve.
b) Flächeneck mit Polstrahlen.
c) Integralkurve $u = f(x)$.
Die erste Integrationskonstante liefert eine schräge Nullinie.
d) und e) Flächeneck und Integralkurve mit horizontaler Nullinie.

wird die $\genfrac{}{}{0pt}{}{\text{positive}}{\text{negative}}$ Integrationskonstante $\pm Z_0$ vom Anfangspunkt des Flächenecks nach $\genfrac{}{}{0pt}{}{\text{unten}}{\text{oben}}$ abgetragen und mit dem Pol verbunden (Seilstrahl $0'$). Die Ordinaten zwischen der Seilkurve und der Parallelen zum soeben gezogenen Seilstrahl $0'$ sind die Integralwerte

$$u - u_0 = \int\!\!\int F(x) \cdot dx \cdot dx + z_0 \cdot x \text{ (siehe Abb. 21b u. c) oder: Pol bei } \genfrac{}{}{0pt}{}{\text{positiver}}{\text{negativer}} \text{ erster Integra-}$$

tionskonstante $\pm Z_0$ nach $\genfrac{}{}{0pt}{}{\text{unten}}{\text{oben}}$ verschieben. Polstrahlen von diesem Pol (in der Abb. 21d Pol 2) und parallel dazu die Seilstrahlen ziehen. Die Ordinaten zwischen der Seilkurve und der horizontalen $x$-Achse geben den Wert des Integrales an (siehe Abb. 21e).

Maßstäbe: erste Integration (Flächeneck) $E_z = E_F \cdot E_x \cdot E_y$,

zweite Integration (Seileck) $\quad E_u = H \cdot E_z \cdot E_x = H \cdot E_F \cdot E_x^2 \cdot E_y .$

---

[1] Wobei $n \equiv E_F$ [mm/mm²] der auf diese Weise gewählte Flächenmaßstab ist.

# B. Statik.

Lehre vom Gleichgewicht der Kräfte und Momente. Der Körper, an dem die Kräfte wirken, befindet sich in Ruhe oder gleichförmiger Bewegung. Es werden Beziehungen zwischen den Kräften und Momenten aufgestellt.

## I. Zusammensetzen von Kräften (resultierende Kraft).

Vektorielle (geometrische) Addition.

Kräfte in der Ebene:
an einem Punkt;
parallele Kräfte (Schwerpunkt);
beliebig verteilte Kräfte.

Kräfte im Raume:
an einem Punkte;
parallele Kräfte;
beliebig verteilte Kräfte.

### 1. Kräfte in der Ebene.
#### a) Allgemeines.

Zeichnung.

Kräfte im Krafteck in beliebiger Reihenfolge, aber mit konst. Umfahrungssinn aneinander reihen.

Größe: Länge der Resultierenden im Krafteck.

Richtung: Schräglage der Resultierenden im Krafteck.

Sinn: Vom Anfangspunkt zum Endpunkt des Kraftecks.

Lage: Schnittpunkt der äußersten (erster und letzter) Seilstrahlen.

Rechnung.

Koordinatenkreuz wählen, Kräfte in $X$- und $Y$-Komponente zerlegen.

$$R = \sqrt{R_x^2 + R_y^2},$$
$$R_x = \sum_1^n (P_i \cdot \cos \alpha_i) = \sum_1^n X_i,$$
$$R_y = \sum_1^n (P_i \cdot \cos \beta_i)$$
$$= \sum_1^n (P_i \cdot \sin \alpha_i) = \sum_1^n Y_i,$$
$$\cos \alpha_r = \frac{R_x}{R}, \quad \cos \beta_r = \sin \alpha_r = \frac{R_y}{R}.$$

Vorzeichen der Komponenten.

Entfernung vom Koordinatenursprung $O$ in Richtung des Lotes auf die resultierende Kraft $R$

$$r = \frac{M_0}{R} = \frac{\sum_1^n (x\,Y - y\,X)}{R},$$

in Richtung der $x$-Achse

$$x_r = + \frac{M_0}{R_y},$$

in Richtung der $y$-Achse

$$y_r = - \frac{M_0}{R_x}.$$

## b) Kräfte an einem Punkt.

**Zeichnung.**

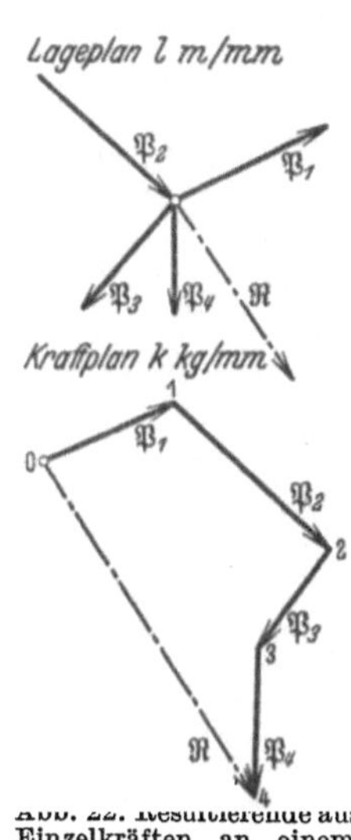

Abb. 22. Resultierende aus Einzelkräften an einem Punkt.

Kräfte $\mathfrak{P}_1 \dots \mathfrak{P}_n$ nach Größe und Richtung in beliebiger Reihenfolge aber mit stetigem Umfahrungssinn aneinander reihen (siehe Abb. 22). Verbindungslinie vom Anfang $0$ zum Endpunkt $n$ des Kraftecks gibt die Resultierende $\mathfrak{R} = \overset{n}{\underset{1}{\Sigma}}\, \mathfrak{P}_i$ nach Größe und Richtung.

**Rechnung.**

Koordinatenkreuz wählen (siehe Abb. 23). Ursprung $O$ = Schnittpunkt der Kräfte, $x=$ Achse in einer Kraftrichtung, $y=$ Achse $\perp$ dazu. Kraftgleichungen in Tabellenform aufstellen.

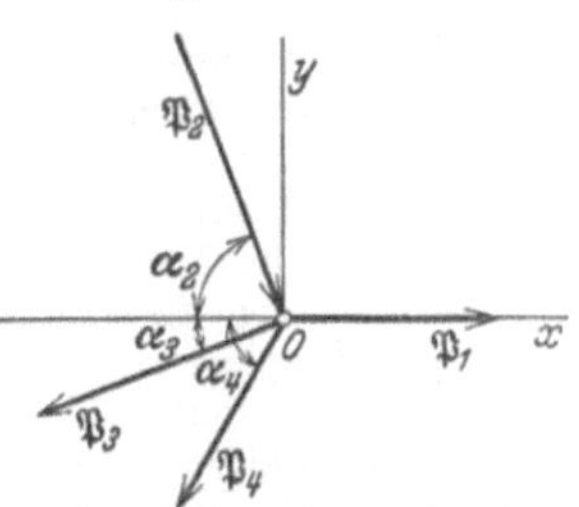

Abb. 23. Kräfte an einem Punkt. Lageplan für die rechnerische Behandlung.

| $X = P \cdot \cos \alpha$ | $Y = P \cdot \cos \beta$ * $= P \cdot \sin \alpha$ |
|---|---|
| kg | kg |
| $+ P_1$ | $0$ |
| $+ P_2 \cos \alpha_2$ | $- P_2 \sin \alpha_2$ |
| $- P_3 \cos \alpha_3$ | $- P_3 \sin \alpha_3$ |
| $- P_4 \cos \alpha_4$ | $- P_4 \sin \alpha_4$ |
| $\Sigma X = R_x$ | $\Sigma Y = R_y$ |

$$R = \sqrt{R_x^2 + R_y^2},$$
$$\cos \alpha_r = \frac{R_x}{R}.$$

## c) Parallele Kräfte (Schwerpunkt).

**Zeichnung.**

Krafteck $\mathfrak{P}_1 \dots \mathfrak{P}_n$ zeichnen (siehe Abb. 24), Pol $O$ wählen (etwa so, daß die äußersten

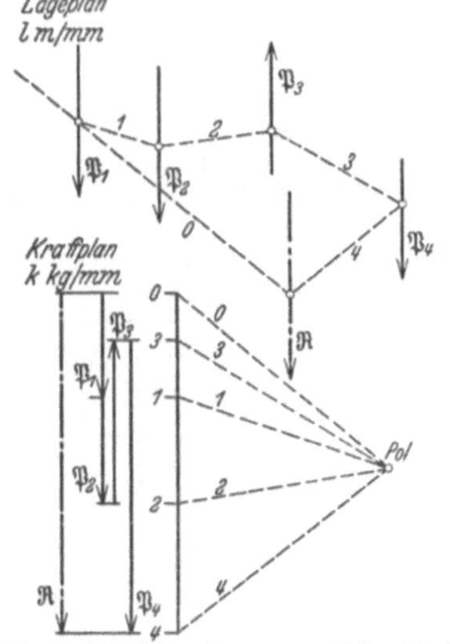

Abb. 24. Resultierende aus parallelen Kräften.

**Rechnung.**

Koordinatenkreuz:

Ursprung $O$ auf einer der äußersten Kräfte wählen. (Die Hebelarme haben dann alle das gleiche Vorzeichen, Fehlerverhütung!)

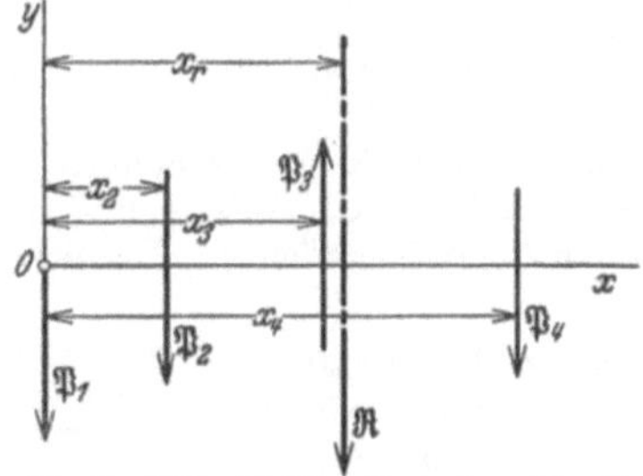

Abb. 25. Parallele Kräfte. Lageplan für die rechnerische Behandlung.

Eine Achse parallel, die andere senkrecht zur Kraftrichtung legen (siehe Abb. 25). Kraft- und Momentengleichungen in Tabellenform aufstellen.

---

* Es ist stets der spitze Winkel gegen die Achse zu nehmen. Der Quadrant wird durch das Vorzeichen der Komponenten beachtet.

Polstrahlen einen Winkel von 90° einschließen, dies ergibt keine schleifenden Schnitte im Lageplan), Polstrahlen *0, 1, 2* usw. ziehen und parallel dazu von beliebigem Anfangspunkt aus die Seilstrahlen *0, 1, 2* usw. im Lageplan. Polstrahlen, die im Krafteck eine Kraft begrenzen, schneiden sich auf der Kraftlinie im Lageplan, oder mit anderen Worten: einem Feld im Kraftplan entspricht ein Knotenpunkt im Lageplan (die Pol- und Seilstrahlen stellen Kräfte dar). Durch den Schnittpunkt des ersten und letzten Seilstrahles geht die Resultierende.

| $P$ | $x$ | $xP$ |
|---|---|---|
| kg | m | mkg |
| $-P_1$ | 0 | 0 |
| $-P_2$ | $x_2$ | $-x_2 P_3$ |
| $+P_3$ | $x_3$ | $+x_3 P_3$ |
| $-P_4$ | $x_4$ | $-x_4 P_4$ |
| $\Sigma P = R$ | — | $\Sigma x \cdot P = x_r \cdot R$ |

$$x_r = \frac{\Sigma\,(x \cdot P)}{R}.$$

## d) Beliebig verteilte Kräfte.

<table>
<tr><th>Zeichnung.</th><th>Rechnung.</th></tr>
</table>

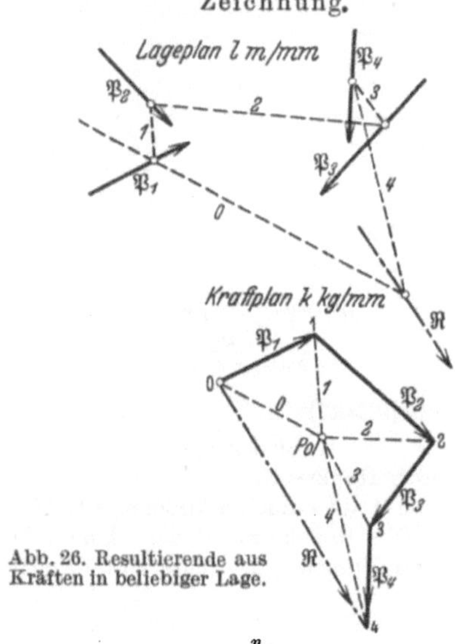



Abb. 26. Resultierende aus Kräften in beliebiger Lage.

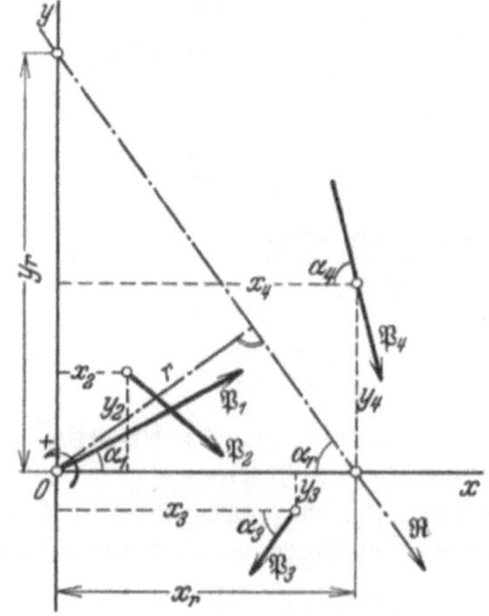



Abb. 27. Beliebig verteilte Kräfte. Lageplan für die rechnerische Behandlung.

Kraftplan: $\mathfrak{R} = \overset{n}{\underset{1}{\Sigma}}\mathfrak{P}_i$, Pol, Polstrahlen (siehe Abb. 26).

Lageplan: Seilstrahlen, der Schnittpunkt des ersten und letzten Seilstrahles ist ein Punkt der Angriffsgeraden der Resultierenden.

Koordinatenkreuz:

Ursprung auf einer Kraftrichtung, gegebenenfalls im Schnittpunkt zweier Kräfte wählen (siehe Abb. 27).

Kraft- und Momentengleichung in Tabellenform aufstellen.

Sind nur 2 oder 3 Kräfte zu einer Resultierenden zu vereinen und geben

Abb. 28. Resultierende aus zwei Kräften.

| $X = P\cos\alpha$ | $y$ | $yX$ | $Y = P\sin\alpha$ | $x$ | $xY$ |
|---|---|---|---|---|---|
| kg | m | kg m | kg | m | kg m |
| $+P_1\cos\alpha_1$ | 0 | — | $+P_1\sin\alpha_1$ | 0 | 0 |
| $+P_2\cos\alpha_2$ | $+y_2$ | $+y_2 P_2\cos\alpha_2$ | $-P_2\sin\alpha_2$ | $+x_2$ | $-x_2 P_2\sin\alpha_2$ |
| $-P_3\cos\alpha_3$ | $-y_3$ | $+y_3 P_3\cos\alpha_3$ | $-P_3\sin\alpha_3$ | $+x_3$ | $-x_3 P_3\sin\alpha_3$ |
| $+P_4\cos\alpha_4$ | $+y_4$ | $+y_4 P_4\cos\alpha_4$ | $-P_4\sin\alpha_4$ | $+x_4$ | $-x_4 P_4\sin\alpha_4$ |
| $\Sigma X = R_x$ | — | $\Sigma yX$ | $\Sigma Y = R_y$ | — | $\Sigma xY$ |

$$R = \sqrt{R_x^2 + R_y^2},$$

$$\cos\alpha_r = \frac{R_x}{R},$$

die Kräfte gute Schnittpunkte, so führt die Zusammensetzung im Lageplan nach dem Parallelogrammgesetz schneller zum Ziel (siehe Abb. 28).

$$r = \frac{\Sigma\, x\, Y - \Sigma\, y\, X}{R},$$

oder $$x_r = +\frac{\Sigma\, x\, Y - \Sigma\, y\, X}{R_y},$$

oder $$y_r = -\frac{\Sigma\, x\, Y - \Sigma\, y\, X}{R_x}.$$

## 2. Kräfte im Raum.
### a) Allgemeines.

**Zeichnung.**

Räumliches Bild auf zwei zueinander senkrechte Ebenen projizieren und dann wie ebenes Problem behandeln. Aus den Kraftecken in den Projektionsebenen erhält man die Projektionen der Resultierenden und bestimmt daraus deren wahre Größe (siehe S. 3/4).

**Rechnung.**

Koordinatenkreuz wählen, Kräfte in $x, y, z$-Richtung zerlegen.

$$R = \sqrt{R_x^2 + R_y^2 + R_z^2},$$

$$R_{\substack{x\\y\\z}} = \sum_1^n P_i \cdot \cos\begin{pmatrix}\alpha_i\\\beta_i\\\gamma_i\end{pmatrix} = \sum_1^n \begin{pmatrix}X_i\\Y_i\\Z_i\end{pmatrix}$$

$$\cos\begin{pmatrix}\alpha_r\\\beta_r\\\gamma_r\end{pmatrix} = \frac{R_{x,\,y,\,t}}{R}.$$

Nur in Ausnahmefällen erhält man eine resultierende Kraft allein. Meistens führt die Zusammenstellung auf:

$\alpha$) eine Kraft und ein Moment in einem beliebigen Punkte, oder

$\beta$) zwei windschiefe (sich nicht schneidende) Kräfte = Kraftkreuz, oder

$\gamma$) einen Kraft- und einen Momentenvektor in der gleichen Geraden = Kraftschraube = Dyname = Zentralachse.

## b) Kräfte an einem Punkt.
**Zeichnung.**

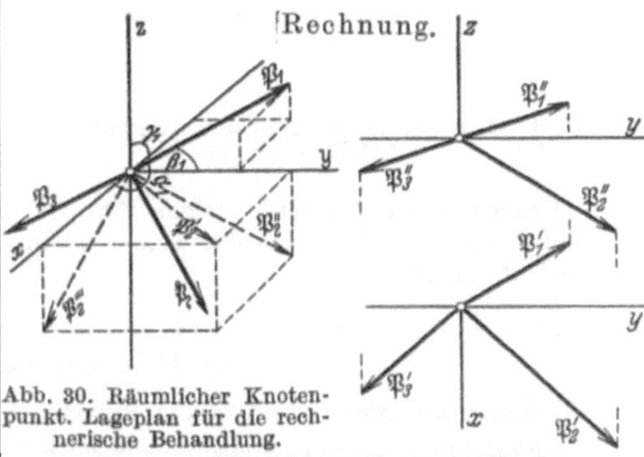


Abb. 29. Resultierende an einem Punkt aus räumlich verteilten Kräften. Aufriß und Grundriß.

Krafteck im Grundriß und Aufriß zeichnen (siehe Abb. 29), einander zugeordnete Punkte liegen senkrecht übereinander. Ergebnis: Projektion der Resultierenden im Grundriß und Aufriß. Bestimmen der wahren Größe der Resultierenden siehe S. 3/4.

**Rechnung.**

Abb. 30. Räumlicher Knotenpunkt. Lageplan für die rechnerische Behandlung.

3-achsiges Koordinatenkreuz. Rechtssystem (beim Linkssystem sind die $x$- und $y$-Achse vertauscht) (siehe Abb. 30), Kraftgleichungen in Tabellenform aufstellen.

| $X = P \cdot \cos\alpha$ | $Y = P \cdot \cos\beta$ | $Z = P \cdot \cos\gamma$ |
|---|---|---|
| kg | kg | kg |
| $P_{1x}$ | $P_{1y}$ | $P_{1z}$ |
| $P_{2x}$ | $P_{2y}$ | $P_{2z}$ |
| $P_{3x}$ | $P_{3y}$ | $P_{3z}$ |
| $\Sigma X = R_x$ | $\Sigma Y = R_y$ | $\Sigma Z = R_z$ |

$$R = \sqrt{R_x^2 + R_y^2 + R_z^2},,$$

$$\cos\alpha_r = \frac{R_x}{R}; \quad \cos\beta_r = \frac{R_y}{R}; \quad \cos\gamma_r = \frac{R_z}{R}.$$

## c) Parallele Kräfte.

Zeichnung.
Rechnung.

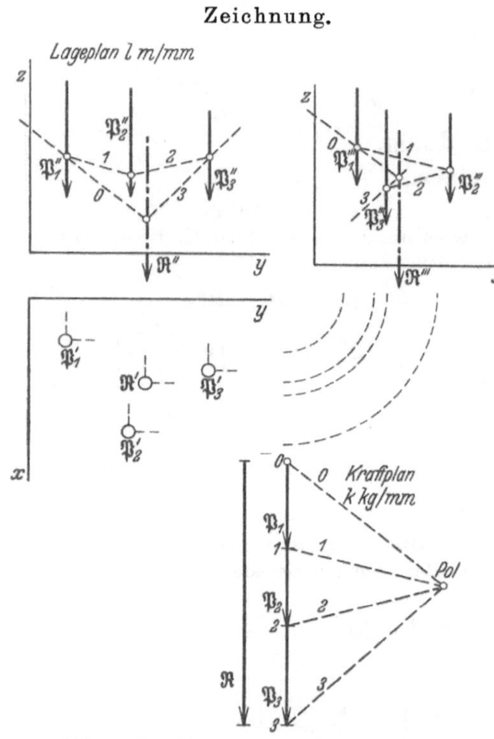


Abb. 31. Resultierende aus räumlich verteilten parallelen Kräften.

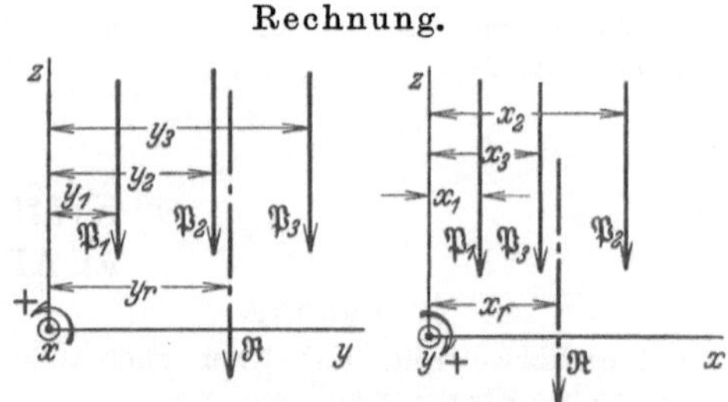


Abb. 32. Räumlich verteilte parallele Kräfte. Lageplan für die rechnerische Behandlung.

Koordinatenkreuz wählen (siehe Abb. 32), Kraft- und Momentengleichungen in Tabellenform aufstellen.

| $Z$ | $x$ | $y$ | $M_y = -xZ$ | $M_x = +yZ$ |
|---|---|---|---|---|
| kg | m | m | kgm | kgm |
| $-P_1$ | $x_1$ | $y_1$ | $+x_1 \cdot P_1$ | $-y_1 \cdot P_1$ |
| $-P_2$ | $x_2$ | $y_2$ | $+x_2 \cdot P_2$ | $-y_2 \cdot P_2$ |
| $-P_3$ | $x_3$ | $y_3$ | $+x_3 \cdot P_3$ | $-y_3 \cdot P_3$ |
| $\Sigma Z = R_z$ | — | — | $\Sigma(-xZ) = M_{yr}$ | $\Sigma(+yZ) = M_{xr}$ |

$$x_r = -\frac{M_{yr}}{R_z},$$

$$y_r = +\frac{M_{xr}}{R_z}.$$

Projektion in 2 Ebenen (siehe Abb. 31) und dann wie ebenes Problem behandeln (siehe S. 13/14).

## d) Beliebig verteilte Kräfte.

Kraft und Moment an einem Punkt.

Kraftkreuz = zwei windschiefe Kräfte.

Kraftschraube = Dyname = Zentralachse = Kraft und Moment in derselben Geraden.

### α) Kraft und Moment an einem Punkt.

Grundgedanke: Kräfte durch Parallelverschieben (Moment $\mathfrak{M} = [\mathfrak{a} \cdot \mathfrak{P}]$ entsteht, s. S. 3) auf gegebenen Punkt $O$ reduzieren. Kräfte und Momente in diesem Punkte nach S. 5 u. 15 zusammensetzen.

Zeichnung:

Größe der Projektionen der resultierenden Kraft mit Hilfe der Kraftecke in den einzelnen Projektionsebenen bestimmen, daraus die wahre Größe der resultierenden Kraft (siehe Abb. 33 und auch S. 3). Das Moment der einzelnen Kräfte um $O$ in den einzelnen Projektionen ist gleich der Summe der Momente um die 3 Achsen $xyz$ und wird wie auf S. 4/6 angegeben, ermittelt. Absolute Größe des Momentes $M = H \cdot y_{res}$, wobei $y_{res} = \sqrt{y_x^2 + y_y^2 + y_z^2}$ die absolute Größe von $\mathfrak{y}_x + \mathfrak{y}_y + \mathfrak{y}_z$ ist. Polabstand $H$ in allen Projektionen = const.

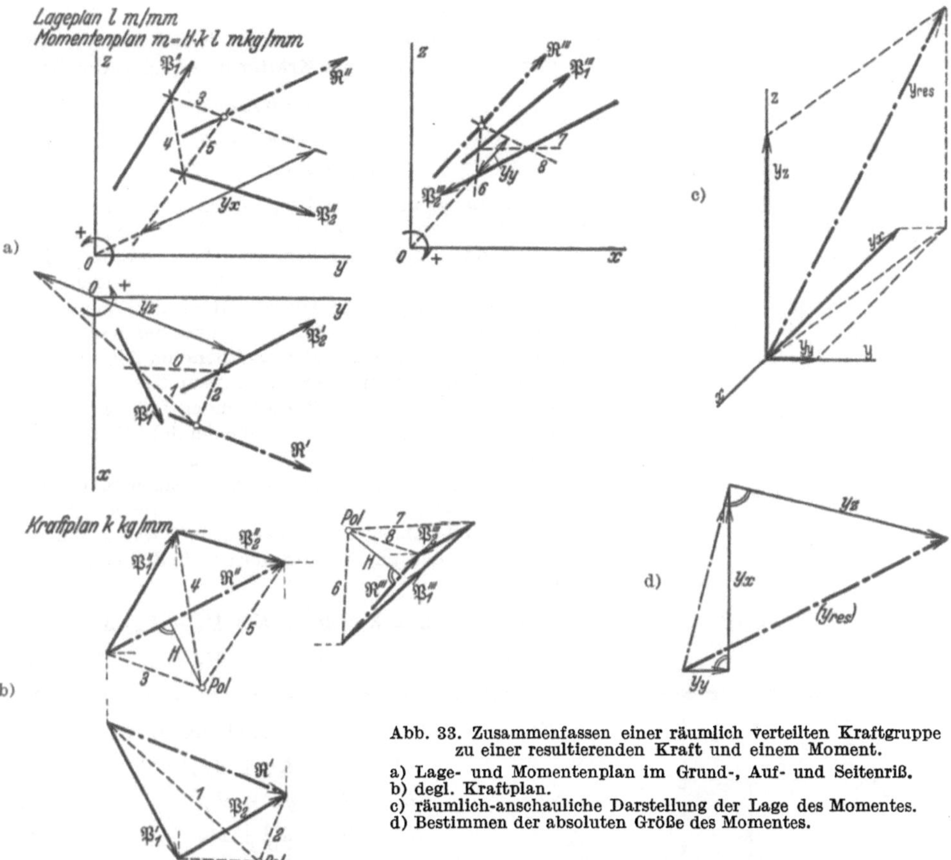



Abb. 33. Zusammenfassen einer räumlich verteilten Kraftgruppe zu einer resultierenden Kraft und einem Moment.
a) Lage- und Momentenplan im Grund-, Auf- und Seitenriß.
b) degl. Kraftplan.
c) räumlich-anschauliche Darstellung der Lage des Momentes.
d) Bestimmen der absoluten Größe des Momentes.

Rechnung: Größe, Richtung und Sinn der resultierenden Kraft in $O$ (siehe S. 15)

$$R = \sqrt{R_x^2 + R_y^2 + R_z^2}, \qquad \cos\begin{pmatrix}\alpha_r\\\beta_r\\\gamma_r\end{pmatrix} = \frac{R_{x,\,y,\,z}}{R}.$$

Größe, Richtung und Sinn des resultierenden Momentes um $O$ (siehe S. 4/6):

$$M = \sqrt{M_x^2 + M_y^2 + M_z^2}, \qquad \cos\begin{pmatrix}\varphi\\\chi\\\psi\end{pmatrix} = \frac{M_{xyz}}{M}.$$

$\delta = $ Winkel zwischen $\mathfrak{R}$ und $\mathfrak{M}$ aus:

$$\cos\delta = \cos\alpha \cdot \cos\varphi + \cos\beta \cdot \cos\chi + \cos\gamma \cdot \cos\psi \; *$$
$$= \frac{R_x \cdot M_x + R_y \cdot M_y + R_z \cdot M_z}{R \cdot M}.$$

## $\beta$) Zwei windschiefe Kräfte = Kraftkreuz.

Grundgedanke: Das für den Ursprung $O$ nach dem vorigen Abschnitt bestimmte Moment $\mathfrak{M}_0$ wird in drei Kräftepaare, die in zwei Ebenen liegen, aufgeteilt. Alsdann werden die Kräfte im Ursprung $O$ mit der nach vorigem Abschnitt ermittelten Resultierenden $\mathfrak{R}$ in $O$ zu einer neuen Resultierenden und die übrigen Kräfte zu einer zweiten Resultierenden zusammengefaßt.

---

* Siehe S. 2, Anm. 2.

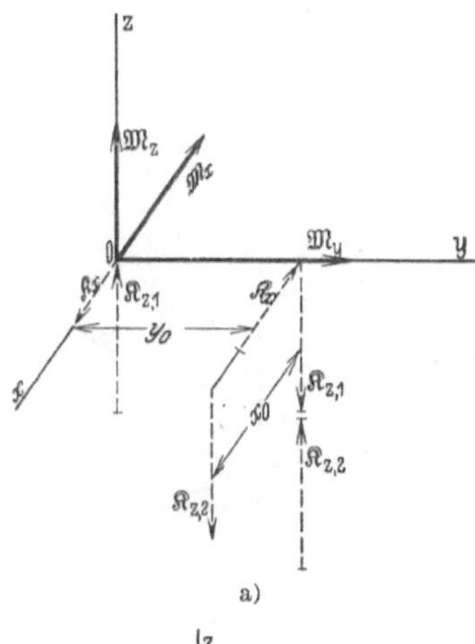

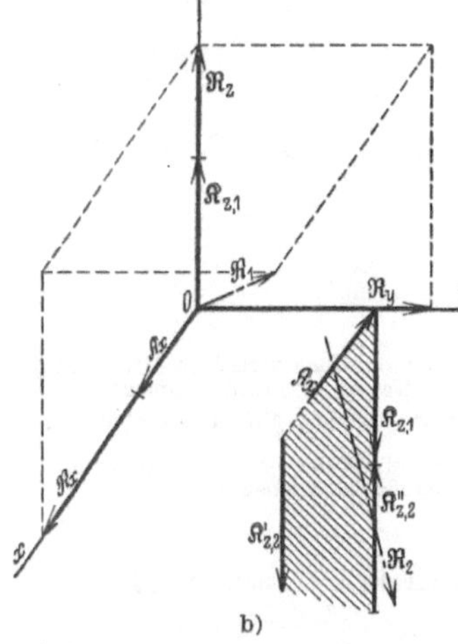

Abb. 34. Zusammenfassen einer räumlichen Kräftegruppe zu einem
Kraftkreuz $\Re_1$, $\Re_2$.

a) Ersatz der Momentenkomponenten
durch Kräftepaare parallel zu den
drei Ebenen.

b) Zusammenfassen der Kräfte zu zwei
windschiefen Kräften $\Re_1$ und $\Re_2$.

Zeichnung:

Die bekannten Momente $M_{xyz}$ (siehe vorigen Abschnitt) werden durch die Kräftepaare (siehe Abb. 34a)

$$M_x = y_0 \cdot K_{z1},$$
$$M_y = x_0 \cdot K_{z2},$$
$$M_z = y_0 \cdot K_x.$$

ersetzt, wobei $x_0$ und $y_0$ beliebig gewählt werden (selbstverständlich kann der Ersatz auch durch Kräftepaare mit Abständen $x_0 z_0$ oder $y_0 z_0$ ausgeführt werden). Die Kräfte $\Re_x$ und $\Re_{z1}$ in $O$ (siehe Abb. 34b) werden mit $\Re = \Re_x + \Re_y + \Re_z$ (siehe vorigen Abschnitt) zur neuen Resultierenden $\Re_1 = \Re + \Re_x + \Re_{z1}$ und die Kräfte $\Re_x$, $\Re_{z1}$, $\Re'_{z2}$, $\Re''_{z2}$, die in einer zur $xz$-Ebene im Abstande $y_0$ parallelen Ebene liegen, werden dort zur Resultierenden $\Re_2 = \Re'_{z2} + \Re_x + \Re_{z1} + \Re''_{z2}$ zusammengefaßt. Ergebnis: 2 windschiefe (sich nicht schneidende) Kräfte $\Re_1$ und $\Re_2$.

Rechnung: Das bekannte Moment $\mathfrak{M}_0$ wird ersetzt durch ein Kräftepaar $\mathfrak{M} = [\mathfrak{k} \cdot \Re]$, wobei die eine Kraft $\Re$ durch $O$ hindurchgeht. Die Vektoren $\mathfrak{k}$, $\Re$ und $\mathfrak{M}$ stehen aufeinander senkrecht, mithin gelten die 3 Gleichungen (siehe S. 5)

$$\cos \widehat{\Re \mathfrak{M}} = 0 = K_x \cdot M_x + K_y \cdot M_y + K_z \cdot M_z, \quad (1)$$
$$\cos \widehat{\mathfrak{k} \mathfrak{M}} = 0 = x \cdot M_x + y \cdot M_y + z \cdot M_z, \quad (2)$$
$$\cos \widehat{\mathfrak{k} \Re} = 0 = x \cdot K_x + y \cdot K_y + z \cdot K_z. \quad (3)$$

Ferner bestehen noch die Gleichungen:

$$K^2 = K_x^2 + K_y^2 + K_z^2, \quad (4)$$
$$k^2 = x^2 + y^2 + z^2, \quad (5)$$
$$M^2 = M_x^2 + M_y^2 + M_z^2. \quad (6)$$

Bekannt sind:          $M_x \ M_y \ M_z \ M$,

unbekannt sind:      $K_x \ K_y \ K_z \ K$

und                          $x \quad y \quad z \quad k$,

davon sind 2 Unbekannte willkürlich wählbar (vgl. z. B. oben $x_0$ und $y_0$), so daß schließlich 6 Gleichungen für 6 Unbekannte bleiben.

Ergebnis: $\Re_1 = \Re + \Re$ in $O$ und $\Re \equiv \Re_2$ im Abstande $\mathfrak{k} = \mathfrak{x} + \mathfrak{y} + \mathfrak{z}$ von $O$.

## $\gamma$) Kraft- und Momentenvektor in der gleichen Geraden.
## Kraftschraube = Dyname = Zentralachse.

Grundgedanke: Momentenvektor $\mathfrak{M}$ (siehe S. 16) in zwei Komponenten zerlegen, und zwar in Richtung der resultierenden Kraft $\Re$ und senkrecht dazu. Der letztere Vektor verschiebt die Kraft $\Re$ parallel zu sich.

Zeichnung:

Aus dem Aufriß ($\mathfrak{M}' = O'A'$; $\Re' = O'B'$ siehe Abb. 35) und dem Grundriß ($\mathfrak{M}'' = O''A''$; $\Re'' = O''B''$) wird die wahre Größe des resultierenden Momentes $|\mathfrak{M}| = OA$ und der resultierenden Kraft $|\Re| = OB$ bestimmt, ebenso die wahre Größe der Strecke $AB$. Das Dreieck $ABO$ wird dann aus den bekannten Strecken $OA$, $OB$ und $AB$ in wahrer Größe gezeichnet. Das Lot von $A$ auf $OB$ gibt die Größe der in der Kraftrichtung liegenden Momentenkomponente

$\mathfrak{M}_1 = OC$ und in $CA = \mathfrak{M}_2$ die dazu senkrechte Komponente an. Punkt $C$ wird in die Projektionen übertragen. Die Punkte $C'$ und $C''$ teilen $O'B'$ und $O''B''$ in demselben Verhältnis wie $C$ die Strecke $OB$ teilt. $A'C' = \mathfrak{M}_2' = \mathfrak{M}_{2z} + \mathfrak{M}_{2y}$ und $A''C'' = \mathfrak{M}_2'' = \mathfrak{M}_{2x} + \mathfrak{M}_{2y}$. $\mathfrak{M}_{2z}$ verschiebt $\mathfrak{R}''$ im Grundriß um $r'' = M_{2z} : R''$ und $\mathfrak{M}_{2x}$ verschiebt $\mathfrak{R}'$ im Aufriß um $r' = M_{2x} : R'$. Ergebnis: $\mathfrak{R}_1'$ und $\mathfrak{M}_1'$ bzw. $\mathfrak{R}_1''$ und $\mathfrak{M}_1''$ liegen in derselben Geraden und sind die Projektionen der Kraftschraube[1]. (Kontrolle im Seitenriß: $\mathfrak{M}_{2y}$ verschiebt $\mathfrak{R}'''$ um $r''' = M_{2y} : R'''$. Einander zugeordnete Punkte $D'D''D'''$, $E'E''E'''$ müssen auf den Projektionslinien liegen.)

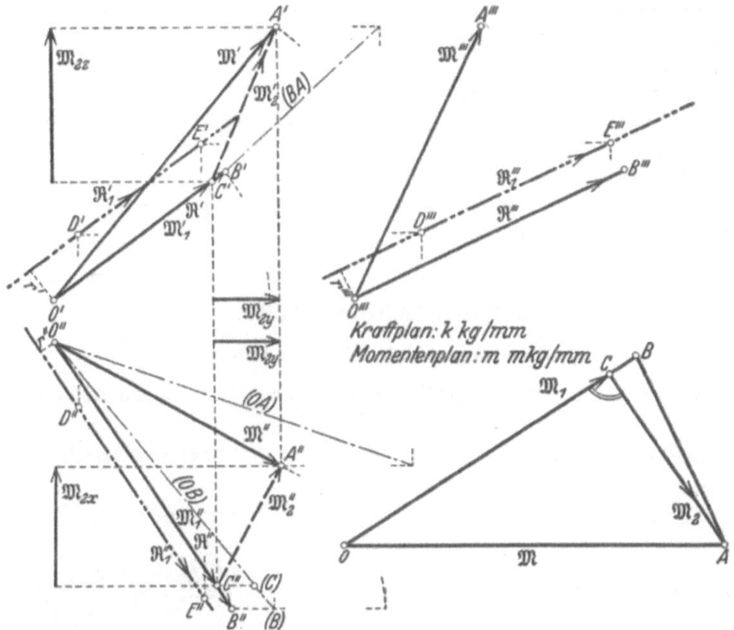

Abb. 35. Zusammenfassen einer räumlichen Kräftegruppe zu einer Kraftschraube.
a) Kraft- und Momentenplan im Grund-, Auf- und Seitenriß.
b) Zerlegung des Momentes in zwei aufeinander senkrecht stehende Komponenten, von denen die eine in der Kraftrichtung $OB$ liegt.

Rechnung: Es werden die Momentengleichungen um einen — noch gesuchten — Punkt $A(x_0 y_0 z_0)$ aufgestellt.

$$M_x = \Sigma \begin{vmatrix} \eta & \zeta \\ Y & Z \end{vmatrix} = \Sigma \begin{vmatrix} y - y_0 & z - z_0 \\ Y & Z \end{vmatrix} = \Sigma(y - y_0) \cdot Z - \Sigma(z - z_0) \cdot Y,$$

$$M_y = \Sigma \begin{vmatrix} \zeta & \xi \\ Z & X \end{vmatrix} = \Sigma \begin{vmatrix} z - z_0 & x - x_0 \\ Z & X \end{vmatrix} = \Sigma(z - z_0) \cdot X - \Sigma(x - x_0) \cdot Z,$$

$$M_z = \Sigma \begin{vmatrix} \xi & \eta \\ X & Y \end{vmatrix} = \Sigma \begin{vmatrix} x - x_0 & y - y_0 \\ X & Y \end{vmatrix} = \Sigma(x - x_0) \cdot Y - \Sigma(y - y_0) \cdot X,$$

wobei $xyz$ die Entfernungen vom Koordinatenursprung $O$ und $\xi \eta \zeta$ die Entfernungen der Kräfte vom noch gesuchten Punkte $A$ sind.

Der Momentenvektor soll die gleiche Richtung wie die resultierende Kraft haben. Es ist also

$$\cos \begin{pmatrix} \alpha \\ \beta \\ \gamma \end{pmatrix} = \cos \begin{pmatrix} \varphi \\ \chi \\ \psi \end{pmatrix} = \frac{R_{xyz}}{R} = \frac{M_{xyz}}{M},$$

daraus folgt:

$$R_x : R_y = M_x : M_y; \qquad R_x : R_z = M_x : M_z.$$

[1] Der Momentenvektor $\mathfrak{M}_1$ darf parallel verschoben werden (siehe S. 2).

Eine Koordinate der Zentralachse ist wählbar. Wählt man z. B. $z_0 = 0$, so erhält man den Durchstoßungspunkt der Zentralachse mit der $xy$-Ebene. Die beiden gesuchten Koordinaten $x_0$, $y_0$ des Durchstoßungspunktes werden aus den letzten beiden Gleichungen ($x_0 y_0$ sind im $M_{xyz}$ enthalten) berechnet.

# II. Zerlegen einer Kraft.

Kräfte in der Ebene:

> in zwei ungleiche Richtungen;
> in zwei parallele Richtungen;
> in drei gegebene Richtungen;
> in eine gegebene Richtung und eine Kraft durch einen gegebenen Punkt.

Kräfte im Raume:

> in zwei Richtungen;
> in drei Richtungen an einem Punkt (Dreibein);
> in drei parallele Richtungen;
> in sechs Richtungen.

## 1. Kräfte in der Ebene.

### a) Zwei ungleiche Richtungen.

Grundbedingung: Die Kraft muß sich mit den beiden Richtungen in einem Punkte schneiden (siehe S. 28).

**Zeichnung.**

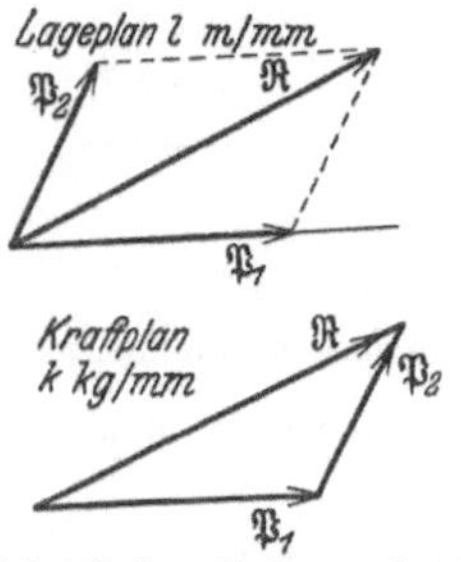

Abb. 36. Zeichnerisches Zerlegen einer Kraft $\Re$ in zwei Komponenten ungleicher Richtung.

Im Lageplan (siehe Abb. 36): $\Re$ in wahrer Größe im Schnittpunkt mit den gegebenen Richtungen antragen. Parallelen durch den Endpunkt von $\Re$ zu den beiden Richtungen schneiden auf diesen die Größe der gesuchten Komponenten $\mathfrak{P}_1$ und $\mathfrak{P}_2$ ab.

Oder im Kraftplan (siehe Abb. 36): Durch die beiden Endpunkte von $\Re$ werden Parallelen zu den gegebenen Kraftrichtungen gezogen, deren Schnittpunkt die Länge der Komponenten $\mathfrak{P}_1 + \mathfrak{P}_2 = \Re$ angibt.

**Rechnung.**

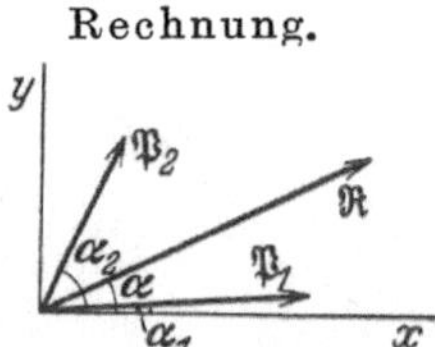

Abb. 37. Lageplan für die rechnerische Zerlegung einer Kraft in zwei Komponenten.

Kraftgleichungen für die $x$- und $y$-Richtung aufstellen (siehe Abb. 37).

$$P_1 \cdot \cos \alpha_1 + P_2 \cdot \cos \alpha_2 = R \cdot \cos \alpha, \qquad (1)$$

$$P_1 \cdot \sin \alpha_1 + P_2 \cdot \sin \alpha_2 = R \cdot \sin \alpha, \qquad (2)$$

$$\text{daraus} \quad P_1 = R \cdot \frac{\begin{vmatrix} \cos \alpha & \cos \alpha_2 \\ \sin \alpha & \sin \alpha_2 \end{vmatrix}}{\begin{vmatrix} \cos \alpha_1 & \cos \alpha_2 \\ \sin \alpha_1 & \sin \alpha_2 \end{vmatrix}}.$$

$$\text{und} \quad P_2 = R \cdot \frac{\begin{vmatrix} \cos \alpha_1 & \cos \alpha \\ \sin \alpha_1 & \sin \alpha \end{vmatrix}}{\begin{vmatrix} \cos \alpha_1 & \cos \alpha_2 \\ \sin \alpha_1 & \sin \alpha_2 \end{vmatrix}}.$$

### b) Zwei parallele Richtungen.

**Zeichnung.**

Kraftplan (siehe Abb. 38): $\Re$, Pol, Polstrahlen $0,1$.

Lageplan: Seilstrahlen $0, 1$ parallel zu den

**Rechnung.**

Aus dem Momentengleichgewicht um einen Punkt auf der einen Kraftrichtung folgt jeweils (siehe Abb. 39):

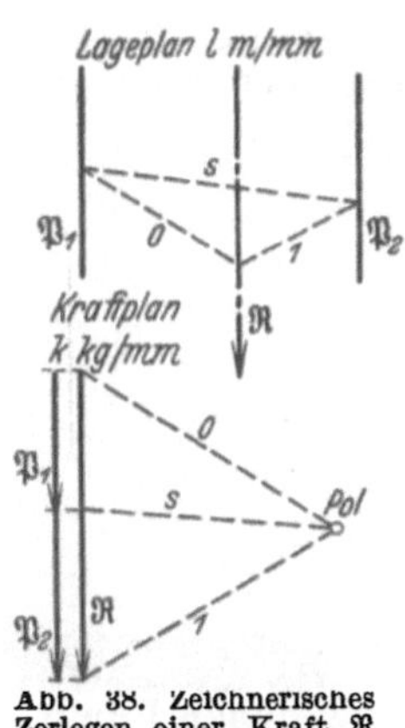



Abb. 38. Zeichnerisches Zerlegen einer Kraft $\mathfrak{R}$ in zwei parallele Komponenten.

gleichnamigen Polstrahlen durch einen beliebigen Punkt auf $\mathfrak{R}$. Schlußlinie *s* des Seilecks = Verbindungslinie der Schnittpunkte der Seilstrahlen mit den Komponentenrichtungen.

Parallele dazu im Krafteck durch den Pol ziehen. Zwischen

*0* und *s* liegt $\mathfrak{P}_1$
*1* „ *s* „ $\mathfrak{P}_2$

Kraftsinn aus $\mathfrak{P}_1 + \mathfrak{P}_2 = \mathfrak{R}$, d. h. Umfahrungssinn der Summe beider Kräfte gleich der Richtung der gegebenen Kraft $\mathfrak{R}$.

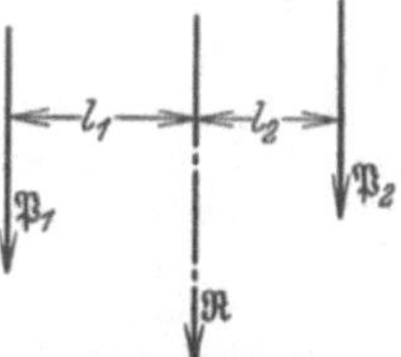



Abb. 39. Lageplan für die rechnerische Zerlegung einer Kraft in zwei parallele Komponenten.

$$P_1 = \frac{R \cdot l_2}{l_1 + l_2},$$

$$P_2 = \frac{R \cdot l_1}{l_1 + l_2}.$$

Kontrolle: $P_1 + P_2 = R$.

## c) Drei gegebene Richtungen.

Zeichnung.

Rechnung.

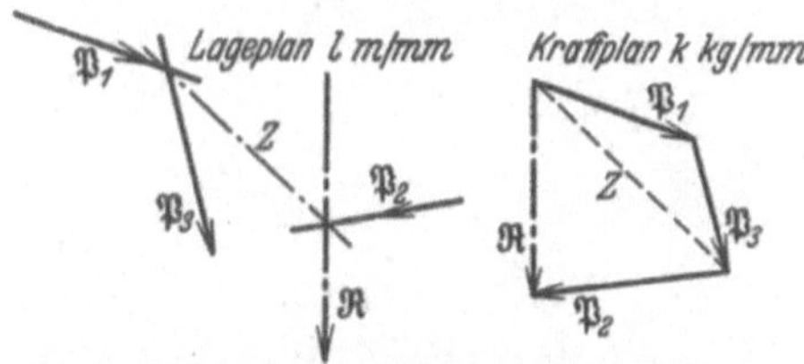



Abb. 40. Zeichnerisches Zerlegen einer Kraft $\mathfrak{R}$ in drei Komponenten mit Hilfe der Zwischenresultierenden.

Lösung mit Hilfe der Zwischenresultierenden: Je zwei beliebige Kraftrichtungen zum Schnitt bringen, z. B. $\mathfrak{P}_1$ und $\mathfrak{P}_3$ und $\mathfrak{R}$ und $\mathfrak{P}_2$ (siehe Abb. 40). Verbindungslinie der Schnittpunkte ist die Zwischenresultierende *Z*. Im Krafteck (nach S. 20) zerlegen $\mathfrak{R}$ in $\mathfrak{P}_2$ und *Z*, und *Z* in $\mathfrak{P}_1$ und $\mathfrak{P}_3$. Umfahrungssinn entgegen dem von $\mathfrak{R}$ entsprechend $\mathfrak{R} = \mathfrak{P}_1 + \mathfrak{P}_2 + \mathfrak{P}_3$.

Lösung mit Hilfe des Seilecks: Zu den Polstrahlen *0*, *1* im Krafteck werden parallel im Lageplan die Seilstrahlen *0*, *1* gezogen

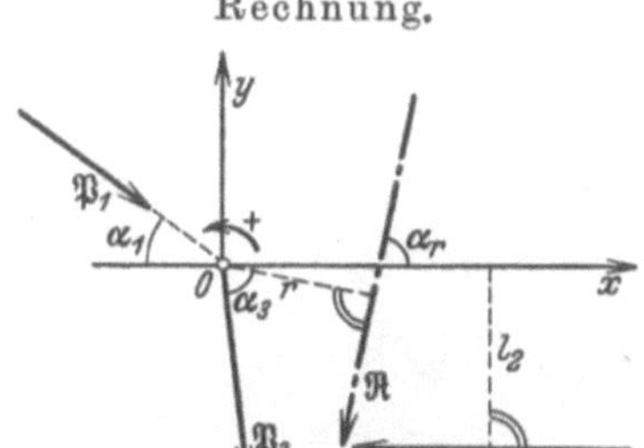



Abb. 41. Lageplan für die rechnerische Zerlegung einer Kraft $\mathfrak{R}$ in drei Komponenten.

Rechtwinkliges Achsenkreuz $Oxy$ wählen (siehe Abb. 41); gegebenenfalls Koordinatenursprung in den Schnittpunkt zweier Kräfte und eine Achse in Richtung einer Kraft legen.

Allgemein:

$$R \cdot \cos \alpha_r = \Sigma(P \cdot \cos \alpha),$$

$$R \cdot \sin \alpha_r = \Sigma(P \cdot \sin \alpha),$$

$$r \cdot R \quad = \Sigma(l \cdot P).$$

Beispiel der Abb. 50.

$$-R \cdot \cos \alpha_r = \ P_1 \cdot \cos \alpha_1 - P_2 + P_3 \cdot \cos \alpha_3,$$

$$-R \cdot \sin \alpha_r = -P_1 \cdot \sin \alpha_1 - P_3 \cdot \sin \alpha_3,$$

$$-r \cdot R \quad = -l_2 \cdot P_2.$$

Aus diesen 3 Gleichungen lassen sich die 3 Unbekannten $P_1 P_2 P_3$ ermitteln. Erhält man für eine Kraft einen negativen Wert, so

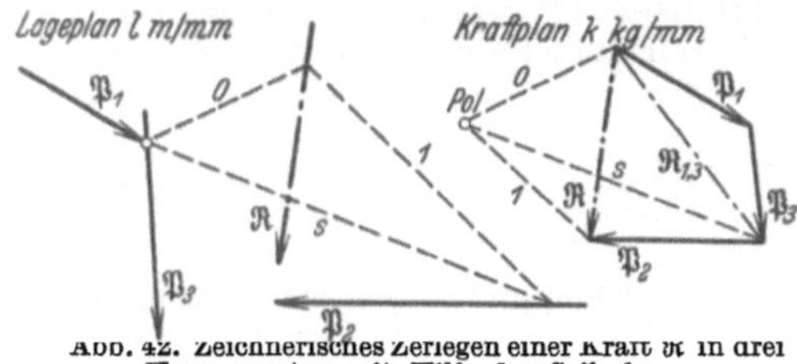



Abb. 42. Zeichnerisches Zerlegen einer Kraft $\mathfrak{R}$ in drei Komponenten mit Hilfe des Seilecks.

(siehe Abb. 42), und zwar mit dem Seilstrahl $0$ im Schnittpunkt zweier Kraftrichtungen (z. B. $\mathfrak{P}_1$ und $\mathfrak{P}_3$) beginnend. Schlußlinie des Seilecks ist die Verbindungslinie des Schnittpunktes der beiden Kräfte (im Beispiel $\mathfrak{P}_1$ und $\mathfrak{P}_3$) mit dem Schnitt des Seilstrahles $1$ und der Kraft $\mathfrak{P}_2$. Die Parallele zur Schlußlinie $s$ schneidet im Krafteck auf der bekannten Kraftrichtung $\mathfrak{P}_2$ deren Größe ab. $\mathfrak{P}_2$ liegt im Krafteck zwischen den Polstrahlen $1$ und $s$ (die Seilstrahlen $1$ und $s$ schneiden sich im Lageplan auf $\mathfrak{P}_2$). Zwischen $0$ und $s$ liegt die Resultierende $\mathfrak{R}_{13} = \mathfrak{P}_1 + \mathfrak{P}_3$, die in diese beiden Kraftrichtungen zerlegt wird.

besagt dies, daß der Richtungssinn dieser Kraft dem angenommenen entgegengesetzt ist.

### d) in eine gegebene Richtung und eine Kraft durch einen gegebenen Punkt.

Zeichnung: $\alpha$) Alle 3 Kräfte müssen durch einen Punkt $0$ gehen (siehe S. 28) = Schnittpunkt von $\mathfrak{P}$ und $\mathfrak{R}$. Damit ist die Richtung der durch $A$ hindurchgehenden Kraft $\mathfrak{A}$ gegeben (siehe Abb. 43a).

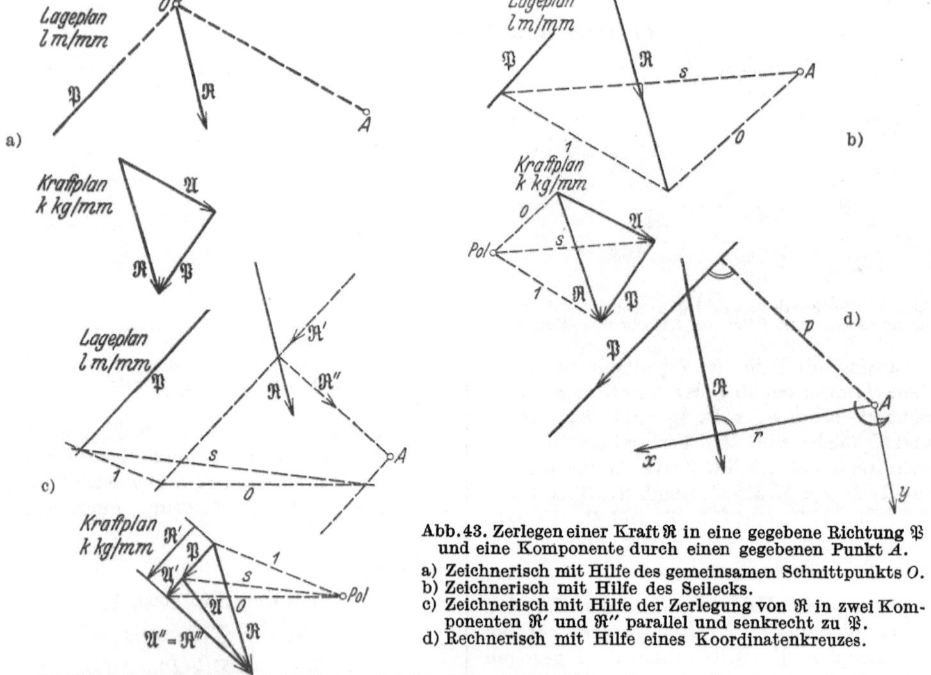


Abb. 43. Zerlegen einer Kraft $\mathfrak{R}$ in eine gegebene Richtung $\mathfrak{P}$ und eine Komponente durch einen gegebenen Punkt $A$.
a) Zeichnerisch mit Hilfe des gemeinsamen Schnittpunkts $O$.
b) Zeichnerisch mit Hilfe des Seilecks.
c) Zeichnerisch mit Hilfe der Zerlegung von $\mathfrak{R}$ in zwei Komponenten $\mathfrak{R}'$ und $\mathfrak{R}''$ parallel und senkrecht zu $\mathfrak{P}$.
d) Rechnerisch mit Hilfe eines Koordinatenkreuzes.

$\beta$) Seileck im Punkte $A$ beginnen (siehe Abb. 43b). (Diese Konstruktion ist erforderlich, wenn der Schnittpunkt von $P$ und $R$, siehe vorigen Abschnitt und Abb. 51a, nicht mehr auf die Zeichenfläche fällt.)

Krafteck: $\mathfrak{R}$, Pol, Polstrahlen $0$ und $1$.

Seileck: Seilstrahl $0$ durch $A$ bis zum Schnitt mit $\mathfrak{R}$, hierdurch den Seilstrahl $1$ bis zum Schnitt mit $\mathfrak{P}$, die Verbindungslinie dieses Schnittpunktes mit $A$ ist die Schlußlinie des Seilecks (siehe S. 27).

Krafteck: Schlußlinie übertragen. $\mathfrak{P}$ liegt zwischen $1$ und $s$ in der gegebenen Richtung. $\mathfrak{A}$ ist die Schlußlinie des Kraftecks (siehe S. 27).

$\gamma$) $\mathfrak{R}$ in eine Komponente $\mathfrak{R}'$ in Richtung von $\mathfrak{P}$ und eine $\mathfrak{R}''$ senkrecht zu $\mathfrak{P}$ zerlegen (siehe Kraftplan der Abb. 43c), $\mathfrak{R}'$ mit Hilfe des Seilecks $0\,1\,s$ auf $\mathfrak{P}$ und $\mathfrak{A}'$ verteilen, wobei $\mathfrak{A}' \parallel \mathfrak{P}$ ist (siehe S. 20). $\mathfrak{A}'$ und $\mathfrak{A}'' = \mathfrak{R}''$ zu $\mathfrak{A}$ zusammenfassen.

$\delta$) Rechnung: Koordinatenkreuz $xy$ mit Ursprung in $A$, der einen Achse parallel und der anderen senkrecht zu $\mathfrak{R}$ wählen (siehe Abb. 43d).

$$R_x = P_x + A_x = 0 \quad (\text{weil } \mathfrak{R} \perp x\text{-Achse}),$$
$$R_y = P_y + A_y,$$
$$r \cdot R = p \cdot P, \quad \text{wobei } P = \sqrt{P_x^2 + P_y^2} \text{ ist.}$$

Aus diesen Gleichungen werden $A_x$, $A_y$ und $P$ berechnet.

# 2. Zerlegen einer Kraft im Raume.
## a) Zwei Richtungen.

Dies ist nur möglich, wenn die Kraft und die beiden gegebenen Richtungen in einer Ebene liegen. Dann liegt aber kein räumliches, sondern ein ebenes Problem vor (siehe S. 20).

## b) Drei Richtungen an einem Punkt (Dreibein).

Die drei Kraftrichtungen dürfen nicht in einer Ebene liegen, da in der Ebene eine Kraft an einem Punkt nur in zwei Richtungen zerlegt werden kann (siehe S. 28).

Lösungsmöglichkeiten:

$\alpha$) Projektion so, daß eine Unbekannte verschwindet;

$\beta$) Projektion so, daß zwei Unbekannte in eine Linie fallen;

$\gamma$) Projektion so, daß die bekannte Kraft verschwindet oder mit einer Unbekannten in eine Linie fällt (Methode des unbestimmten Maßstabes);

$\delta$) Korrekturverfahren nach Müller-Breslau;

$\varepsilon$) Kraft zerlegen in eine Stabrichtung und Zwischenresultierende in der Ebene der beiden anderen Stäbe;

$\varphi$) Rechnung, je eine Gleichung für die $xyz$-Richtung.

### $\alpha$) Eine Unbekannte verschwindet.

Im Riß, in dem die eine Unbekannte verschwindet (im Beispiel der Abb. 44 ist dies der Grundriß), wird $\mathfrak{R}$ in die beiden anderen Richtungen zerlegt ($\mathfrak{R}' = \mathfrak{S}_1' + \mathfrak{S}_3'$). Krafteck auf zweite Projektionsebene (im Beispiel: Aufriß) übertragen, Richtung der Kräfte aus dem Lageplan, Größe = Länge zwischen den Loten ($00, 11, 22, 33$) des ersten Risses. Schlußlinie des Kraftecks = gesuchte dritte Kraft $23 = \mathfrak{S}_2''$.

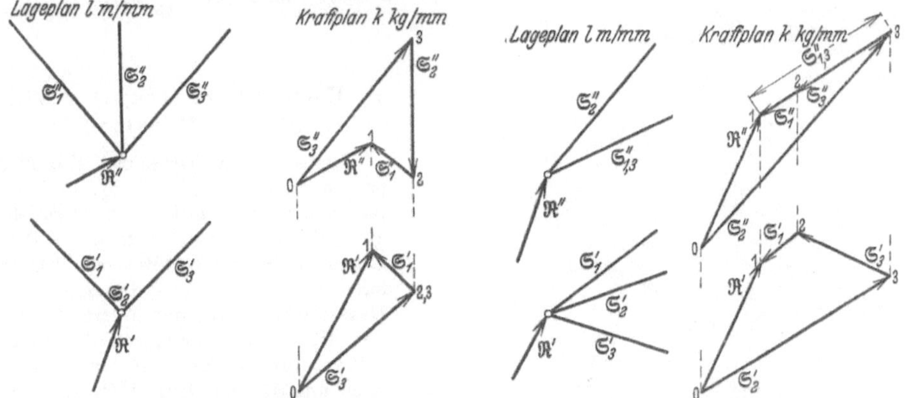



<table>
<tr><td>Abb. 44. Dreibein, eine Kraft erscheint in einer Pro-<br>jektion nur als ein Punkt.</td><td>Abb. 45. Dreibein, zwei Kraftrichtungen fallen in<br>einer Projektion in eine Richtung.</td></tr>
</table>

### $\beta$) Zwei Unbekannte fallen in eine Linie.

Im Riß mit den beiden zusammenfallenden Unbekannten beginnen (siehe Abb. 45) [Aufriß: $\mathfrak{R}'' = \mathfrak{S}_{1,3}'' + \mathfrak{S}_2''$]. Krafteck in den Grundriß übertragen. Kraftrichtung aus dem Lageplan, Größe = Länge zwischen den Loten aus dem Aufriß ($00, 11, 33$). An $1$ und $3$ die Richtungen der noch gesuchten Kräfte $\mathfrak{S}_1'$ und $\mathfrak{S}_3'$ antragen und ihren Schnittpunkt $2$ in den Aufriß hinaufloten. Damit ist $\mathfrak{S}_{13}''$ in $\mathfrak{S}_1''$ und $\mathfrak{S}_3''$ aufgeteilt.

## $\gamma$) Unbestimmter Maßstab.

| Bekannte Kraft verschwindet (im Grundriß). | Bekannte Kraft fällt in die Richtung einer Unbekannten (siehe Abb. 55 im Aufriß $\Re''$ und $\mathfrak{S}_2''$). |
|---|---|

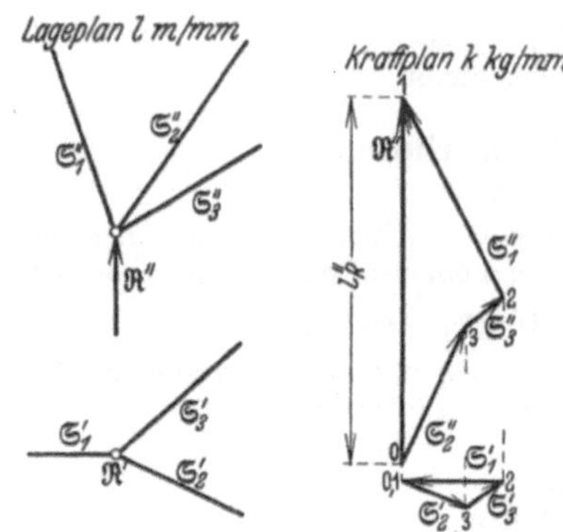

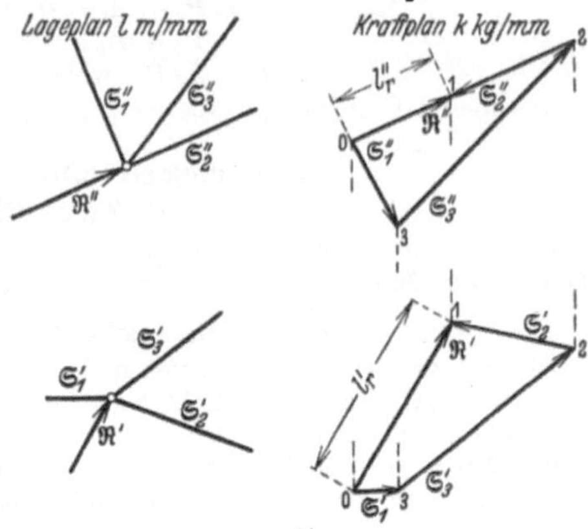

a)                                           b)

Abb. 46. Dreibein, Methode des unbestimmten Maßstabes.
a) Die bekannte Kraft erscheint in einer Projektion als Punkt.
b) Die bekannte Kraft fällt in einer Projektion mit einer Unbekannten in dieselbe Richtung.

Grundriß (siehe Abb. 46a): Dreieck von beliebiger Größe mit den Richtungen der Kräfte zeichnen ($0123$). Längen in den Aufriß auf die entsprechenden Kraftrichtungen hinaufloten (Linienzug $1230$), Schlußlinie des Kraftecks ($01$) in Richtung der gegebenen Kraft. Aus deren Länge im Krafteck und ihrer gegebenen Größe wird der Maßstab bestimmt:

$$k = \frac{R''}{l_R''}\ \text{kg/mm}.$$

Im Aufriß beliebiges Dreieck $023$ mit den 3 Richtungen $\mathfrak{S}_1''$, $\mathfrak{S}_3''$ und ($\Re''\,\mathfrak{S}_2''$) zeichnen (siehe Abb. 46b) und in den Grundriß hinabloten. Hierdurch werden $\Re'$ und $\mathfrak{S}_2'$ gefunden. Hinaufloten des Schnittpunktes $1$ von $\Re'$ und $\mathfrak{S}_2'$ in den Aufriß teilt ($\Re''\mathfrak{S}_2''$) in $\Re''$ und $\mathfrak{S}_2''$. Maßstab aus

$$k = \frac{R''}{l_R''}\quad\text{oder}\quad k = \frac{R'}{l_R'}\ \text{kg/mm}.$$

## $\delta$) Korrekturverfahren von Müller-Breslau.

Beginn im Aufriß (siehe Abb. 47): $\Re''$ zerlegen in $\mathfrak{S}_1''$ und $\mathfrak{S}_3''$, und an beliebiger Stelle $a''b''$ eine Parallele zu $\mathfrak{S}_2''$ einfügen. Krafteck in den Grundriß heruntergelotet ergibt eine falsche Richtung $0'a'$ für die Kraft $\mathfrak{S}_3'$. Dasselbe wird mit einer anderen Größe von $\mathfrak{S}_2'' = c''d''$ noch einmal durchgeführt und so die ebenfalls falsche Richtung $0'c'$ im Grundriß gefunden. Die Verbindungslinie der Grundriß-Falschpunkte $a'c'$ schneidet die durch den Lageplan gegebene Richtung von $\mathfrak{S}_3'$ im Punkte $e'$, der in den Aufriß hinaufgelotet wird. $0123$ sind die gesuchten Krafteckprojektionen, denn entsprechende Punkte liegen übereinander.

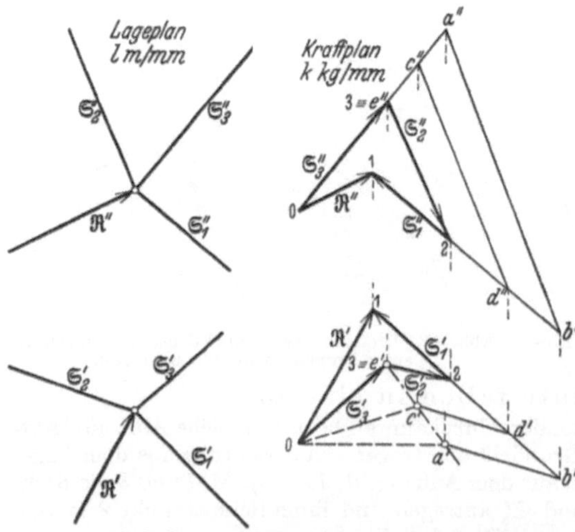

Abb. 47. Dreibein, Korrekturverfahren von Müller-Breslau.

### ε) Zwischenresultierende in einer Stabebene.

Die Spuren der Ebenen, in denen $\Re\,\mathfrak{S}_2$ und $\mathfrak{S}_1\mathfrak{S}_3$ liegen (siehe Abb. 48), werden im Grundriß bestimmt, indem die Projektionen der Durchstoßungspunkte von

$\Re\,\mathfrak{S}_2\,\mathfrak{S}_1\,\mathfrak{S}_3\ (a'',\,b'',\,c'',\,d'')$

aus dem Aufriß in den Grundriß hinabgelotet werden ($a'$, $b'$, $c'$, $d'$). Der Schnittpunkt $B$ der beiden Spuren und der Ausgangspunkt $A$ gehören beiden Ebenen $\Re\,\mathfrak{S}_2$ und $\mathfrak{S}_1\mathfrak{S}_3$ an, also ist $AB\equiv Z$ die Schnittlinie der beiden Ebenen. Jetzt wird im Kraftplan $\Re$ in $\mathfrak{S}_2$ und $Z$ als Zwischenresultierende, ferner $Z$ in $\mathfrak{S}_1$ und $\mathfrak{S}_3$ zerlegt.

Zeichnungskontrolle (in der Abbildung nicht eingetragen): In der entsprechenden Weise werden aus den Durchstoßungspunkten der Grundrißprojektion die Spuren der Ebenen $\Re\,\mathfrak{S}_2$ und $\mathfrak{S}_1\mathfrak{S}_3$ im Aufriß bestimmt. Grundriß und Aufrißspuren müssen sich auf der Linie $xx$ schneiden (1. und 2. Kontrolle), der Schnittpunkt der Aufrißspuren muß auf der Zwischenresultierenden $Z = AB$ liegen (3. und 4. Kontrolle).

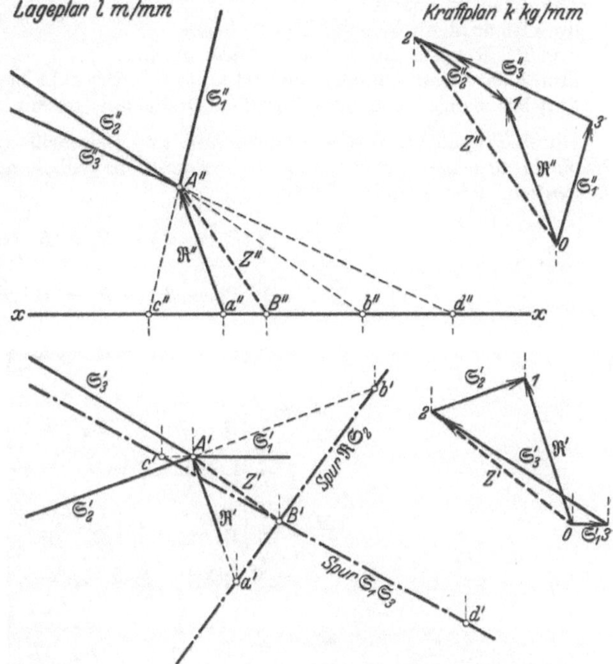


Abb. 48. Dreibein, Kraftzerlegung mit Hilfe der Zwischenresultierenden.

### φ) Rechnung.

Koordinatenkreuz $xyz$ mit seinem Ursprung im gegebenen Punkt $A$ wählen. Aus den Stablängen werden berechnet

$$\cos\begin{pmatrix}\alpha\\\beta\\\gamma\end{pmatrix} = \frac{x,\,y,\,z = \text{Komponente der Stablänge}}{\text{ganze Stablänge}}$$

und aus den Gleichungen

$$S_1\cdot\cos\alpha_1 + S_2\cdot\cos\alpha_2 + S_3\cdot\cos\alpha_3 = R\cdot\cos\alpha_r,$$
$$S_1\cdot\cos\beta_1 + S_2\cdot\cos\beta_2 + S_3\cdot\cos\beta_3 = R\cdot\cos\beta_r,$$
$$S_1\cdot\cos\gamma_1 + S_2\cdot\cos\gamma_2 + S_3\cdot\cos\gamma_3 = R\cdot\cos\gamma_r$$

erhält man die Kräfte $S_1$, $S_2$, $S_3$. Erhält man für eine Kraft einen negativen Wert, so besagt dies, daß der Richtungssinn dieser Kraft dem angenommenen entgegengesetzt ist.

### c) Drei parallele Richtungen.

Zeichnung und Rechnung: Zweimal auf ebenes Problem zurückführen, indem die Kraft $\Re$ zerlegt wird in die eine Richtung $\mathfrak{S}_1$ und eine Zwischenresultierende in der durch die beiden anderen Kräfte $\mathfrak{S}_2$ und $\mathfrak{S}_3$ gelegten Ebene. Diese Zwischenresultierende wird dann in $\mathfrak{S}_2$ und $\mathfrak{S}_3$ zerlegt.

$$\Re = \mathfrak{S}_1 + \Re_{23},$$
$$\Re_{23} = \mathfrak{S}_2 + \mathfrak{S}_3.$$

### d) Sechs Richtungen (allgemeinster Fall).

Es dürfen höchstens
drei Richtungen in einer Ebene liegen;
drei Richtungen durch einen Punkt gehen;
drei Richtungen einander parallel sein (Schnittpunkt liegt im Unendlichen);
fünf Richtungen von einer Geraden (Drehachse) geschnitten werden.

Durch Projektion in den Grund-, Auf- und Seitenriß wird die Aufgabe auf drei ebene Probleme zurückgeführt. Zur Berechnung der sechs Unbekannten stehen drei Kraft- und drei Momentengleichungen zur Verfügung.

$$\Sigma X = \sum_{1}^{6} (P_i \cos \alpha_i) = R_x = R \cdot \cos \alpha_r \,, \tag{1}$$

$$\Sigma Y = \sum_{1}^{6} (P_i \cos \beta_i) = R_y = R \cdot \cos \beta_r \,, \tag{2}$$

$$\Sigma Z = \sum_{1}^{6} (P_i \cos \gamma_i) = R_z = R \cdot \cos \gamma_r \,, \tag{3}$$

$$M_x = \sum_{1}^{6} \begin{vmatrix} y_i & z_i \\ Y_i & Z_i \end{vmatrix} = \begin{vmatrix} y_r & z_r \\ R_y & R_z \end{vmatrix}$$

$$= \sum_{1}^{6} (y_i Z_i) - \sum_{1}^{6} (z_i Y_i) = y_r \cdot R_z - z_r \cdot R_y \,, \tag{4}$$

$$M_y = \sum_{1}^{6} \begin{vmatrix} z_i & x_i \\ Z_i & X_i \end{vmatrix} = \begin{vmatrix} z_r & x_r \\ R_z & R_x \end{vmatrix}$$

$$= \sum_{1}^{6} (z_i X_i) - \sum_{1}^{6} (x_i Z_i) = z_r \cdot R_x - x_r \cdot R_z \,, \tag{5}$$

$$M_z = \sum_{1}^{6} \begin{vmatrix} x_i & y_i \\ X_i & Y_i \end{vmatrix} = \begin{vmatrix} x_r & y_r \\ R_x & R_y \end{vmatrix}$$

$$= \sum_{1}^{6} (x_i Y_i) - \sum_{1}^{6} (y_i X_i) = x_r R_y - y_r \cdot R_x \,. \tag{6}$$

## III. Zusammensetzen und Zerlegen von Momenten.

Momente werden in der Ebene und im Raume wie Kräfte an einem Punkt zusammengesetzt und zerlegt, da der Momentenvektor als planarer Vektor parallel verschoben werden darf (siehe S. 2).

## IV. Schwerpunkt. (Massenmittelpunkt.)

Definition: Angriffspunkt der Resultierenden aller Elementargewichte.

Bestimmen: Körper in Einzelteile zerlegen, Teilgewichte in den Teilschwerpunkten anbringen und deren Resultierende nach Größe (Gesamtgewicht) und Lage (Schwerpunkt) bestimmen (siehe Resultierende paralleler Kräfte S. 13 u. 16).

| Zeichnung. | Rechnung. | Versuch. |
|---|---|---|
| Krafteck<br>Seileck | $x_s = \dfrac{\sum\limits_{1}^{n}(x_i \cdot G_i)}{G}\,,$ <br><br> $y_s = \dfrac{\sum\limits_{1}^{n}(y_i \cdot G_i)}{G}\,,$ <br><br> $z_s = \dfrac{\sum\limits_{1}^{n}(z_i \cdot G_i)}{G}\,.$ | 1. Körper beim $\genfrac{}{}{0pt}{}{\text{ebenen}}{\text{räumlichen}}$ Problem nacheinander an mindestens $\genfrac{}{}{0pt}{}{2}{3}$ Punkten aufhängen. Lote vom Aufhängepunkt aus sind Schwerelinien, ihr Schnittpunkt ist der Schwerpunkt.<br>Oder 2. Lage der Resultierenden durch Abwiegen in 2 Stellungen bestimmen. Für das $\genfrac{}{}{0pt}{}{\text{ebene}}{\text{räumliche}}$ Problem sind $\genfrac{}{}{0pt}{}{2}{3}$ Auflagerstellen (Wagen) erforderlich. |

Eigenschaften:

1. Der Schwerpunkt ist gegen Drehungen des Körpers invariant.

2. Symmetrie-$\genfrac{}{}{0pt}{}{\text{linien}}{\text{ebenen}}$ sind Schwere-$\genfrac{}{}{0pt}{}{\text{linien}}{\text{ebenen}}$

3. Gesamtschwerpunkt zweier Körper liegt auf der Verbindungslinie der Teilschwerpunkte.

4. Guldinsche Regel für Rotationskörper (siehe Abb. 49)

$$O = 2\,\pi \cdot x_s \cdot s \,.$$

Oberfläche = Schwerpunktsweg des rotierenden Bogens $\times$ Bogenlänge.

$$V = 2\,\pi \cdot x_s \cdot F \,.$$

Volumen = Schwerpunktsweg der rotierenden Fläche $\times$ Fläche.

Abb. 49. Erläuterung zur Guldinschen Regel für a) Rotationsflächen und b) Rotationskörper.

# V. Gleichgewichtsbedingungen.

Keine resultierende Kraft, d. h. $\mathfrak{R} = \sum\limits_{1}^{n} \mathfrak{P}_i = 0$.

Kein resultierendes Moment, d. h. $\mathfrak{M} = \sum\limits_{1}^{n} [\mathfrak{r}_i \cdot \mathfrak{P}_i] = 0$.

| In der Ebene. | Im Raume. |
|---|---|
| Zeichnung: Krafteck geschlossen, $\mathfrak{R} = 0$, Seileck geschlossen, $\mathfrak{M} = 0$. | Kraftecke in den 3 Ebenen geschlossen, $\mathfrak{R} = 0$, Seilecke in den 3 Ebenen geschlossen, $\mathfrak{M} = 0$. |

Rechnung: 1. Summe der Kräfte und Momente in bezug auf einen beliebigen Punkt muß null sein.

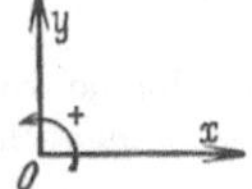

Abb. 50. Kartesisches Koordinatensystem in der Ebene.

$$\mathfrak{R} = 0 \begin{cases} R_x = \sum\limits_{1}^{n} X_i = 0\,, \\[2mm] R_y = \sum\limits_{1}^{n} Y_i = 0\,, \end{cases}$$

$$\mathfrak{M} = 0;\quad M_0 = \sum\limits_{1}^{n} \begin{vmatrix} x_i & y_i \\ X_i & Y_i \end{vmatrix}$$
$$= \sum\limits_{1}^{n} (x_i\,Y_i) - \sum\limits_{1}^{n} (y_i\,X_i) = 0\,,$$

$$\mathfrak{M} = \sum\limits_{1}^{n} \begin{vmatrix} \mathfrak{i} & \mathfrak{j} & \mathfrak{k} \\ x_i & y_i & z_i \\ X_i & Y_i & Z_i \end{vmatrix} = 0$$

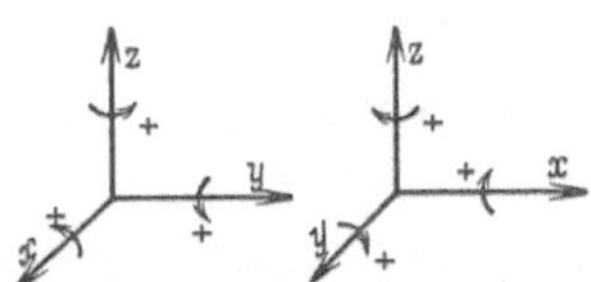

Abb. 51. Rechts- und linkshändiges kartesisches Koordinatensystem im Raum.

$$\mathfrak{R} = 0 \begin{cases} R_x = \sum\limits_{1}^{n} X_i = 0\,, \\[2mm] R_y = \sum\limits_{1}^{n} Y_i = 0\,, \\[2mm] R_z = \sum\limits_{1}^{n} Z_i = 0\,, \end{cases}$$

$$\begin{cases} M_x = \sum\limits_{1}^{n} \begin{vmatrix} y_i & z_i \\ Y_i & Z_i \end{vmatrix} = \sum\limits_{1}^{n} (y_i\,Z_i) - \sum\limits_{1}^{n} (z_i\,Y_i) = 0\,, \\[3mm] M_y = \sum\limits_{1}^{n} \begin{vmatrix} z_i & x_i \\ Z_i & X_i \end{vmatrix} = \sum\limits_{1}^{n} (z_i\,X_i) - \sum\limits_{1}^{n} (x_i\,Z_i) = 0\,, \\[3mm] M_z = \sum\limits_{1}^{n} \begin{vmatrix} x_i & y_i \\ X_i & Y_i \end{vmatrix} = \sum\limits_{1}^{n} (x_i\,Y_i) - \sum\limits_{1}^{n} (y_i\,X_i) = 0\,, \end{cases}$$

oder 2. Summe der Momente um

| 3 allgemeine Punkte (nicht auf einer Geraden) | 6 allgemeine Achsen (siehe S. 26) |
|---|---|

muß null sein

oder 3. Die Arbeiten der am Körper angreifenden Kräfte und Momente bei einer vir-
tuellen Verrückung (Parallelverschiebung um $\delta\mathfrak{s} = \delta\mathfrak{x} + \delta\mathfrak{y} + \delta\mathfrak{z}$ und Drehung $\delta\varphi_x, \delta\varphi_y, \delta\varphi_z$
um die Achsen $xyz$) müssen null sein (siehe S. 99).

$$dA = \sum_1^n (\mathfrak{P}_i \cdot \delta\mathfrak{s}_i) + \sum_1^m (\mathfrak{M}_i \cdot \delta\varphi_i) = 0,$$

$$\sum_1^n X_i \cdot \delta x_i = 0, \qquad\qquad \sum_1^n X_i \cdot \delta x_i = 0, \qquad \sum_1^m M_{xi} \cdot \delta\varphi_{xi} = 0,$$

$$\sum_1^n Y_i \cdot \delta y_i = 0, \qquad\qquad \sum_1^n Y_i \cdot \delta y_i = 0, \qquad \sum_1^m M_{yi} \cdot \delta\varphi_{yi} = 0,$$

$$\sum_1^m M_i \cdot \delta\varphi_i = 0, \qquad\qquad \sum_1^m Z_i \cdot \delta z_i = 0, \qquad \sum_1^m M_{zi} \cdot \delta\varphi_{zi} = 0.$$

3 Gleichungen.               |               6 Gleichungen.

Es läßt sich also im allgemeinsten Falle eine Kraft

in 3 Komponenten               |               6 Komponenten

zerlegen (siehe S. 21/22 u. 26).

Sonderfall: Kräfte an einem Punkt (Fachwerkknoten). Hier ist bei Reibungsfreiheit von
vornherein $\sum\mathfrak{M} = 0$. Es bleibt also nur noch die Bedingung $\mathfrak{R} = 0$ zu erfüllen, d. h. es läßt
sich an einem Punkt eine Kraft nur

in 2 Komponenten               |               in 3 Komponenten

zerlegen (siehe S. 20 u. 23/25).

Gleichgewicht in der Ebene
       für 2 Kräfte verlangt.......... gleiche Größe
                                        entgegengesetzte Richtung $\Big\}\ \mathfrak{R} = 0,$
                                        gleiche Angriffsgerade[1]       $\mathfrak{M} = 0;$
       3 Kräfte ................... Krafteck geschlossen              $\mathfrak{R} = 0,$
                                     alle Kräfte durch einen
                                        Punkt                          $\mathfrak{M} = 0,$
       4 Kräfte ................... je 2 geben die gleiche Zwischenresultie-
                                     rende (d. h. zurückgeführt auf Fall 1).

# VI. Gleichgewichtszustände

<table>
<tr><td>stabil</td><td>indifferent</td><td>labil</td></tr>
</table>

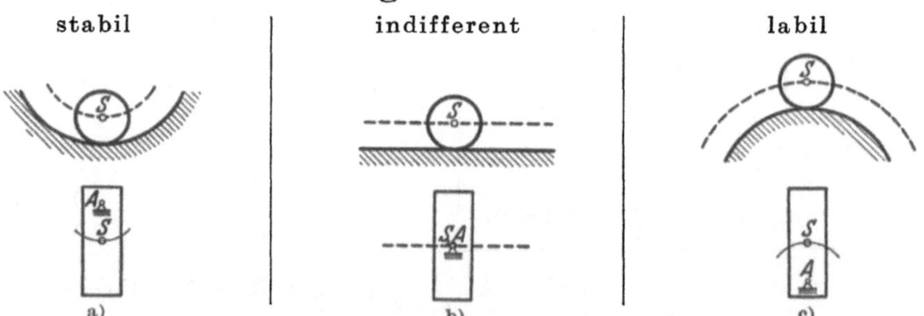

Abb. 52. Verschiedene Arten des Gleichgewichtes. a) stabil, b) indifferent, c) labil.

nach einer Auslenkung aus der Ruhelage treten

| | | |
|---|---|---|
| Kräfte oder Momente auf, die den Körper in die Ausgangslage zurückführen. | weder rückführende noch antreibende Kräfte oder Momente auf. Der Körper ist auch in der neuen Lage im Gleichgewicht. | Kräfte oder Momente auf, die den Körper von der Ausgangslage weiter entfernen. |

______

[1] Ist $l$ = senkrechter Abstand der beiden Richtungen, so herrscht kein Gleichgewicht;
die Kräfte bilden ein Kräftepaar $M = P \cdot l$ (siehe S. 3).

d. h. die potentielle Energie ist

| ein Minimum | const | ein Maximum |

d. h. die Arbeit für eine endliche Auslenkung ist

| $< 0$ | $= 0$ | $> 0$ |

| d. h., es ist Arbeit in das System hineinzustecken. | es wird dem System weder Arbeit zugeführt noch aus ihm gewonnen. | es wird Arbeit aus dem System gewonnen. |

Sonderfall: nur Gewichtskräfte.

Der Schwerpunkt (siehe S. 26) liegt

| unter | im | über |

dem Krümmungsmittelpunkt der Schwerpunktsbahn bzw. Unterstützungspunkt.

# VII. Lagerungen.

## 1. In der Ebene.

1 Unbekannte (einwertige Lagerung) = 1 Fesselung = 1 beseitigter Freiheitsgrad (Bewegungsmöglichkeit).

Die Kraft steht senkrecht auf der Berührungsebene. Falls Reibung vorhanden ist, tritt auch noch eine Kraft in Richtung der Berührungsebene auf; d. h. es sind dann 2 Unbekannte vorhanden.

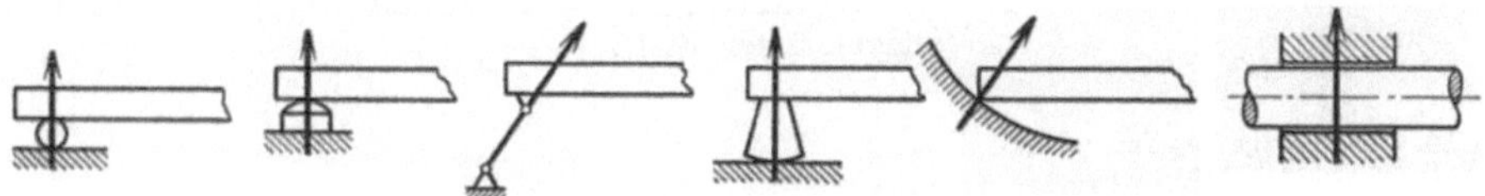

Abb. 53. Einwertige Lagerung von Balken und Wellen.

2 Unbekannte (zweiwertige Lagerung) = 2 Fesselungen = 2 beseitigte Freiheitsgrade.

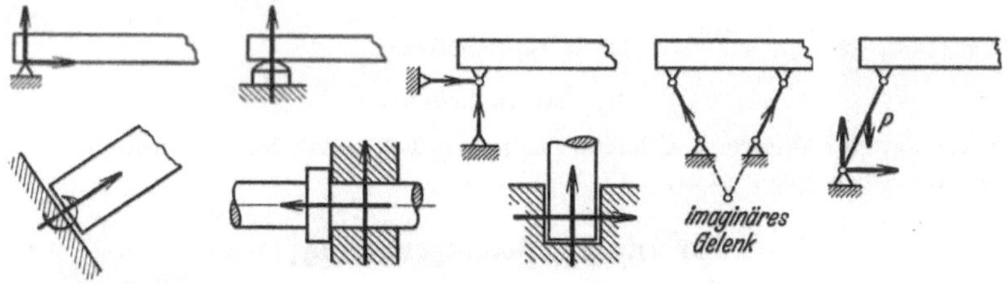


Abb. 54. Zweiwertige Lagerung von Balken und Wellen (falls Reibung vorhanden ist, ist die Wellenlagerung dreiwertig mit dem Reibungsmoment als dritter Unbekannter, vgl. Abb. 55).

3 Unbekannte (dreiwertige Lagerung) = 3 Fesselungen = 3 beseitigte Freiheitsgrade (allgemeinster Fall).

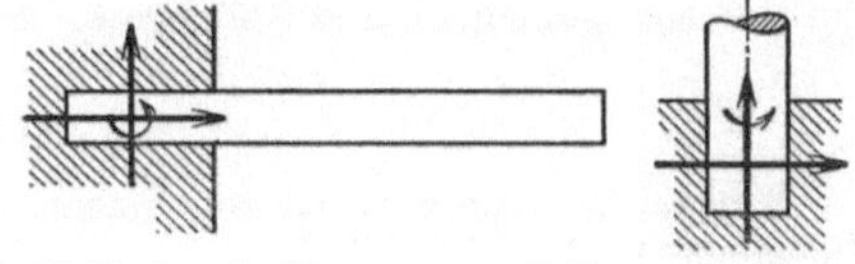

Abb. 55. Dreiwertige Lagerung von Balken und Wellen.

## 2. Im Raume.

1 Unbekannte (einwertige Lagerung) = 1 Fesselung = 1 beseitigter Freiheitsgrad.

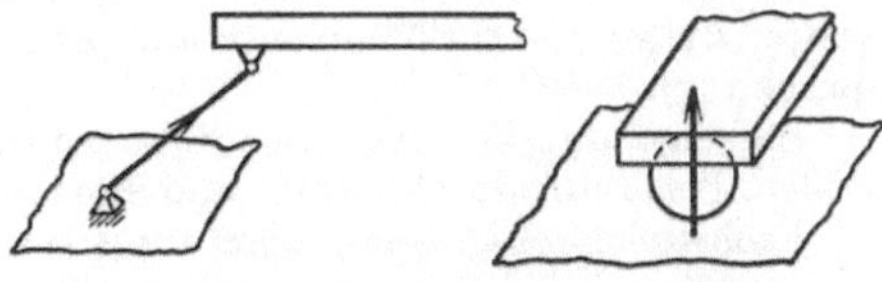

Abb. 56. Einwertige Lagerung von Balken.

2 Unbekannte (zweiwertige Lagerung) = 2 Fesselungen = 2 beseitigte Freiheitsgrade.

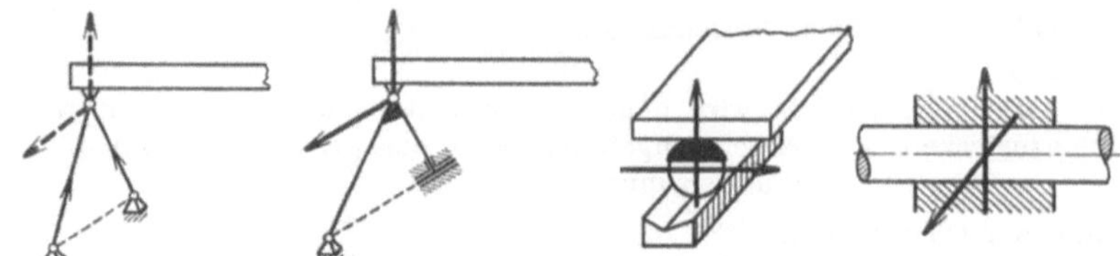

Abb. 57. Zweiwertige Lagerung von Balken und Wellen.

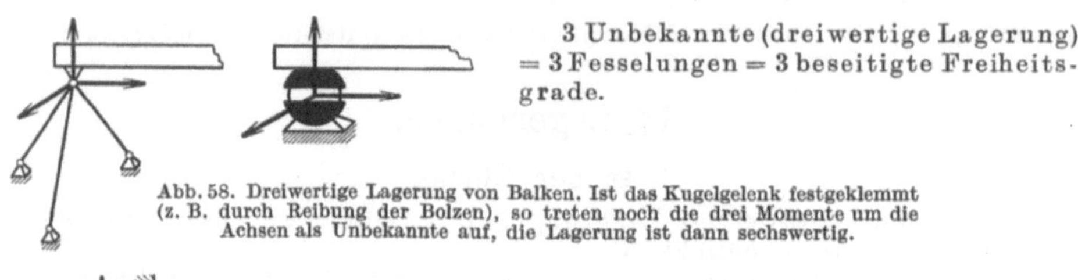

3 Unbekannte (dreiwertige Lagerung) = 3 Fesselungen = 3 beseitigte Freiheitsgrade.

Abb. 58. Dreiwertige Lagerung von Balken. Ist das Kugelgelenk festgeklemmt (z. B. durch Reibung der Bolzen), so treten noch die drei Momente um die Achsen als Unbekannte auf, die Lagerung ist dann sechswertig.

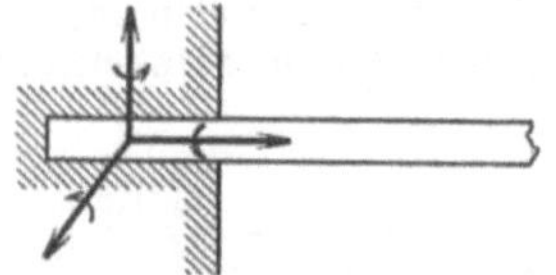

6 Unbekannte (sechswertige Lagerung) = 6 Fesselungen = 6 beseitigte Freiheitsgrade (allgemeinster Fall).

Abb. 59. Sechswertige Lagerung eines Balkens (feste Einspannung).

# VIII. Tragwerke.
## (Balkentragwerke und Fachwerke.)
### 1. Allgemeines.
#### a) Lagerkräfte.

Tragwerk von der Unterlage abheben (isolieren), Lagerreaktionen anbringen (siehe S. 29), Gleichgewichtsbedingungen ansetzen (siehe S. 27).

#### b) Innere Beanspruchung.

Tragwerk durchschneiden, abgeschnittenes Stück mit allen daran wirkenden äußeren Kräften (Lasten und Auflagerkräfte) und den an den Schnittstellen auftretenden Kräften für sich herauszeichnen und Gleichgewichtsbedingungen ansetzen.

#### c) Aufbau.

Tragwerke entstehen durch Zusammenfügen von (räumlichen) Körpern, (ebenen) Scheiben, Stäben oder Balken.

Stäbe werden nur in ihrer Achse belastet, d. h. sie nehmen nur Längskräfte auf (Zug- oder Druckbeanspruchung).

Balken werden in ihrer Achse und quer dazu belastet, d. h. sie nehmen Längs- und Querkräfte, Biege- und Drillmomente auf (Zug- oder Druck-, Scher-, Biegungs-, Drillungsbeanspruchung).

Balkentragwerke werden aus Balken aufgebaut, die in reibungslosen Gelenken zusammenstoßen. Belastung durch Kräfte und Momente an beliebigen Stellen.

Fachwerke werden aus Stäben aufgebaut, die in reibungslosen Gelenken (Knotenpunkten) zusammenstoßen. Belastung nur durch Kräfte in den Knotenpunkten.

### d) Eigenschaften.

Statische Bestimmtheit: Lassen sich die Auflager-, Gelenk- und Stabkräfte mit Hilfe der Gleichgewichtsbedingungen bestimmen, so ist das System statisch bestimmt, andernfalls $n$-fach unbestimmt. Hierbei ist $n$ die Anzahl der zum Bestimmen der Unbekannten noch fehlenden Gleichungen, die mit Hilfe der Elastizitätslehre gefunden werden.

Starrheit (siehe auch S. 39, 99): Die einzelnen Systemglieder können — abgesehen von elastischen Formänderungen — keine auch noch so kleine (virtuelle) Verschiebung gegeneinander ausführen.

## 2. Balkentragwerke.

Aufbau;
Beziehungen zwischen Belastung, Querkraft und Moment;
Balken mit schiefer Belastung;
Balken mit räumlicher Belastung;
Dreigelenkbogen;
Balken mit Zwischengelenken.

### a) Aufbau.

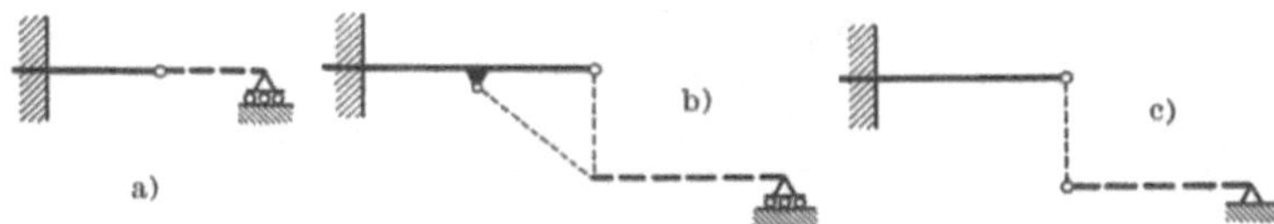

Abb. 60. Aufbau von Balkentragwerken. Anschluß eines weiteren Balkens a) durch ein Gelenk, b) durch zwei Stäbe, c) durch einen Stab.

Einfachstes Gebilde: Balken auf 2 Stützen oder fest eingespannter Balken.

Anschluß eines weiteren Balkens (siehe Abb. 60) durch ein Gelenk (2 innere Fesselungen) — das auch durch 2 Stäbe ersetzt werden kann — und Auflagerung des neu angeschlossenen Teiles. Wird der neue Teil nur durch eine Fesselung (Pendelstütze) angeschlossen, so ist die Zahl der Auflagerbedingungen um eine zu erhöhen.

Statische Bestimmtheit, Starrheit (siehe auch 1d):

$$\left.\begin{array}{l} a \;\;+\;\; i \;\; = 3\cdot p \\ \text{äußere und innere} \\ \text{Fesselungen} \;\;\; = 3 \times \text{Scheibenzahl} \end{array}\right\} \text{statisch bestimmt,}$$

$$< 3\cdot p \qquad \text{bewegliches System, kinematische Kette,}$$
$$> 3\cdot p \qquad \text{statisch überbestimmt.}$$

Gelenke können durch Auflagerbedingungen ersetzt werden und umgekehrt. Es müssen jedoch für das gesamte Tragwerk mindestens $a = 3$ und es dürfen für jede einzelne Scheibe höchstens $a = 3$ äußere Fesselungen vorhanden sein (siehe Abb. 60). Zwischen 2 Auflagern dürfen höchstens 2 Gelenke liegen.

### b) Beziehungen zwischen Belastung, Querkraft und Moment.

#### α) Vorzeichen.

Koordinatenkreuz $\left.\begin{array}{l}\end{array}\right\}$ $x = $ Achse nach rechts (siehe Abb. 61),
in die Schnittstelle legen $\qquad$ $y = $ Achse nach unten,

$N = $ Längskraft positiv, wenn der Balken gezogen wird,

$Q = $ Querkraft positiv, wenn die Gleichgewichtskraft an der Schnittstelle am $\genfrac{}{}{0pt}{}{\text{linken}}{\text{rechten}}$

Balkenteil nach $\genfrac{}{}{0pt}{}{\text{unten}}{\text{oben}}$ geht.

$M =$ Biegemoment positiv, wenn der Balken durch die äußeren Kräfte nach unten durch-
gebogen wird, d. h. wenn das Gleichgewichtsmoment an der Schnittstelle am $\genfrac{}{}{0pt}{}{\text{linken}}{\text{rechten}}$

Balkenteil $\genfrac{}{}{0pt}{}{\text{links}}{\text{rechts}}$ herum dreht.

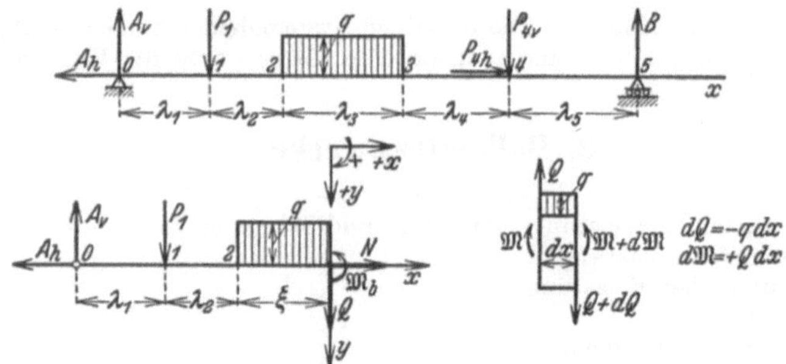

Abb. 61. Balken mit ebener Belastung; Lagepläne und Festlegen des Koordinatensystems zur rechnerischen
Bestimmung der Auflager-, Quer- und Längskräfte sowie der Biegungsmomente.

$$\Sigma X = 0 = -A_h + N,$$
$$\Sigma Y = 0 = -A_v + P_1 + q \cdot \xi + Q,$$
$$\Sigma M_b = 0 = A_v(\lambda_1 + \lambda_2 + \xi) - P_1(\lambda_2 + \xi) - \tfrac{1}{2}q \cdot \xi^2 - M_b,$$

$$N = A_h,$$
$$Q = A_v - P_1 - q \cdot \xi,$$
$$M = A_v \cdot (\cdots) - P_1(\cdots) - \tfrac{1}{2}q \cdot \xi^2.$$

Belastungsordinate $q$ = 1. negativer Differentialquotient der Querkraft $Q$<br>
                 = 2. negativer Differentialquotient des Momentes $M$ $\Big\}\; q = -\dfrac{dQ}{dx} = -\dfrac{d^2M}{dx^2},$

Querkraft           = 1. Differentialquotient des Momentes $M$,<br>
                 = 1. Integral der Belastung $q$

$$Q = \frac{dM}{dx} = A - \Sigma P - \int q\,dx,$$

$$Q_n = Q_{n-1} - P_n - \int\limits_{n-1}^{n} q \cdot dx.$$

Moment          = 1. Integral der Querkraft,<br>
                 = 2. Integral der Belastung

$$M = \int Q \cdot dx = A \cdot (\lambda_1 + \lambda_2 + \cdots) - P \cdot (\lambda_2 + \cdots) - \int\int q\,dx \cdot dx,$$

$$M_n = M_{n-1} + Q_{n-1}\lambda_n - \int\limits_{n-1}^{n}\int q\,dx \cdot dx.$$

## $\beta$) Verlauf der Kurven.

| Belastung | Querkraft | Moment |
|---|---|---|
| Null | horizontale Gerade | geneigte Gerade |
| Einzellast | Sprung | Knick |
| gleichmäßig verteilte Last | geneigte Gerade | Parabel 2. Ordnung |
| Dreieckslast (geneigte Gerade) | Parabel 2. Ordnung | Parabel 3. Ordnung |
| beliebige Kurve | Belastung in Felder mit $q \approx$ const unterteilen. Die nach Obigem gezeichnete einhüllende Ersatzkurve stimmt mit der wirklichen Kurve beim Feldwechsel überein. | |

## $\gamma$) Beispiel: Rechnung (siehe Abb. 61).

### Bestimmen der Lagerkräfte:

Koordinatenursprung im linken Auflager wählen, $x$-Achse nach rechts, $y$-Achse nach
unten, Gleichgewichtsbedingungen (siehe S. 27) ansetzen:

$$\Sigma X = 0 = -A_h + P_{4h},$$

$$\Sigma Y = 0 = -A_v + P_1 + \int_{x=\lambda_1+\lambda_2}^{x=\lambda_1+\lambda_2+\lambda_3} q \cdot dx + P_{4v} - B,$$

$$\Sigma M_0 = 0 = P_1 \cdot \lambda_1 + \int_{\xi=0}^{\xi=\lambda_3} q \cdot (l + \xi) \cdot d\xi + P_{4v} \cdot (\lambda_1 + \lambda_2 + \lambda_3 + \lambda_4) \\ - B \cdot (\lambda_1 + \lambda_2 + \lambda_3 + \lambda_4 + \lambda_5).$$

Aus diesen 3 Gleichungen lassen sich die 3 Unbekannten $A_v$, $A_h$, $B$ berechnen.

Bestimmen der Querkraft und des Momentes in den verschiedenen Feldern:

| Punkt $n$ | Feldlänge $\lambda$ | Belastung $P$ | Querkraft $Q_n = Q_{n-1} - \text{Belastg.} \Big\uparrow_{n-1}^{n}$ | Moment $M_n = M_{n-1} + Q_{n-1} \cdot \lambda_n - \int\limits_{n-1}^{n} \int\limits_{n-1}^{n} q\,dx\,dx$ |
|---|---|---|---|---|
| — | m | kg | kg | kg m |
| 0 | 0 | $-A_v$ | $Q_0 = A_v$ | $M_0 = 0$ |
| 1 | $\lambda_1$ | $P_1$ | $Q_1 = Q_0 - P_1$ | $M_1 = 0 + Q_0 \cdot \lambda_1$ |
| 2 | $\lambda_2$ | 0 | $Q_2 = Q_1 - 0$ | $M_2 = M_1 + Q_1 \cdot \lambda_2$ |
| 3 | $\lambda_3$ | $\int\limits_2^3 q\,dx = q \cdot \lambda_3$ | $Q_3 = Q_2 - q \cdot \lambda_3$ | $M_3 = M_2 + Q_2 \cdot \lambda_3 - \tfrac{1}{2} \cdot q\,\lambda_3^2$ |
| 4 | $\lambda_4$ | $P_{4v}$ | $Q_4 = Q_3 - P_{4v}$ | $M_4 = M_3 + Q_3 \cdot \lambda_4$ |
| 5 | $\lambda_5$ | $-B$ | $Q_5 = Q_4 + B$ | $M_5 = M_4 + Q_4 \cdot \lambda_5$ |

### δ) Beispiel: Zeichnung.

**Bestimmen der Lagerkräfte (siehe Abb. 62):**

Verteilte Lasten als Einzellasten $P_{1234}$ im jeweiligen Schwerpunkt des Feldes ($ab$, $bc$, $cd$, $de$) anbringen, Krafteck der äußeren Kräfte zeichnen, Pol wählen, Polstrahlen und parallel dazu im Lageplan die Seilstrahlen bis zum Schnitt mit der zugehörigen Kraft ziehen. Richtung der Auflagerkräfte herunterloten und mit dem ersten und letzten Seilstrahl (im Beispiel 0 und 5) zum Schnitt bringen. Verbindungslinie dieser Schnittpunkte ist die Schlußlinie $s$ des Seilecks, die in den Kraftplan übertragen die Auflagerkräfte $A$ und $B$ ergibt.

**Bestimmen der Momentenlinie:**

Das Seileck ist die Momentenfigur für den durch Einzellasten beanspruchten Balken. Bei verteilten Lasten verläuft die Momentenlinie entsprechend dem auf S. 32 Gesagten derart, daß beim Feldwechsel (also bei $a$, $b$, $c$, $d$, $e$) der Seil-

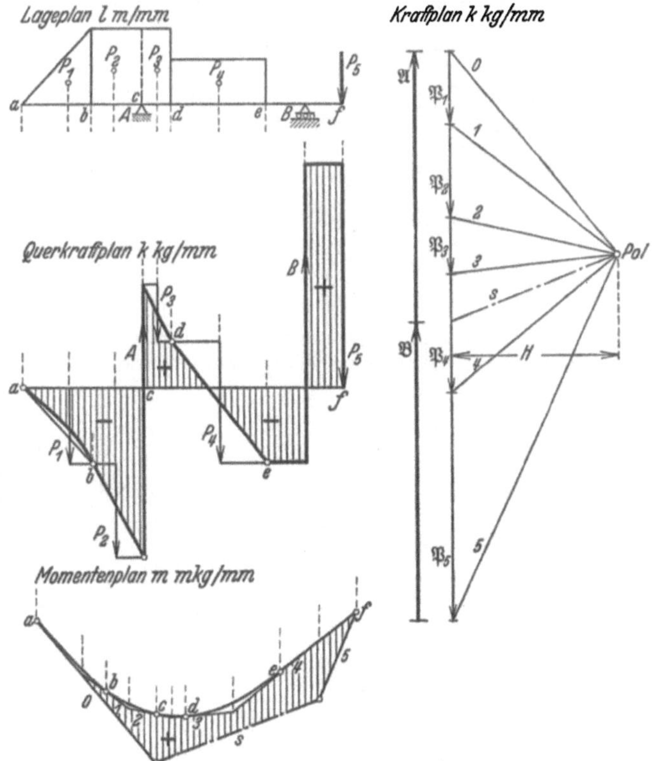


Abb. 62. Balken mit senkrechter Belastung, zeichnerische Bestimmung der Auflager- und Querkräfte-, sowie der Biegemomente mit Hilfe des Kraft- und Seilecks.

strahl immer die Tangente an die Momentenkurve bildet. Maßstab: $m = H \cdot k \cdot l$ mkg/mm, wobei $H$ in mm, $k$ in kg/mm und $l$ in m/mm ist (siehe S. 6).

Bestimmen der Querkraftlinie:

Auch die Querkraftlinie wird zunächst für die zu Einzelkräften zusammengefaßten Belastungen gezeichnet, indem bei der ersten Kraft links auf der Nullinie begonnen wird. Die Größe der einzelnen Kräfte wird dem Krafteck entnommen. So entsteht die Treppenkurve $P_1 P_2 A P_4 B P_5$. Der Verlauf der Querkraft in den einzelnen Feldern ist entsprechend dem auf S. 32 Gesagten. Es werden also jetzt auf die Treppenkurve die Feldgrenzen $abcdef$ heruntergelotet und in die Felder der jeweilige Querkraftverlauf eingetragen. Maßstab: $k$ kg/mm.

## c) Balken mit schiefer Belastung.

### α) Lasten am Angriffspunkt in senkrechte und horizontale Komponenten zerlegen.

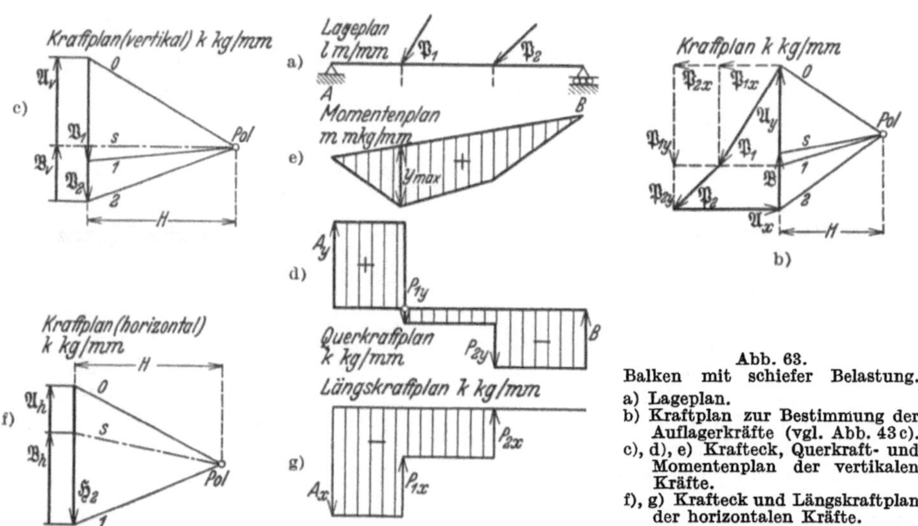

Abb. 63.
Balken mit schiefer Belastung.
a) Lageplan.
b) Kraftplan zur Bestimmung der Auflagerkräfte (vgl. Abb. 43c).
c), d), e) Krafteck, Querkraft- und Momentenplan der vertikalen Kräfte.
f), g) Krafteck und Längskraftplan der horizontalen Kräfte.

Die horizontalen Lasten werden vom festen Lager ($A$ im Beispiel der Abb. 60) aufgenommen, die senkrechten Komponenten werden, wie in Abb. 63 gezeigt, behandelt.

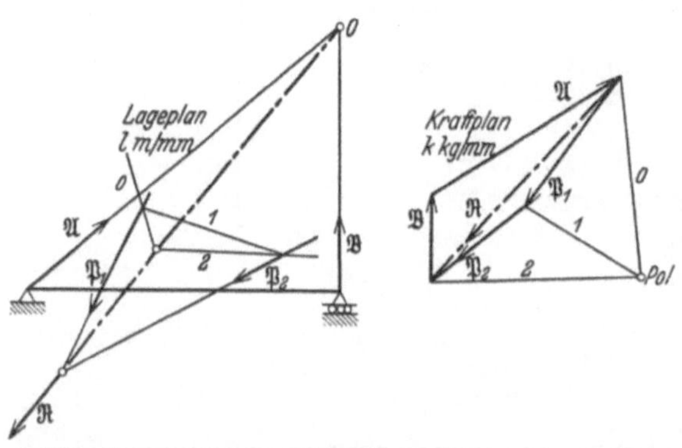

Abb. 64. Balken mit schiefer Belastung. Lage- und Kraftplan zur Bestimmung der Auflagerkräfte.

### β) Äußere Kräfte zu einer Resultierenden vereinigen.

Die bekannte Richtung der Auflagerkraft $\mathfrak{B}$ (siehe Abb. 64, Rollenlager) wird mit der Resultierenden der Belastung ($\mathfrak{R} = \mathfrak{P}_1 + \mathfrak{P}_2$) (Bestimmen nach S. 13) zum Schnitt gebracht (Punkt $O$). Durch diesen Schnittpunkt $O$ muß die Auflagerkraft $\mathfrak{A}$ hindurchgehen, da für das Gleichgewicht von 3 Kräften erforderlich ist, daß sie durch einen Punkt hindurchgehen (siehe S. 28). Die Kraftrichtungen werden in den Kraftplan übertragen, woraus sich die Größe von $A$ und $B$ ergeben.

## $\gamma$) Seileck im festen Auflager beginnen.

Lösung nach der Grundaufgabe: Eine Kraft (Resultierende der Belastung) ist in eine gegebene Richtung ($\mathfrak{B}$) und eine Kraft, die durch einen gegebenen Punkt ($A$) hindurchgeht, zu zerlegen (siehe S. 22 u. Abb. 65). Das Seileck gibt auch die Größe der Momente an. Es sind aber nicht die senkrechten Ordinaten des Seilecks zu nehmen, sondern die Längen ($y_a$, $y_b$) der Parallelen in den jeweiligen Schnittstellen zu den jeweiligen Resultierenden

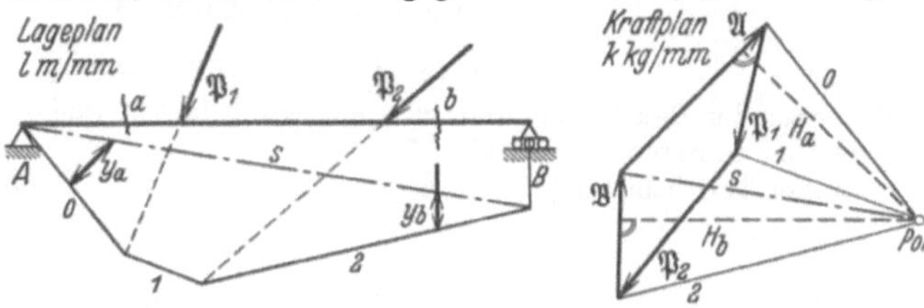

Abb. 65. Balken mit schiefer Belastung. Bestimmen der Auflagerkräfte mit Hilfe des Seilecks.

(siehe S. 6). Infolge der Änderung des Polabstandes = Lot vom Pol auf die jeweilige Resultierende erhält man für die einzelnen Felder verschiedene Momentenmaßstäbe. Z. B. an Schnittstelle $a$: $m_a = H_a \cdot k \cdot l$ und an Schnittstelle $b$: $m_b = H_b \cdot k \cdot l$ mkg/mm. Die Größe der Momente beträgt dann $M_a = y_a \cdot m_a$ bzw. $M_b = y_b \cdot m_b$.

## $\delta$) Rechnerische Lösung.

Ansatz der Gleichgewichtsbedingungen 1. für den ganzen Balken zum Bestimmen der Auflagerdrücke $A_v$, $A_h$, $B$, und 2. für den durchschnittenen Balken zum Bestimmen der Kräfte $N$, $Q$ und des Momentes $\mathfrak{M}$ an der Schnittstelle.

## d) Balken mit räumlicher Belastung.

Kräfte in waagerechte und senkrechte Ebene projizieren und die Projektionen als ebene Probleme behandeln, also Kraftplan, Momenten- und Querkraftverlauf zeichnen wie auf S. 33 beschrieben wurde (siehe Abb. 66). Alsdann werden die Querkraft- und Momenten-

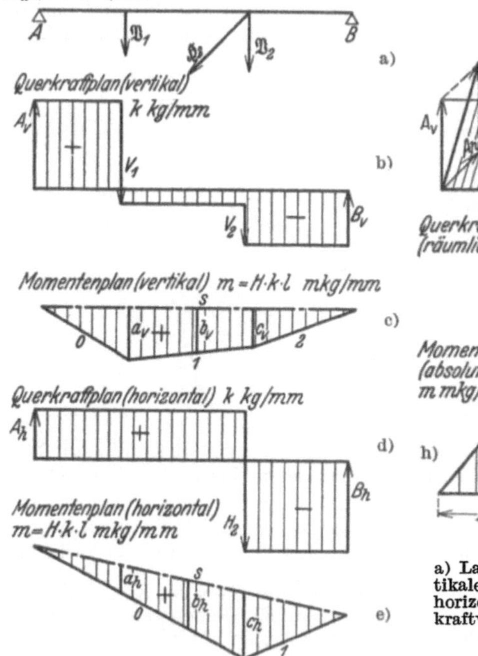

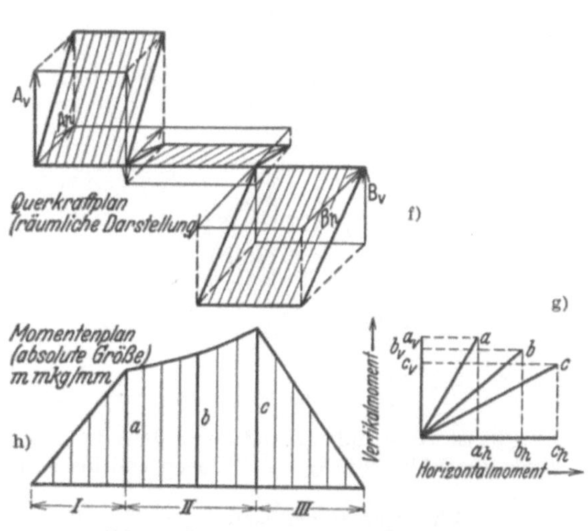

Abb. 66. Balken mit räumlicher Belastung.
a) Lageplan. b), c) Querkraft- und Momentenplan der vertikalen Kräfte. d), e) Querkraft- und Momentenplan der horizontalen Kräfte. f) Räumliche Darstellung des Querkraftverlaufes. g) Geometrische Addition der Horizontal- und Vertikalmomente. h) Absolute Größe der Biegungsmomente.

komponenten an jeder Schnittstelle zur Resultierenden zusammengesetzt. Der Verlauf der absoluten Größe des Momentes gibt, wie leicht nachzuweisen ist, nur in Ausnahmefällen (Feld *I* und *III*) eine Gerade.

### e) Dreigelenkbogen.

### α) Überlagerungsprinzip.

Nacheinander den linken und rechten Teil belasten und die so gefundenen Auflagerkomponenten addieren (siehe Abb. 67).

1. Linker Teil belastet ($R_l$), rechter unbelastet, $BC$ = Pendelstütze, $A$ = festes Lager, d. h. $AB$ = Balken auf 2 Stützen mit schiefer Last (siehe S. 34). Auflagerkräfte $\mathfrak{A}_l$ und $\mathfrak{B}_l \equiv \mathfrak{C}_l$.

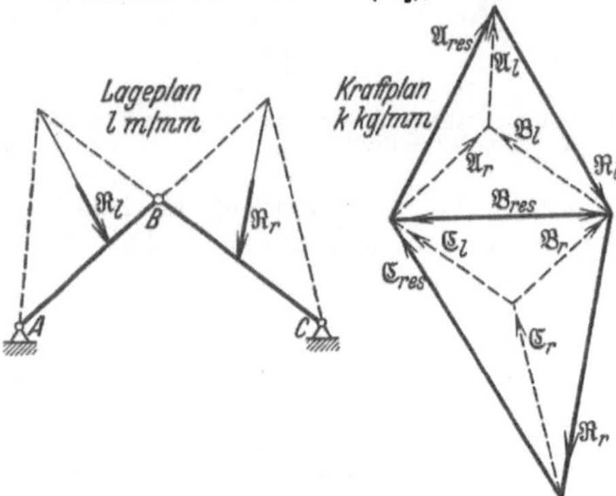
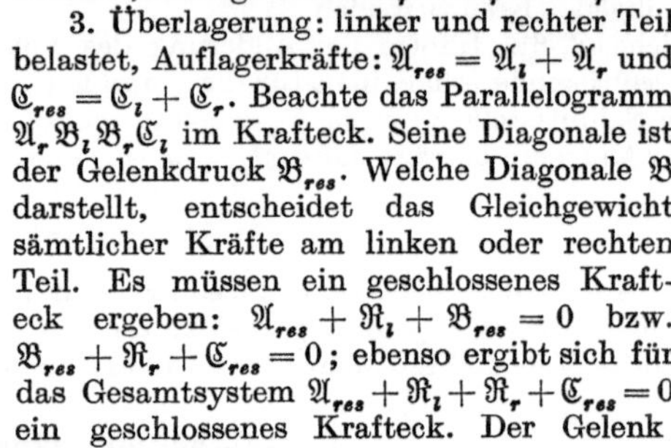

2. Rechter Teil belastet ($R_r$), linker unbelastet, Auflagerkräfte $\mathfrak{A}_r \equiv \mathfrak{B}_r$ und $\mathfrak{C}_r$.

3. Überlagerung: linker und rechter Teil belastet, Auflagerkräfte: $\mathfrak{A}_{res} = \mathfrak{A}_l + \mathfrak{A}_r$ und $\mathfrak{C}_{res} = \mathfrak{C}_l + \mathfrak{C}_r$. Beachte das Parallelogramm $\mathfrak{A}_r \mathfrak{B}_l \mathfrak{B}_r \mathfrak{C}_l$ im Krafteck. Seine Diagonale ist der Gelenkdruck $\mathfrak{B}_{res}$. Welche Diagonale $\mathfrak{B}$ darstellt, entscheidet das Gleichgewicht sämtlicher Kräfte am linken oder rechten Teil. Es müssen ein geschlossenes Krafteck ergeben: $\mathfrak{A}_{res} + \mathfrak{R}_l + \mathfrak{B}_{res} = 0$ bzw. $\mathfrak{B}_{res} + \mathfrak{R}_r + \mathfrak{C}_{res} = 0$; ebenso ergibt sich für das Gesamtsystem $\mathfrak{A}_{res} + \mathfrak{R}_l + \mathfrak{R}_r + \mathfrak{C}_{res} = 0$ ein geschlossenes Krafteck. Der Gelenk

Abb. 67. Dreigelenkbogen. Lösung nach dem Überlagerungsprinzip.

druck $\mathfrak{B}_{res}$ tritt jetzt — als innere Kraft — nicht in Erscheinung.

### β) Seileck durch 3 gegebene Punkte $ABC$.

Die Gelenke $A$, $B$, $C$ können keine Momente übertragen, sie müssen also Nullstellen der Momentenfigur sein.

Im Lageplan (siehe Abb. 68) werden die Seilstrahlen *1* und *2* von $A$ und $B$ zum gemeinsamen beliebigen Schnittpunkt auf $\mathfrak{R}_l$ und die Schlußlinie $s_l = AB$ gezogen. Die in das Krafteck übertragenen Seilstrahlen ergeben den Pol $O_l$ für den linken Teil[1].

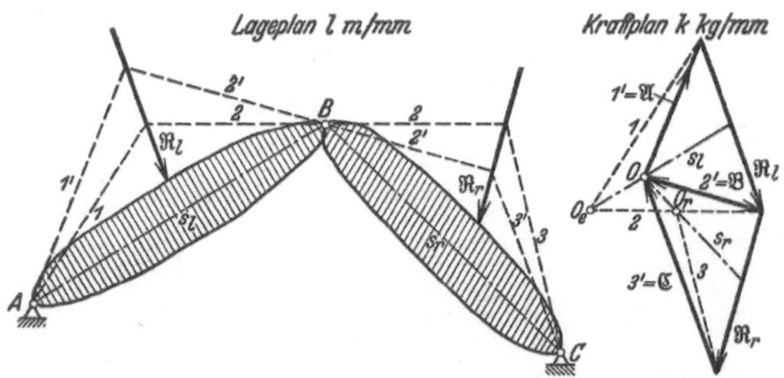

Abb. 68. Dreigelenkbogen. Lösung mit Hilfe des Seilecks.

Ebenso Seilstrahlen *2* und *3* von $B$ und $C$ aus zum gemeinsamen Schnittpunkt mit $\mathfrak{R}_r$, sowie die Schlußlinie $s_r = BC$ ziehen und ins Krafteck übertragen. Pol $O_r$ für den rechten Teil.

Der Schnittpunkt der beiden Schlußlinien $s_l$ und $s_r$ im Krafteck ist der gemeinsame Pol $O$ für den linken und rechten Teil. Die zugehörigen Seilstrahlen *1'*, *2'*, *3'* sind die Auflager-

---

[1] Seileck durch zwei gegebene Punkte: Alle Kräfte $\mathfrak{P}$ werden mit Hilfe des Kraftecks und Seilecks zur Resultierenden $\mathfrak{R} = \sum \mathfrak{P}$ zusammengefaßt, siehe Abb. 69. (Beliebigen Pol $O_1$ wählen, Polstrahlen *0*, *1*, *2*, Seileck im Punkte $A$ des Lageplanes beginnen.) Der letzte Seilstrahl

bzw. Gelenkkräfte $\mathfrak{A}$, $\mathfrak{B}$, $\mathfrak{C}$*. Sind der linke oder rechte Teil des Dreigelenkbogens durch mehrere Lasten beansprucht, so sind diese auf der linken und rechten Seite zu den beiden Teilresultierenden $\mathfrak{R}_l$ und $\mathfrak{R}_r$ zusammenzufassen. Weitere Behandlung wie oben angegeben.

## f) Balkentragwerk mit Zwischengelenken (Gerberträger).

$p = 3$ Scheiben $AE$, $EF$, $FD$ (siehe Abb. 70);

$i = 4$ innere Fesselungen (bei den Gelenken $E$ und $F$ je 2);

$a = 5$ äußere Fesseln (beim festen Lager $B$ zwei Fesselungen und bei den beweglichen Lagern $ACD$ je eine);

$\left.\begin{array}{l} a + i = 3 \cdot p \quad \text{(siehe S. 31)} \\ 5 + 4 = 3 \cdot 3 \end{array}\right\}$ d. h. statisch bestimmt gelagert.

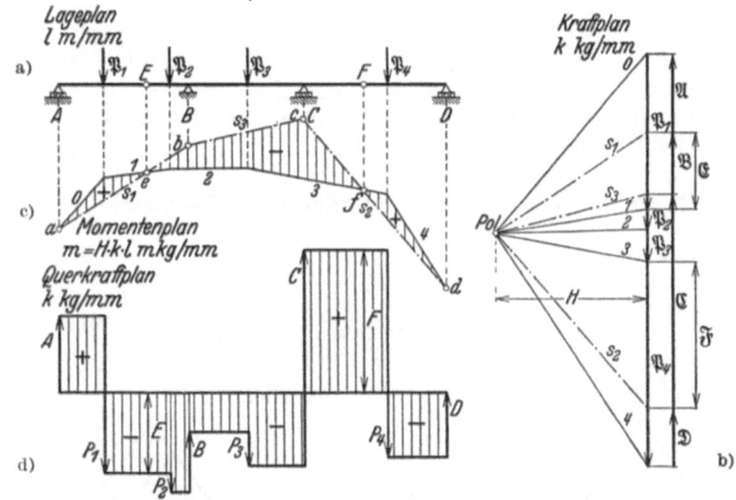

Abb. 70. Balkentragwerk mit Zwischengelenken (Gerberträger).
a) Lageplan. b) Kraftplan der Lasten, Auflager- und Gelenkkräfte. c) Momentenplan. d) Querkraftplan.

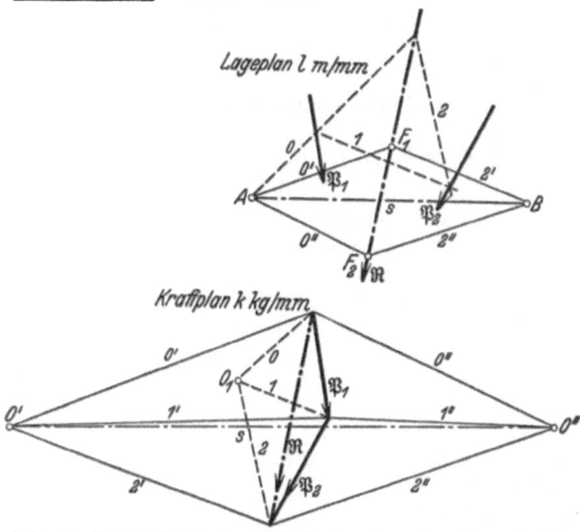

Abb. 69. Konstruktion eines Seilecks durch zwei gegebene Punkte (Polwanderung).

(hier 2) geht noch nicht durch $B$ hindurch. Die Schlußlinie des gesuchten Seilecks ist $s = AB$ und die Verbindungslinien ($0'$, $2'$ bzw. $0''$, $2''$) jedes beliebigen Punktes $F$ auf $\mathfrak{R}$ im Lageplan mit $A$ und $B$ liefern im Kraftplan einen Pol $O'$ bzw. $O''$, der der gewünschten Bedingung genügt. Alle Pole $O'O''$ usw. liegen auf der Parallelen zur Schlußlinie $s = AB$. (Ähnliche Dreiecke.)

Weitere Entwicklung durch Einbeziehen der Kräfte $\mathfrak{P}_{1,2} \ldots \mathfrak{P}_n$ liefert den Satz von der Polwanderung: Wandert der Pol $O'$ auf einer Geraden ($s$), so schneiden sich im Lageplan entsprechende Seilstrahlen in festen Punkten ($0' \times 0''$ in $A$; $2' \times 2''$ in $B$, $1' \times 1''$ in $C$).

* Der Pol $O_l$ wandert (vgl. Anm. 1) auf der Teilschlußlinie $s_l$, wobei das Seileck stets durch die Punkte $A$ und $B$ hindurchgeht, und $O_r$ wandert auf $s_r$, wobei das Seileck des rechten Teiles stets durch die Punkte $B$ und $C$ hindurchgeht.

Stat. best. System, da für jeden Teil $AE$, $EF$, $FD$ die Zahl der äußeren Fesselungen $< 3$ und $> 0$ ist (siehe S. 31).

Krafteck $\mathfrak{P}_1 \ldots \mathfrak{P}_4$ zeichnen, Pol wählen, Polstrahlen und Seilstrahlen $0, 1, 2, 3, 4$ ziehen, erst jetzt Auflager- und Gelenkkräfte $ABCDEF$ auf die Seilstrahlen hinunterloten. Schlußlinie $s_1 = ae$ für den Balken $AE$ (in $A$ und $E$ ist das Moment $= 0$) ziehen und $s_1$ mit Kraftrichtung von $B$ zum Schnitt bringen ($\mathfrak{M}_B \neq 0$), Balken $DF$ wie $AE$ behandeln ($\mathfrak{M}_D = 0$; $\mathfrak{M}_F = 0$), $s_2 = df$ mit Kraftrichtung von $C$ zum Schnitt bringen ($\mathfrak{M}_C \neq 0$), Schlußlinie $s_3 = bc$.

Schlußlinien $s_1$, $s_2$ und $s_3$ ins Krafteck übertragen.

Zwischen $0$ und $s_1$ liegt $\mathfrak{A}$ ⎫<br>
,,    $s_1$ ,, $s_3$ ,,   $\mathfrak{B}$ ⎪ Kraftsinn durch die äußeren Kräfte gegeben (Umfahrungs-<br>
,,    $s_3$ ,, $s_2$ ,,   $\mathfrak{C}$ ⎬             sinn $\mathfrak{P}_1 \mathfrak{P}_2 \mathfrak{P}_3 \mathfrak{P}_4 \mathfrak{D} \mathfrak{C} \mathfrak{B} \mathfrak{A}$,<br>
,,    $s_2$ ,, $4$ ,,   $\mathfrak{D}$ ⎭<br>
,,    $s_1$ ,, $1$ ,,   $\mathfrak{E}$ ⎫ Kraftsinn der Gelenkdrücke wechselweise, je nachdem welche<br>
,,    $s_2$ ,, $3$ ,,   $\mathfrak{F}$ ⎬         Scheibe $AE$, $EF$ oder $FD$ betrachtet wird.

Enthält die Belastung schräge Kräfte, so werden diese in senkrechte und waagerechte Komponenten zerlegt. Die waagerechten Kräfte werden vom festen Lager aufgenommen, die senkrechten werden wie oben behandelt.

## 3. Fachwerke (ebene und räumliche Fachwerke).

Aufbau.<br>
Lösungsvorbereitung.<br>
Lösungswege.<br>
Stabkrafttabelle.

### a) Aufbau.

| In der Ebene. | Im Raume. |
|---|---|
| Einfachstes Gebilde: Dreieck | Tetraeder |

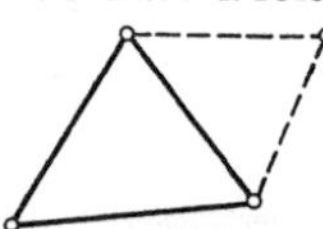

Abb. 71. Aufbau eines ebenen Fachwerkes, vom Dreieck ausgehend.

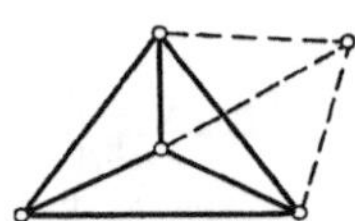

Abb. 72. Aufbau eines räumlichen Fachwerkes, vom Tetraeder ausgehend.

Anschluß eines weiteren Punktes durch
2 Stäbe,

die nicht in einer Geraden liegen (siehe Abb. 71).

Anschluß einer Scheibe durch
3 Stäbe,

die nicht durch einen Punkt gehen.

3 Stäbe,<br>
die nicht in einer Ebene liegen (siehe Abb. 72),

eines Körpers durch
6 Stäbe,

von denen höchstens<br>
    3 durch einen Punkt gehen,<br>
    3 in einer Ebene liegen,<br>
    5 von einer Geraden (Achse) geschnitten werden (siehe S. 26 u. 27).

2 Stäbe           3 Stäbe

können durch ein Gelenk ersetzt werden.

Statische Bestimmtheit, Starrheit:

$$a + s = 2k \text{ statisch bestimmt } a + s = 3 \cdot k;$$
$$< \quad \text{bewegliches System} \quad <$$
$$> \quad \text{statisch überbestimmt} \quad >$$

$a = $ Zahl der äußeren Fesselungen;<br>
$s = $ ,,     ,, Stäbe;<br>
$k = $ ,,     ,, Knotenpunkte.

Auflagerbedingungen und Stäbe können gegeneinander vertauscht werden. Es müssen jedoch für das ganze System **mindestens**

$$a = 3 \qquad\qquad\qquad\qquad a = 6$$

Auflager (äußere Fesselungen) vorhanden sein.

Ausnahmefall: Er liegt vor, wenn trotz statischer Bestimmtheit eine **unendlich kleine** Bewegungsmöglichkeit vorhanden ist, ohne daß die Stäbe ihre Länge zu ändern brauchen.

Kennzeichen: 1. Es gibt einen Momentanpol (siehe S. 44 z. B. Schnitt von 3 Auflagerstäben), um den sich das gesamte System oder einzelne Teile gegenüber der Erde oder dem Restsystem drehen können.

2. Durch endliche äußere Lasten entstehen unendlich große Stab- oder Auflagerkräfte.

3. Auch ohne äußere Lasten können Spannungen in den Stäben auftreten (Temperatur-, Montagespannungen).

4. Die Diskriminante (Nennerdeterminante) der für die Knotenpunkte angesetzten Kraftgleichgewichtsbedingungen verschwindet[1].

Kuppeln (räumliche Fachwerke ohne Innenverspannung):

1. Netzwerk-Kuppel (siehe Abb. 73a):
   Stockwerkringe gegeneinander versetzt,
   ungerade Ecken(Seiten-)zahl —starr,
   gerade   „     „     „    symmetrischer Aufbau — verschieblich,
   „      „     „     „    unsymmetrischer Aufbau, es können hohe Spannungen auftreten (Ausnahmefall).

2. Schwedler-Kuppel (siehe Abb. 73b):

Wie Netzwerk-Kuppel, nur sind die Stockwerkringe nicht gegeneinander versetzt, d. h. entsprechende Ringstäbe liegen in den einzelnen Stockwerken einander parallel.

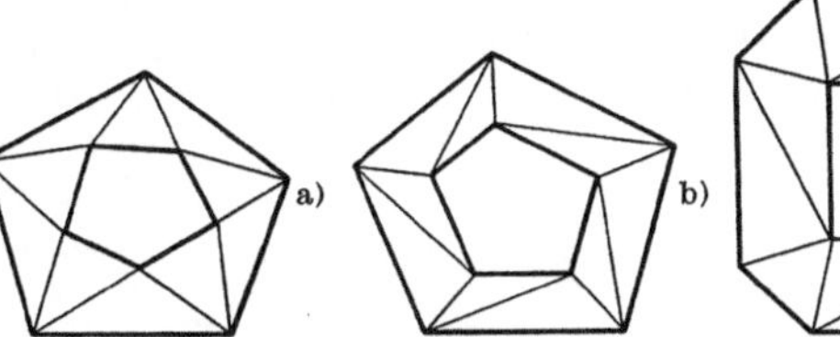

Abb. 73. Aufbau von Kuppeln. a) Netzwerk, b) Schwedler, c) Zimmermann.

---

[1] Z. B.: 

$$\text{Knoten 1}\quad S_1 \cdot \cos\alpha_{11} + S_2 \cdot \cos\alpha_{12} + \cdots S_n \cdot \cos\alpha_{1n} + \Sigma X_1 = 0,$$
$$S_1 \cdot \cos\beta_{11} + S_2 \cdot \cos\beta_{12} + \cdots S_n \cdot \cos\beta_{1n} + \Sigma Y_1 = 0,$$
$$S_1 \cdot \cos\gamma_{11} + S_2 \cdot \cos\gamma_{12} + \cdots S_n \cdot \cos\gamma_{1n} + \Sigma Z_1 = 0,$$
$$\text{Knoten 2}\quad S_1 \cdot \cos\alpha_{21} + \cdots\cdots\cdots\cdots\cdots + \Sigma X_2 = 0,$$
$$S_1 \cdot \cos\beta_{21} + \cdots\cdots\cdots\cdots\cdots + \Sigma Y_2 = 0,$$
$$S_1 \cdot \cos\gamma_{21} + \cdots\cdots\cdots\cdots\cdots + \Sigma Z_2 = 0,$$
$$\text{Knoten 3}\quad \cdots\cdots\cdots\cdots\cdots\cdots\cdots\cdots ,$$

| In der Ebene. | Im Raume. |
|---|---|
| $\cos\gamma \equiv 0$, d. h. $2\,k$ Gleichungen | $3\,k$ Gleichungen |
| für $a + s = 2\,k$ Unbekannte | für $a + s = 3\,k$ Unbekannte. |

$\Sigma X, Y, Z$ enthält die am jeweiligen Knoten angreifenden äußeren Lasten und Auflagerkräfte. Der erste Index bezeichnet die Zugehörigkeit zum Knoten, der zweite die zum Stab

$$\text{Diskriminante: } D = \begin{vmatrix} \cos\alpha_{11} & \cos\alpha_{12} & \cdots & \cos\alpha_{1n} \\ \cos\beta_{11} & \cos\beta_{12} & \cdots & \cos\alpha_{1n} \\ \cos\gamma_{11} & \cos\gamma_{12} & \cdots & \cos\gamma_{1n} \\ \cos\alpha_{21} & \cos\alpha_{21} & \cdots & \cos\alpha_{2n} \\ \cos\beta_{21} & \cos\beta_{21} & \cdots & \cos\beta_{2n} \\ \cos\gamma_{21} & \cos\gamma_{21} & \cdots & \cos\gamma_{2n} \\ \vdots & & & \vdots \end{vmatrix}$$

3. Zimmermannsche-Kuppel (siehe Abb. 73c):

Unterer Ring besitzt doppelt soviel Ecken wie der darüber liegende.

Lagerung der Kuppeln: Ist der unterste Ring ein regelmäßiges $n$-Eck, so dürfen die Ecken nicht auf einem Kreis um den Mittelpunkt des $n$-Ecks geführt werden. Besitzt das $n$-Eck gerade Seitenzahl, so dürfen die Ecken auch nicht auf Radien aus dem Mittelpunkt geführt werden. Bei ungerader Seitenzahl ist letzteres zulässig.

## b) Lösungsvorbereitung.

Auflagerkräfte: Aufbau des Fachwerkes unbeachtet lassen, Gleichgewichtsbedingungen für die äußeren (gegebenen und Lager-) Kräfte ansetzen. Zeichnerische oder rechnerische Lösung (vgl. Balkentragwerke S. 32/33 und Abb. 75).

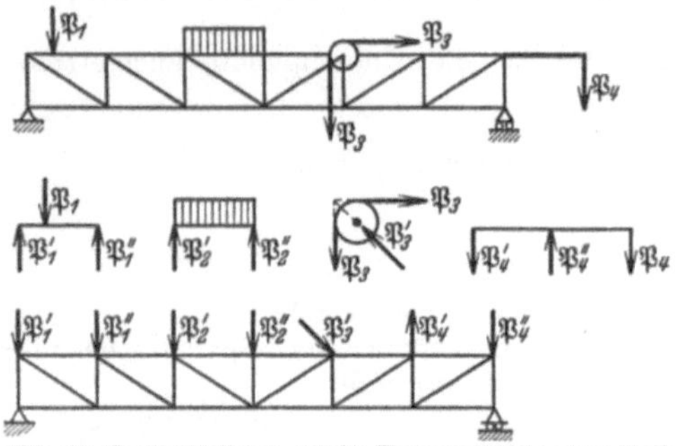

Lastreduktion: Die Lasten werden auf die nächstgelegenen Knotenpunkte reduziert. Der belastete Stab wird isoliert und die für ihn erforderlichen Auflagerkräfte werden bestimmt. Diesen gleich groß aber entgegengesetzt gerichtet sind die gesuchten Knotenlasten (siehe Abb. 74).

Stab- und Feldbezeichnung: Jeder Stab erhält eine Nummer, jedes Feld einen Buchstaben (siehe Abb. 75). Innenfelder werden durch die Fachwerkstäbe gebildet, Außenfelder durch Kräfte begrenzt (zur Bezeichnung von Stäben und Feldern tunlichst 2 Farben benützen).

Bei zwei sich kreuzenden Stäben (z. B. *6* und *7* in Abb. 69) wird der Schnittpunkt als scheinbares Gelenk betrachtet und jeder der beiden Stäbe *6* und *7* in *6′* und *6″* bzw. *7′* und *7″* aufgelöst. Im Krafteck entspricht dem scheinbaren Gelenk ein Parallelogramm $6′7′6″7″ = ehgf$. Die Stabkraft im geteilt gedachten Stabe ist selbstverständlich nur der einfachen Länge $6′ = 6″$ bzw. $7′ = 7″$ verhältig und nicht etwa der Summe $6′ + 6″$ oder $7′ + 7″$.

Abb. 74. Lastverteilung auf die Knotenpunkte eines Fachwerkes.
a) Lageplan. b) (1—4) Gleichgewicht der einzelnen Lasten. c) Fachwerk mit Knotenlasten.

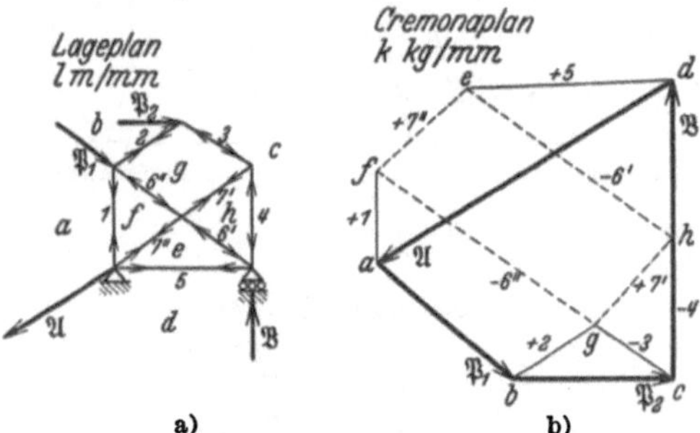

Abb. 75. Kräfte an und in einem Fachwerk.
a) Lageplan mit Feld- und Stabbezeichnung. b) Cremonaplan.

## c) Lösungswege.

Knotenpunktsgleichgewicht.
Cremonaplan.
Schnittmethode.
Hennebergs Stabvertauschung.
Kinematische Methode.

### α) Knotenpunktsgleichgewicht.

Jeder Knotenpunkt wird für sich herausgezeichnet, und für ihn werden die Gleichgewichtsbedingungen (zeichnerische oder rechnerische) angesetzt. Die zeichnerische Lösung (geschlossenes Krafteck, siehe S. 27) ist umständlich, da jede Kraft an den beiden Knotenpunkten, die die Endpunkte des jeweiligen Stabes sind — also zweimal — vorkommt. Die rechnerische Lösung ($\Sigma X = 0$, $\Sigma Y = 0$, $\Sigma Z = 0$ siehe S. 27) ist für räumliche Fachwerke empfehlenswert. Zur Aufstellung der Knotenpunktsgleichungen stelle man sich vorher die $X$-, $Y$- und $Z$-Komponenten der einzelnen Kräfte (ähnlich wie auf S. 41 angegeben) in einer Tabelle zusammen.

| Stab | Stablänge in der | | | gesamte Stablänge |
| --- | --- | --- | --- | --- |
| | $x$-Richtung | $y$-Richtung | $z$-Richtung | |
| 1 | $x_1$ | $y_1$ | $z_1$ | $l_1 = \sqrt{x_1^2 + y_1^2 + z_1^2}$ |
| 2 | $\ldots$ | $\ldots$ | $\ldots$ | $\ldots$ |
| 3 | $\ldots$ | $\ldots$ | $\ldots$ | $\ldots$ |

| Richtungscosinus | | | Stabkraftkomponenten[1] | | | Stabkraft |
| --- | --- | --- | --- | --- | --- | --- |
| $\cos\alpha_1 = \dfrac{x_1}{l_1}$ | $\cos\beta_1 = \dfrac{y_1}{l_1}$ | $\cos\gamma_1 = \dfrac{z_1}{l_1}$ | $S_{1x} = S_1 \cdot \dfrac{x_1}{l_1}$ | $S_{1y} = S_1 \cdot \dfrac{y_1}{l_1}$ | $S_{1z} = S_1 \cdot \dfrac{z_1}{l_1}$ | $S_1 = \sqrt{S_{1x}^2 + S_{1y}^2 + S_{1z}^2}$ |
| $\ldots$ | $\ldots$ | $\ldots$ | $\ldots$ | $\ldots$ | $\ldots$ | $\ldots$ |
| $\ldots$ | $\ldots$ | $\ldots$ | $\ldots$ | $\ldots$ | $\ldots$ | $\ldots$ |

### $\beta$) Cremonaplan.

Hier werden die einzelnen Knotenpunktspläne des vorigen Abschnittes zu einem Plan zusammengefaßt (siehe Abb. 75).

Vorgang: 1. Krafteck der äußeren Kräfte zeichnen und an die jeweiligen Kraftenden die zugehörigen Feldbuchstaben des Lageplanes schreiben. Z. B. $\mathfrak{P}_1 + \mathfrak{P}_2 + \mathfrak{B} + \mathfrak{A}$ bilden den Linienzug $abcd$. [Größe und Richtung von $\mathfrak{A}$ wird nach einem der auf S. 22 angegebenen Verfahren bestimmt].

2. Cremonaplan an einem Punkt beginnen, bei dem nur zwei unbekannte Stab-(Knoten-) Kräfte auftreten. Die Stabkraft oder äußere Last, die im Lageplan zwei Felder (z. B. $2 - bg$ oder $\mathfrak{P}_1 - ab$) trennt, liegt im Kraftplan zwischen den Feldbuchstaben ($bg$ bzw. $ab$). Beginn an der Spitze mit dem Zerlegen von $\mathfrak{P}_2$ in die Richtungen $2$ und $3$.

<table>
<tr><td>Durch $b$ Parallele zu $2$ ziehen</td><td rowspan="1">} Schnittpunkt ist $g$</td></tr>
<tr><td>  ,,  $c$   ,,   ,,  $3$   ,,</td><td></td></tr>
<tr><td>  ,,  $a$   ,,   ,,  $1$   ,,</td><td></td></tr>
<tr><td>  ,,  $g$   ,,   ,,  $6''$  ,,</td><td>}   ,,     ,,  $f$</td></tr>
<tr><td>  ,,  $g$   ,,   ,,  $7'$   ,,</td><td></td></tr>
<tr><td>  ,,  $c$   ,,   ,,  $4$   ,,</td><td>}   ,,     ,,  $h$</td></tr>
<tr><td>  ,,  $f$   ,,   ,,  $7''$  ,,</td><td></td></tr>
<tr><td>  ,,  $h$   ,,   ,,  $6'$   ,,</td><td>}   ,,     ,,  $e$</td></tr>
</table>

Kontrolle: $ed$ muß parallel zu Stab $5$ sein.

3. Jedem Knotenpunkt im Lageplan entspricht im Kraftplan ein Feld (Krafteck) aus den im Knotenpunkt zusammenstoßenden Kräften und umgekehrt (siehe I 1c auf S. 14).

4. Nur bei den äußeren Kräften sind die Richtungspfeile anzutragen, da für die Stäbe der Pfeil mal hin, mal her geht, je nachdem welcher Knotenpunkt betrachtet wird.

5. Während des Zeichnens ergeben sich an Knotenpunkten mit keiner oder höchstens einer neuen — noch unbekannten — Stabkraft Zeichnungskontrollen. In jedem Plan gibt es mindestens eine solche Kontrolle, nämlich am letzten Knotenpunkt (vgl. Absatz 2).

6. Beanspruchung der Stäbe: An einem Knotenpunkt mit bekanntem Umfahrungssinn des zugehörigen Kraftecks (durch eine äußere Kraft oder eine schon bestimmte Stabkraft gegeben) ergeben $\genfrac{}{}{0pt}{}{\text{auf den}}{\text{von dem}}$ Knotenpunkt $\genfrac{}{}{0pt}{}{\text{hin-}}{\text{weg-}}$ zeigende Pfeile $\genfrac{}{}{0pt}{}{\text{Druck-}}{\text{Zug-}}$ Beanspruchung des zugehörigen Stabes ($\mp$ Zeichen).

Z. B. siehe Abb. 69. Krafteck $dafed$ der Lagerkraft $\mathfrak{A}$ und der Stabkräfte $\mathfrak{S}_1\,\mathfrak{S}_7\,\mathfrak{S}_5$. Umfahrungssinn ist durch $\mathfrak{A} \equiv da$ gegeben.

Mithin ist:

$$af = \mathfrak{S}_1 = \text{Zug}\,(+),$$
$$fe = \mathfrak{S}_7'' = \text{Zug}\,(+),$$
$$ed = \mathfrak{S}_5 = \text{Zug}\,(+).$$

---

[1] Vorzeichen beachten.

Krafteck $cdehc$ aus den Kräften $\mathfrak{B}\,\mathfrak{S}_5\,\mathfrak{S}_6\,\mathfrak{S}_4$. Umfahrungssinn durch $\mathfrak{B}\equiv cd$ und $\mathfrak{S}_5\equiv de$ gegeben.

Mithin ist:
$$eh = \mathfrak{S}_6' = \text{Druck}\;(-),$$
$$hc = \mathfrak{S}_4 = \text{Druck}\;(-).$$

Krafteck $bcgb$ aus $\mathfrak{P}_2$ und $\mathfrak{S}_3\,\mathfrak{S}_2$. Umfahrungssinn durch $\mathfrak{P}_2\equiv bc$ gegeben.

Mithin ist:
$$cg = \mathfrak{S}_3 = \text{Druck}\;(-)$$
$$gb = \mathfrak{S}_2 = \text{Zug}\;\;\;(+)$$

Kontrollen erhält man aus den Kraftecken $gchg,\ abgfa$ sowie $hefgh$.

### $\gamma$) Schnittmethode.

Schnitt so führen, daß nur 3 unbekannte Schnittkräfte auftreten, abgeschnittenes Stück mit allen daran angreifenden Kräften (äußere Lasten und Schnittkräfte, letztere zunächst als Zugkräfte annehmen) für sich herauszeichnen und die Gleichgewichtsbedingungen ansetzen.

Zeichnung (Culmann): Äußere Kräfte zu einer Resultierenden zusammenfassen und diese mit Hilfe der Zwischenresultierenden $Z$ (siehe S. 21) in die 3 Stabkräfte zerlegen, im Beispiel (siehe Abb. 76a) $P$ in $\mathfrak{S}_3$ und $Z$; $Z$ in $\mathfrak{S}_1$ und $\mathfrak{S}_2$ zerlegen.

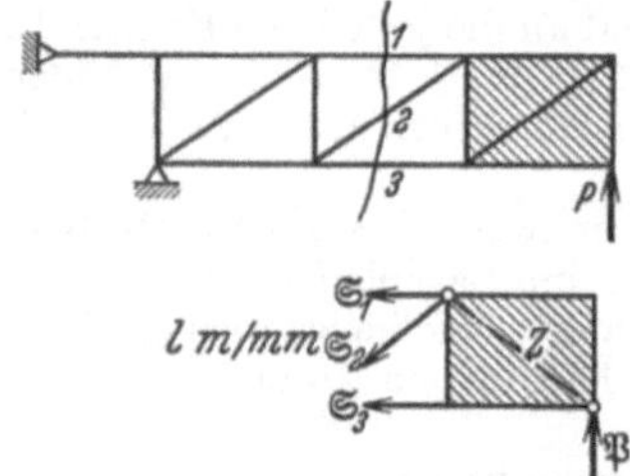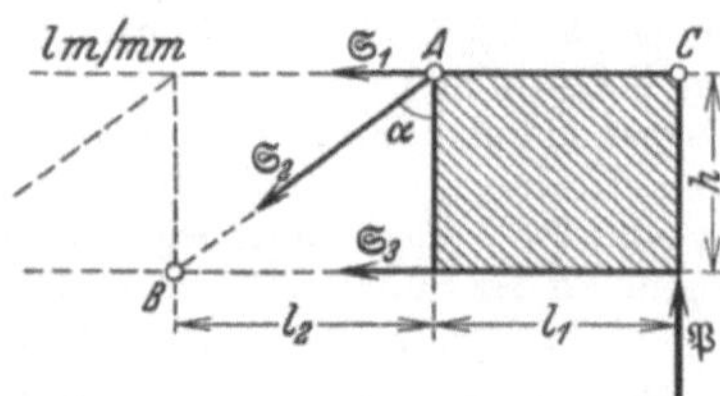

Abb. 76. Schnitt durch ein Fachwerk. Bestimmen der Schnittkräfte a) mit Hilfe der Zwischenresultierenden, b) mit Hilfe der Momentenmethode.

Rechnung (Ritter): Schnittpunkt zweier unbekannter Kräfte als Momentenpunkt wählen (siehe Abb. 76b) und mit Hilfe der Momentengleichung die 3. Unbekannte bestimmen, d. h. Anwendung der Gleichgewichtsbedingung 2 (siehe S. 27).

$$\textstyle\sum\mathfrak{M}_A = 0 = P\cdot l_1 - S_3\cdot h,\qquad S_3 = P\cdot\frac{l_1}{h}\qquad\text{Zug},$$

$$\textstyle\sum\mathfrak{M}_B = 0 = P\cdot(l_1+l_2) + S_1\cdot h,\qquad S_1 = -P\cdot\frac{l_1+l_2}{h}\;\;\text{Druck},$$

$$\textstyle\sum\mathfrak{M}_C = 0 = S_2\cdot\cos\alpha\cdot l_1 - S_3\cdot h\qquad S_2 = S_3\cdot\frac{h}{l_1\cdot\cos\alpha}\quad\text{Zug},$$

oder statt der 3. Gleichung

$$\textstyle\sum Y = 0 = -S_2\cdot\cos\alpha + P.\qquad S_2 = \frac{P}{\cos\alpha}\qquad\text{Zug}.$$

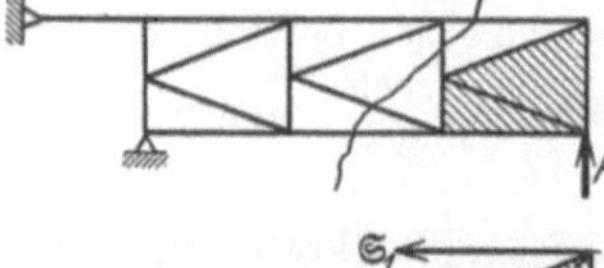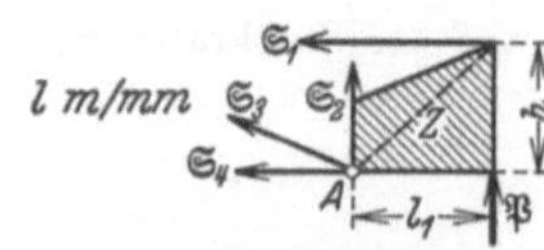

Abb. 77. Schnitt durch vier unbekannte Fachwerkstäbe.

a) Lageplan des Fachwerkes.
b) Kräfte am abgeschnittenen Fachwerkteil.

Gibt es einen ungenau zu bestimmenden flachen Schnitt, so ist es ratsam, die Gleichgewichtsbedingungen in der Form $\sum X = 0$, $\sum Y = 0$, $\sum\mathfrak{M} = 0$ (siehe S. 27) anzusetzen.

4 Stäbe dürfen geschnitten werden, wenn 3 von ihnen durch einen Punkt gehen (siehe Abb. 77). Die eine Stabkraft kann dann mit Hilfe der Momentengleichung um den Schnittpunkt der 3 anderen Kräfte

$$\left[\textstyle\sum\mathfrak{M}_A = 0 = P\cdot l_1 + S_1\cdot h;\qquad S_1 = -P\cdot\frac{l_1}{h}\;\text{Druck}\right]$$

oder mit Hilfe der Zwischenresultierenden $[\mathfrak{B} = \mathfrak{Z} + \mathfrak{S}_1]$ bestimmt werden. Ist nunmehr die Stabkraft $\mathfrak{S}_1$ bekannt, so kann mit dem Cremonaplan an der rechten oberen Ecke des Fachwerkes begonnen werden.

Liegt der Schnittpunkt der 3 Stäbe im Unendlichen, d. h. sind sie einander parallel, so erhält man die Kraft im 4. geschnittenen Stabe aus dem Gleichgewicht der Kräfte in der senkrechten Richtung; siehe Abb. 78.

$$\Sigma Y = 0 = +P - S_4 \cdot \cos \alpha;$$

$$S_4 = + \frac{P}{\cos \alpha} \text{ Zug}.$$

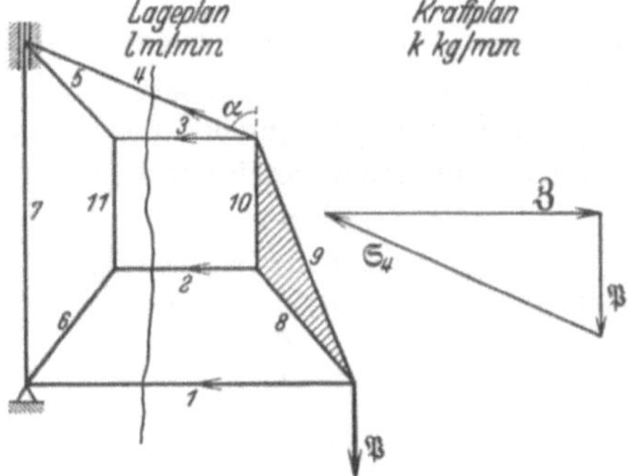



Abb. 78. Schnitt durch ein Fachwerk mit parallelen Stäben.

Bei zeichnerischer Lösung ist zu beachten, daß die Zwischenresultierende $Z$ aus $\mathfrak{P}$ und $\mathfrak{S}_4$ bzw. aus den 3 parallelen Stabkräften $\mathfrak{S}_1$, $\mathfrak{S}_2$ und $\mathfrak{S}_3$ diesen 3 Stabkräften parallel ist.

### δ) Hennebergs Stabvertauschung.

Kann man den Cremonaplan von einer Stelle an nicht mehr weiter zeichnen, weil an jedem Knotenpunkt 3 oder mehr unbekannte Stabkräfte auftreten und läßt sich nach der Schnittmethode nicht eine Stabkraft bestimmen, so ist ein Stab zu entfernen und an beliebiger Stelle ein Ersatzstab $E$ einzuführen.

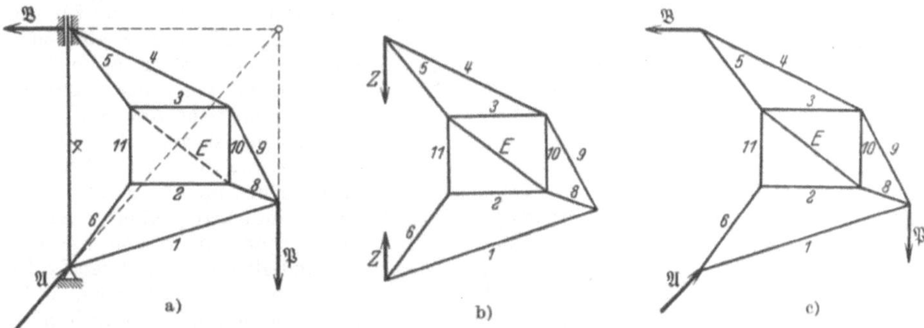

Abb. 79. Bestimmen der Stabkräfte mit Hilfe der Hennebergschen Stabvertauschung.
a) Einführen des Ersatzstabes $E$. b) Ersatzfachwerk mit den inneren Kräften. c) Ersatzfachwerk mit den äußeren Kräften.

1. $U$-Plan (siehe Abb. 79):
Alle äußeren Lasten, auch die Auflagerkräfte, werden entfernt. Statt des weggenommenen Stabes (in Abb. 79 ist es Stab 7) wird eine Zugkraft $Z$ an beiden Knotenpunkten angebracht, und die durch $Z$ im Ersatzstabe $E$ auftretende Kraft $U_e$ bestimmt.

2. $T$-Plan (siehe Abb. 79):
Es wird die im Ersatzstab durch die äußeren Lasten und die Auflagerkräfte entstehende Spannung $T_e$ bestimmt. An Stelle des entfernten Stabes wird jetzt keine Kraft eingeführt.

3. Überlagerung des $U$- und $T$-Planes:
Z kg im weggenommenen Stabe $x$ ($x = 7$ in Abb. 79) rufen im Ersatzstabe $U_e$ kg hervor,

$S_x$ kg „ „ „ $x$ „ „ „ $\dfrac{S_x}{Z} \cdot U_e$ kg „

die äußeren Lasten rufen im Ersatzstabe $T_e$ kg „

mithin ist die Gesamtkraft im Ersatzstabe $\dfrac{S_x}{Z} \cdot U_e + T_e = 0$,

da ja der Ersatzstab in Wirklichkeit nicht vorhanden ist, also keine Kräfte aufnehmen kann.

Somit erhält man für die gesuchte Kraft im Stabe $x$: $S_x = -T_e \cdot \dfrac{Z}{U_e}$. Weitere Stabkräfte erhält man durch Überlagern des $U$- und $T$-Planes, z. B. $S_i = T_i + \dfrac{S_x}{Z}\,U_i$ oder mit Hilfe des Cremonaplanes für das gegebene Fachwerk, der jetzt an dem Knotenpunkt des erst weggenommenen Stabes $x$ begonnen werden kann.

Konstruktionsgang der Kraftpläne:

<table>
<tr><td colspan="4" align="center">U-Plan:</td><td colspan="3" align="center">T-Plan:</td></tr>
<tr><td colspan="4" align="center">äußere Kräfte $PAB$ weglassen,</td><td colspan="3" align="center">äußere Kräfte $PAB$</td></tr>
<tr><td colspan="4" align="center">statt Stab 7 die Kraft $Z$ anbringen:</td><td colspan="3" align="center">Stab 7 und $Z$ entfernen</td></tr>
<tr><td align="center">$Z$</td><td align="center">1</td><td align="center">6</td><td></td><td align="center">$\mathfrak{A}$</td><td align="center">6</td><td align="center">1</td></tr>
<tr><td align="center">6</td><td align="center">2</td><td align="center">11</td><td></td><td align="center">6</td><td align="center">2</td><td align="center">11</td></tr>
<tr><td align="center">$Z$</td><td align="center">5</td><td align="center">4</td><td></td><td align="center">$\mathfrak{B}$</td><td align="center">5</td><td align="center">4</td></tr>
<tr><td align="center">5</td><td align="center">11</td><td align="center">3</td><td align="center">$U_e$</td><td align="center">5</td><td align="center">11</td><td align="center">3  $T_e$</td></tr>
</table>

## $\varepsilon$) Kinematische Methode.

Ein Stab oder eine Auflagerfessel wird entfernt und so das erst starre Fachwerk einfach beweglich gemacht. An Stelle des Stabes oder Auflagers wird die (gesuchte) Kraft angebracht. Die Gesamtarbeit aller Kräfte bei einer kleinen Verschiebung ist 0 (siehe S. 28 u. 99).

$$\sum P \cdot ds \cdot \cos \widehat{Pds} = \sum P \cdot v \cdot dt \cdot \cos \widehat{Pv} = \sum P \cdot \delta = 0\,.$$

Die virtuellen Verschiebungen $ds$ oder Geschwindigkeiten $v$ werden nach den Gesetzen der Kinematik (siehe S. 66) bestimmt. Ergibt sich für die gesuchte Stab- oder Auflagerkraft der Wert $\infty$, so ist das gegebene Fachwerk trotz des (nur für die Rechnung entfernten) Stabes oder Auflagers nicht starr; es liegt ein Ausnahmefall vor (siehe S. 39).

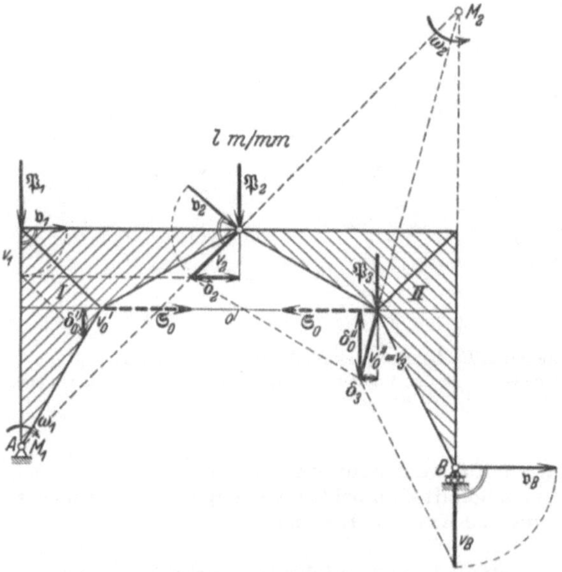

Beispiel: siehe Abb. 80.

Gesucht ist die Stabkraft $\mathfrak{S}_0$. Stab *0* entfernen, Zugkräfte $\mathfrak{S}_0$ in den Knotenpunkten anbringen, Geschwindigkeit eines Kraftpunktes annehmen und die Geschwindigkeiten der anderen Kraftangriffspunkte bestimmen, z. B. nach der Methode der gedrehten Geschwindigkeiten (siehe S. 67). $M_1 \equiv A$ ist der Momentanpol der starren Scheibe $I$. Aus der Annahme der Geschwindigkeit $\mathfrak{v}_1$ des Kraftangriffspunktes $\mathfrak{P}_1$ folgen die von $\mathfrak{S}_0$ und $\mathfrak{P}_2$. Für die starre Scheibe $II$ ist $\mathfrak{M}_2$ der Momentanpol. Daraus folgen die Geschwindigkeiten von $P_3$, $S_0$ und $B$*. Die Lote von den Endpunkten der gedrehten Geschwindigkeiten auf die Kraftrichtungen sind den in die Arbeitsgleichung einzusetzenden Verschiebungen $\delta$ verhältig[1].

Abb. 80. Bestimmen der Stabkraft $\mathfrak{S}_0$ mit Hilfe des Prinzips der virtuellen Verschiebungen.

$$\sum A = \sum P \cdot \delta = 0 = P_1 \cdot 0 + S_0 \cdot \delta_0' + P_2 \cdot \delta_2 - S_0 \cdot \delta_0'' + P_3 \cdot \delta_3 + B \cdot 0\,,$$

$$S_0 = \frac{P_2 \cdot \delta_2 + P_3 \cdot \delta_3}{\delta_0'' - \delta_0'}\,.$$

---

* Im Schrifttum der Bauingenieure ist es üblich, die Verbindungslinien der Endpunkte der gedrehten Geschwindigkeiten als $F'$-Figur zu bezeichnen. Die $F'$-Figur ist der zugehörigen Scheibe ähnlich.

[1] Bestimmen der in der Kraftrichtung liegenden Verschiebung $\delta$ (siehe Abb. 81). Ge-

## d) Ergebnis = Stabkrafttabelle.

Maßstab des Kraftecks $k$ kg/mm.

| Stab — | Länge der Kraft im Krafteck mm | Kraftgröße kg | Kraftart Zug + Druck — |
|---|---|---|---|
| *1* | $l_1$ | $k \cdot l_1$ | . |
| *2* | $l_2$ | $k \cdot l_2$ | . |
| . | . | . | . |
| . | . | . | . |
| . | . | . | . |

Vom Knotenpunkt weggehende Kraft bedeutet Zug; zum Knotenpunkt hingehende Kraft bedeutet Druck. Oft ist es praktisch, auch im Lageplan die Beanspruchungsart durch Pfeile an den Knotenpunkten (siehe Abb. 69), oder Doppellinien bei gedrückten Stäben anzugeben.

---

geben: Momentanpol $M$, $A$, $\mathfrak{v}_A$, $\mathfrak{P}$; $\mathfrak{v}_a$ auf den Radius klappen $= v_{90}$, Linienzug $ab$, Lot $bc$ auf $\mathfrak{P}$ fällen. Die Arbeit der Kraft $P$ ist:

$$A = P \cdot v \cdot dt \cdot \cos \varphi ,$$

es ist aber

$$v \cdot \cos \varphi = b c = \frac{\delta}{dt} ,$$

mithin

$$A = P \cdot \delta .$$

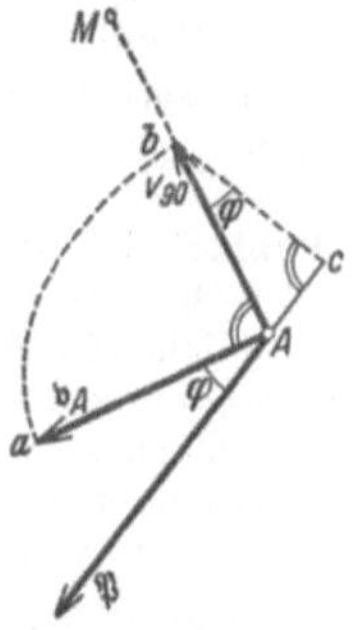

Die Richtung der Geschwindigkeiten ist aus den Winkelgeschwindigkeiten um die jeweiligen Momentanpole leicht erkennbar (siehe S. 67). Haben Kraft und Geschwindigkeitskomponente in der Kraftrichtung denselben Pfeilsinn, so ist die Arbeit positiv, im entgegengesetzten Falle negativ.

Abb. 81. Bestimmen der virtuellen Verschiebungskomponente in der Kraftrichtung.

# C. Kinematik.

Lehre von der Bewegung ohne Beachten der wirkenden Kräfte.
Es werden Beziehungen zwischen Ort und Zeit aufgestellt.

## I. Grundbegriffe.

### 1. Bewegungsarten.

Drehbewegung = Rotation.

Zum Bestimmen der neuen Lage sind zwei Angaben erforderlich: Drehachse und Drehwinkel.

Punkte auf einer ausgezeichneten Geraden — der Drehachse — sind in Ruhe. Die Geschwindigkeiten und Beschleunigungen aller anderen Punkte sind ihrer Entfernung von der Drehachse verhältig.

Die Bahnen der Punkte sind Kreise mit dem Abstand von der Drehachse als Radius.

Ein Massenteilchen ändert ständig seine Richtung (siehe Abb. 82).

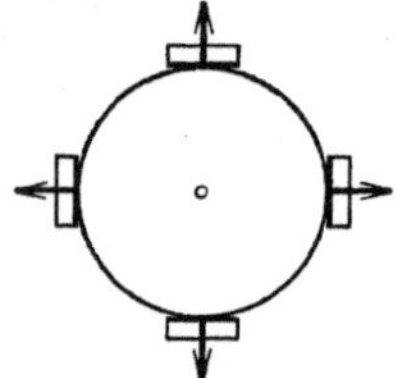

Abb. 82. Drehbewegung.

Fortschreitende Bewegung = Translation.

Zum Bestimmen der neuen Lage genügt eine Angabe: Strecke von der Anfangslage eines Punktes zu einer Endlage.

Alle Punkte haben die gleiche Geschwindigkeit und Beschleunigung; kein Punkt ist in Ruhe.

Alle Punkte beschreiben kongruente Bahnen. Die Bahnen können auch Kreise sein; z. B. Kuppelstange einer Lokomotive.

Ein Massenteilchen behält stets die gleiche Richtung bei (siehe Abb. 83).

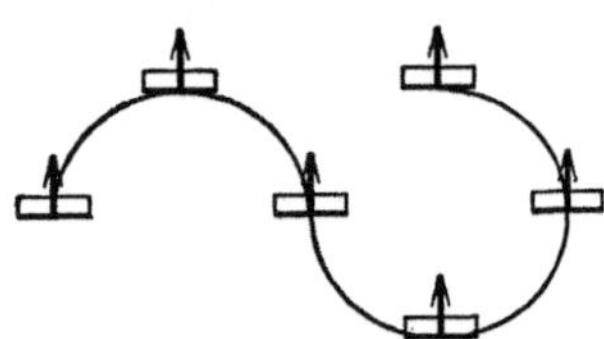

Abb. 83. Fortschreitbewegung.

Schraubung = Allgemeinste Bewegung.

Drehung um eine Achse und Fortschreiten in dieser Achsrichtung.
Entsteht durch Überlagerung von Rotation und Tranlation oder auch von Rotationen um beliebig verteilte Achsen.

### 2. Zeitliche Änderungen.

Drehende Bewegung.

Weg: $\varphi$; $d\overline{\varphi}$ Dimension [1].

Fortschreitende Bewegung

$s$, $d\overline{s}$ Dimension [m][1].

Geschwindigkeit: = zeitliche Änderung des Weges

$$\overline{\omega} = \frac{d\overline{\varphi}}{dt} = \dot{\overline{\varphi}} \qquad \left[\frac{1}{s}\right], \qquad\qquad \mathfrak{v} = \frac{d\overline{s}}{dt} = \dot{\overline{s}} \qquad \left[\frac{m}{s}\right].$$

Beschleunigung: = zeitliche Änderung der Geschwindigkeit

$$\overline{\varepsilon} = \frac{d\overline{\omega}}{dt} = \dot{\overline{\omega}} = \frac{d^2\overline{\varphi}}{dt^2} = \ddot{\overline{\varphi}} \quad \left[\frac{1}{s^2}\right], \qquad \mathfrak{b} = \frac{d\mathfrak{v}}{dt} = \dot{\mathfrak{v}} = \frac{d^2\overline{s}}{dt^2} = \ddot{\overline{s}} \quad \left[\frac{m}{s^2}\right].$$

---

[1] Siehe Fußnote 1 auf S. 47.

## 3. Vektorcharakter.

Weg[1], Geschwindigkeit und Beschleunigung sind gerichtete Größen = Vektoren, und zwar sind die Vektoren der

Drehbewegung (Rotation):

gebundene — axiale — Vektoren wie die Kräfte (siehe S. 2).

Sie dürfen nur in ihrer Richtung verschoben werden. Bei Parallelverschieben tritt noch eine fortschreitende Bewegung auf = Moment der Drehbewegung (vgl. S. 3, Parallelverschieben einer Kraft). Der Drehsinn ist entsprechend dem gewählten Koordinatensystem (rechts- oder linkshändig, siehe S. 2).

Fortschreitende Bewegung (Translation):

freie — planare — Vektoren, wie Kraftmomente (siehe S. 2).

Sie dürfen in ihrer Richtung und parallel dazu verschoben werden. Sie sind das Moment (äußeres — Vektor — Produkt) $\mathfrak{v} = [\mathfrak{r} \cdot \omega]$ aus dem jeweiligen Radius $\mathfrak{r}$ vom Aufpunkt zum $\omega$-Vektor und dem Drehvektor $\overline{\omega}$ (siehe S. 4). Bei geradliniger Fortschreitbewegung ist der Radius $|\mathfrak{r}| = \infty$.

Die Winkelgeschwindigkeit $\overline{\omega}$ ruft für jeden Punkt des Feldes (Aufpunkt) eine Fortschreitgeschwindigkeit $\mathfrak{v} = [\mathfrak{r} \cdot \overline{\omega}] =$ Moment der Winkelgeschwindigkeit in bezug auf den betrachteten Aufpunkt hervor. Liegt der Aufpunkt $A$ im Koordinatenursprung $O$ und besitzt ein Punkt des $\overline{\omega}$-Vektors die Koordinaten $\mathfrak{r} = \mathfrak{i}x + \mathfrak{j}y + \mathfrak{k}z$, so ist:

$$\mathfrak{v}_A \equiv \mathfrak{v}_0 = [\mathfrak{r} \cdot \overline{\omega}] = \begin{vmatrix} \mathfrak{i} & \mathfrak{j} & \mathfrak{k} \\ x & y & z \\ \omega_x & \omega_y & \omega_z \end{vmatrix},$$

$$v_{Ax} \equiv \mathfrak{v}_{0x} = + \begin{vmatrix} y & z \\ \omega_y & \omega_z \end{vmatrix} = y \cdot \omega_z - z \cdot \omega_y,$$

$$v_{Ay} \equiv \mathfrak{v}_{0y} = - \begin{vmatrix} x & z \\ \omega_x & \omega_z \end{vmatrix} = -x \cdot \omega_z + z \cdot \omega_x,$$

$$v_{Az} \equiv \mathfrak{v}_{0z} = + \begin{vmatrix} x & y \\ \omega_x & \omega_y \end{vmatrix} = +x \cdot \omega_y - y \cdot \omega_x.$$

Besitzt der Aufpunkt $A$ die Koordinaten $\mathfrak{r}_A = \mathfrak{i} \cdot x_A + \mathfrak{j}y_A + \mathfrak{k} \cdot z_A$ und ein Punkt des $\overline{\omega}$-Vektors die Koordinaten $\mathfrak{r}_\omega = \mathfrak{i}x + \mathfrak{j}y + \mathfrak{k} \cdot z$, so ist die Entfernung vom Aufpunkt zum $\overline{\omega}$-Vektor $\mathfrak{r} = \mathfrak{r}_\omega - \mathfrak{r}_A$, also

$$\mathfrak{v}_A = [(\mathfrak{r}_\omega - \mathfrak{r}_A) \cdot \overline{\omega}] = \begin{vmatrix} \mathfrak{i} & \mathfrak{j} & \mathfrak{k} \\ x - x_A & y - y_A & z - z_A \\ \omega_x & \omega_y & \omega_z \end{vmatrix}.$$

Sind $x$, $y$, $z = 0$, d. h. geht der $\omega$-Vektor durch den Koordinatenursprung hindurch und besitzt der Aufpunkt die Koordinaten $x_A y_A z_A$, so ist seine Geschwindigkeit (siehe Abb. 84)

$$\mathfrak{v}_A = \begin{vmatrix} \mathfrak{i} & \mathfrak{j} & \mathfrak{k} \\ -x_A & -y_A & -z_A \\ \omega_x & \omega_y & \omega_z \end{vmatrix} = \begin{vmatrix} \mathfrak{i} & \mathfrak{j} & \mathfrak{k} \\ \omega_x & \omega_y & \omega_z \\ x_A & y_A & z_A \end{vmatrix} = [\overline{\omega} \cdot \mathfrak{r}],$$

$$v_{Ax} = \omega_y \cdot z_A - \omega_z \cdot y_A,$$

$$v_{Ay} = \omega_z \cdot x_A - \omega_x \cdot z_A,$$

$$v_{Az} = \omega_x \cdot y_A - \omega_y \cdot x_A.$$

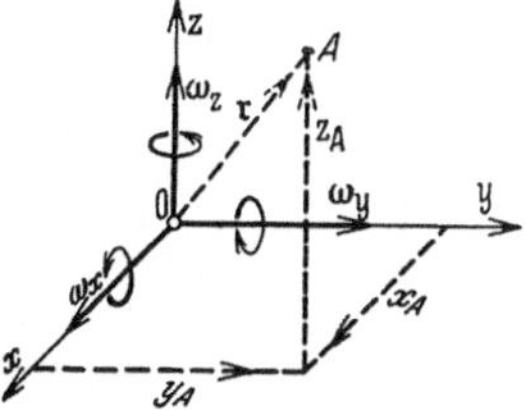

Abb. 84. Geschwindigkeit des Aufpunktes $A$ infolge der Winkelgeschwindigkeit $\omega$ in $O$ ist $\mathfrak{v}_A = [-\mathfrak{r} \cdot \overline{\omega}]$.

Soll der Aufpunkt der (resultierenden) Drehachse angehören, so ist

$$v_{Ax} = v_{Ay} = v_{Az} = 0,$$

mithin verhält sich:

$$\omega_x : \omega_y : \omega_z = x_A : y_A : z_A.$$

---

[1] Der Weg ist nur dann ein Vektor, wenn es sich um ein kleines Stück, ein Wegelement $d\overline{\varphi}$, $d\overline{s}$ handelt. Größere Wege können nur dann als Vektoren dargestellt werden, wenn die Drehung um eine konstante Achse oder die Bewegung auf einer Geraden stattfindet.

# II. Zusammensetzen von Bewegungen[1].

## 1. Fortschreitbewegungen.

Addition der Vektoren wie bei den Momenten (siehe S. 26), d. h. beliebig verteilte Vektoren nach einem Punkt parallel verschieben und dort addieren.

## 2. Drehbewegungen.

### a) Drehungen um zwei sich schneidende Achsen.

(Vgl. Kräfte an einem Punkt, siehe S. 13.)

| Zeichnung. | Rechnung. |
|---|---|

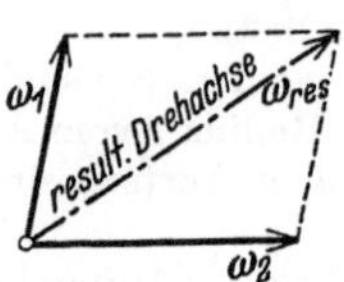

Abb. 85.
Addition zweier Winkelgeschwindigkeiten.

Vektoren nach dem Parallelogrammgesetz addieren (siehe Abb. 85).

Achsenkreuz wählen, Richtungswinkel $\alpha_{1,2}$; $\beta_{1,2}$ gegen $x$- bzw. $y$-Achse.

Komponenten in der $x$-Achse

$$\omega_x = \omega_{1x} + \omega_{2x},$$
$$= \omega_1 \cdot \cos\alpha_1 + \omega_2 \cdot \cos\alpha_2.$$

Komponenten in der $y$-Achse

$$\omega_y = \omega_{1y} + \omega_{2y},$$
$$= \omega_1 \cdot \cos\beta_1 + \omega_2 \cdot \cos\beta_2,$$
$$= \omega_1 \cdot \sin\alpha_1 + \omega_2 \cdot \sin\alpha_2,$$

resultierende Winkelgeschwindigkeit

$$\omega_{res} = \sqrt{\omega_x^2 + \omega_y^2}.$$

Richtung der resultierenden Winkelgeschwindigkeit (Drehachse)

$$\cos\alpha_r = \frac{\omega_x}{\omega_{res}}; \quad \cos\beta_r = \frac{\omega_y}{\omega_{res}} = \sin\alpha_r.$$

### b) Drehungen um parallele Achsen.

(Vgl. S. 13 parallele Kräfte; Schwerpunkt.)

| Zeichnung (siehe Abb. 86). | Rechnung |
|---|---|

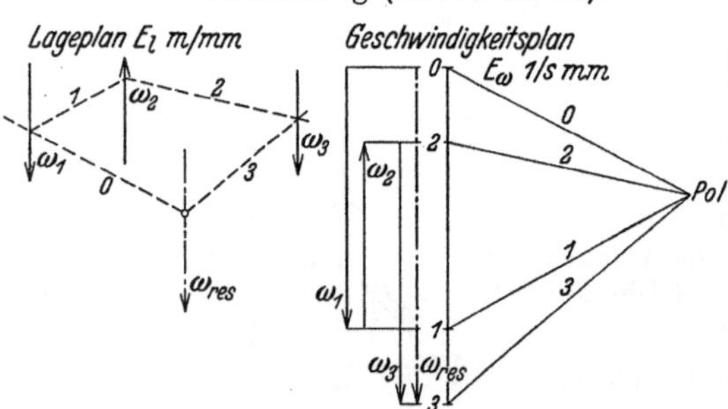


Abb. 86. Addition paralleler Winkelgeschwindigkeiten.

Größe: Resultierende im Geschwindigkeitseck.

Lage: Die Resultierende geht durch den Schnittpunkt des ersten und letzten Seilstrahles im Lageplan.

$$\omega_{res} = \Sigma\,\overline{\omega} = \overline{\omega}_1 + \overline{\omega}_2 + \overline{\omega}_3.$$

Abstand vom Koordinatenursprung

$$l = \frac{\sum\limits_{1}^{n} l_i\,\omega_i}{\omega_{res}}.$$

$l_i$ = senkrechter Abstand vom gewählten Bezugspunkt.

---

[1] Als Beispiel wird das Zusammensetzen von Geschwindigkeiten gezeigt. In gleicher Weise werden auch Elementarwege $d\overline{\varphi}$, $d\overline{s}$ und Beschleunigungen $\overline{\varepsilon}$, $b$ zusammengesetzt.

## c) Zwei gleich große aber entgegengesetzte Drehungen.

(Vgl.: zwei gleich große, aber entgegengesetzte
Kräfte = Kräftepaar = Moment.)

Sie ergeben für jeden Punkt des Feldes eine
reine fortschreitende Bewegung $\mathfrak{v} = [\mathfrak{a} \cdot \overline{\omega}]$* (siehe
Abb. 87)

$\mathfrak{v} \perp \mathfrak{a}$ und $\perp \overline{\omega}$ so, daß $\mathfrak{a}$, $\overline{\omega}$, $\mathfrak{v}$ ein $\genfrac{}{}{0pt}{}{\text{rechts-}}{\text{links-}}$ händiges Koordinatensystem bilden (siehe S. 2).

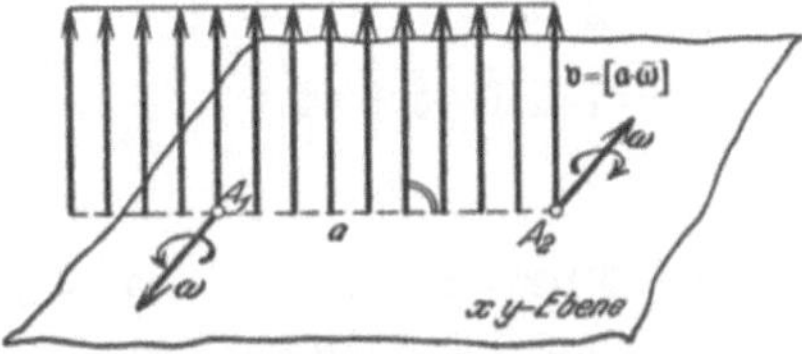

Abb. 87. Fortschreitgeschwindigkeit als Folge
von zwei gleich großen, aber entgegengesetzt
gerichteten Winkelgeschwindigkeiten.

## d) Drehungen um drei sich rechtwinkelig schneidende Achsen.

(Vgl. S. 15, räumlich verteilte Kräfte an einem Punkt.)

Zeichnung (siehe Abb. 88).

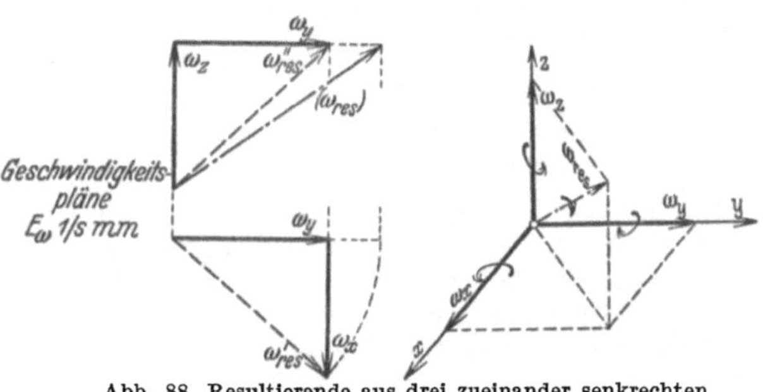

Abb. 88. Resultierende aus drei zueinander senkrechten
Winkelgeschwindigkeiten.

Rechnung.

$$|\overline{\omega}_{res}| = \omega_{res} = \sqrt{\omega_x^2 + \omega_y^2 + \omega_z^2}$$

$$\cos\begin{pmatrix}\alpha\\\beta\\\gamma\end{pmatrix} = \frac{\omega_{xyz}}{\omega_{res}}.$$

Zusammensetzen der Vektoren im Aufriß und
Grundriß zu $\omega''_{res}$ bzw. $\omega'_{res}$ und Bestimmen der wahren
Größe von $|\overline{\omega}_{res}|$ (siehe S. 3).

## e) Drehungen um beliebig verteilte Achsen.

(Vgl. S. 16ff., Kräfte beliebig im Raume verteilt.)

$\alpha$) Resultierende Drehung um eine durch einen beliebig gewählten Punkt $A$ gehende
Achse und Fortschreiten des Bezugspunktes $A$. (Vgl. S. 16, Resultierende Kraft
und Moment bez. $A$.)

---

* Für den Punkt $A_1$ ist:

$\mathfrak{v}_1 = [\mathfrak{r}_2 \cdot \overline{\omega}_2]$ (s. Abb. 89).

Für den Punkt $A_2$ ist:

$\mathfrak{v}_2 = [\mathfrak{r}_1 \cdot \overline{\omega}_1]$,

$\quad = [-\mathfrak{r}_2 \cdot -\overline{\omega}_2]$,

$\quad = [\mathfrak{r}_2 \cdot \overline{\omega}_2] = \mathfrak{v}_1$.

Für den Punkt $A_3$ ist:

$\mathfrak{v}'_3 = [\mathfrak{r}'_3 \cdot \overline{\omega}_1] = [\mathfrak{r}'_3 \cdot -\overline{\omega}_2]$,

$\mathfrak{v}''_3 = [\mathfrak{r}''_3 \cdot \overline{\omega}_2]$,

$\mathfrak{v}_3 = \mathfrak{v}'_3 + \mathfrak{v}''_3$

$\quad = [(-\mathfrak{r}'_3 + \mathfrak{r}''_3) \cdot \overline{\omega}_2]$,

$\quad = [\mathfrak{r}_2 \cdot \overline{\omega}_2] = \mathfrak{v}_1$,

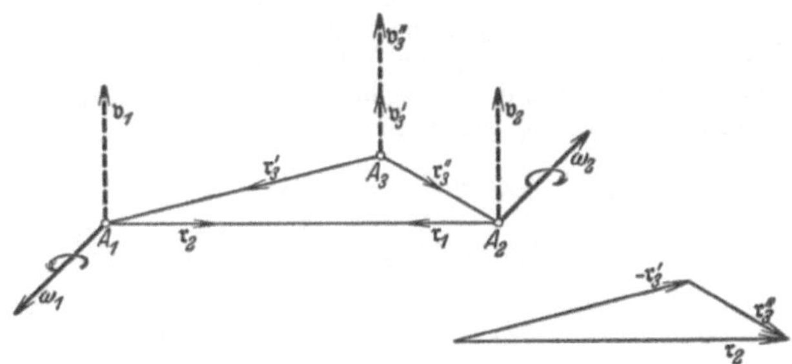

Abb. 89. Fortschreitgeschwindigkeit als Folge von zwei gleich
großen aber entgegengesetzt gerichteten Winkelgeschwindigkeiten.

d. h. die Geschwindigkeiten in den beliebig gewählten Punkten $A_{1\,2\,3}$ sind einander gleich.

$$\overline{\omega}_A = \Sigma\,(\overline{\omega}), \qquad \omega_{Ax} = \Sigma\,\omega_x,$$

$$\omega_A = \sqrt{\omega_x^2 + \omega_y^2 + \omega_z^2}, \qquad \omega_{Ay} = \Sigma\,\omega_y, \qquad \cos\begin{pmatrix}\varphi\\\chi\\\psi\end{pmatrix} = \frac{\omega_{Axyz}}{\omega_A},$$

$$\omega_{Az} = \Sigma\,\omega_z,$$

$$\mathfrak{v}_A = \Sigma\,[(\mathfrak{r} - \mathfrak{r}_A)\cdot\overline{\omega}], \qquad v_{Ax} = \Sigma\begin{vmatrix} y - y_A & z - z_A \\ \omega_y & \omega_z \end{vmatrix},$$

$$v_A = \sqrt{v_{Ax}^2 + v_{Ay}^2 + v_{Az}^2}, \qquad v_{Ay} = \Sigma\begin{vmatrix} z - z_A & x - x_A \\ \omega_z & \omega_x \end{vmatrix}, \qquad \cos\begin{pmatrix}\alpha\\\beta\\\gamma\end{pmatrix} = \frac{v_{Axyz}}{v_A},$$

$$v_{Az} = \Sigma\begin{vmatrix} x - x_A & y - y_A \\ \omega_x & \omega_y \end{vmatrix},$$

$$\cos\delta = \cos\,(\widehat{\overline{\omega}_A\,\mathfrak{v}_A}) = \frac{\omega_{Ax}\cdot v_{Ax} + \omega_{Ay}\cdot v_{Ay} + \omega_{Az}\cdot\omega_{Az}}{\omega_A\cdot v_A}.$$

$\beta$) Drehungen um 2 windschiefe Achsen (vgl. S. 17, Kraftkreuz). Nach Reduktion auf den Punkt $A$ ($\overline{\omega}_A$ und $\mathfrak{v}_A$ siehe oben) wird die Geschwindigkeit $\mathfrak{v}_A = \mathfrak{v}_{Ax} + \mathfrak{v}_{Ay} + \mathfrak{v}_{Az}$ aufgelöst in 3 Drehungspaare, z. B. in

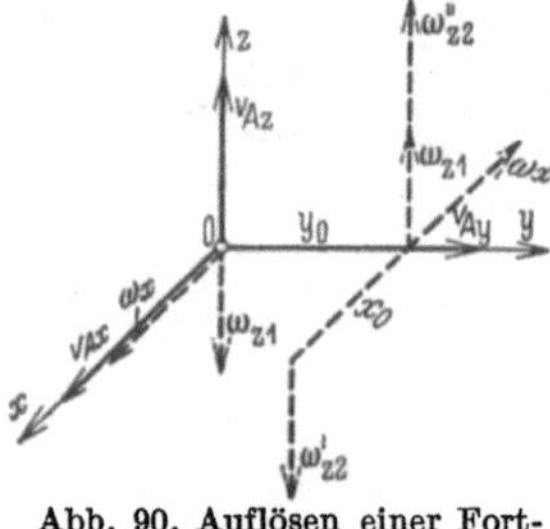

Abb. 90. Auflösen einer Fortschreitgeschwindigkeit in Winkelgeschwindigkeiten-Paare.

$$\mathfrak{v}_{Ax} = [\mathfrak{y}_0\cdot\overline{\omega}_{z1}],$$
$$\mathfrak{v}_{Ay} = [\mathfrak{x}_0\cdot\overline{\omega}_{z2}],$$
$$\mathfrak{v}_{Az} = [\mathfrak{y}_0\cdot\overline{\omega}_x],$$

wobei $x_0$ und $y_0$ beliebig gewählt werden (siehe Abb. 90). Die Drehungen im Punkte $A$ werden zusammengefaßt zu $\overline{\omega}'_A = \overline{\omega}_A + \overline{\omega}_{z1} + \overline{\omega}_x$. Ebenfalls werden die Drehungen in der zur $xz$-Ebene im Abstande $y_0$ parallelen Ebene zu einer Resultierenden $\overline{\omega}''_A = \overline{\omega}'_{z2} + \overline{\omega}_{z1} + \overline{\omega}''_{z2} + \overline{\omega}_x$ vereinigt, die zu $\omega'_A$ im Punkte $A$ windschief liegt.

$\gamma$) Drehungs- und Fortschrittsvektor in der gleichen Geraden = Schraubung (vgl. S. 18, Dyname = Kraftschraube). Das Moment der Drehgeschwindigkeiten in bezug auf den — noch gesuchten Punkt $A_{x_0\,y_0\,z_0}$ der Schraubenachse ist $\mathfrak{v}_A = \Sigma\,[(\mathfrak{r} - \mathfrak{r}_A)\cdot\overline{\omega}]$ (siehe oben unter $\alpha$). Ist $A$ z. B. der Durchstoßungspunkt der Schraubungsachse mit der $x, y$-Ebene, also $z_0 = 0$, so lassen sich $x_0 y_0$ aus der Bedingung (siehe S. 19)

$$\frac{\omega_{Ax}}{v_{Ax}} = \frac{\omega_{Ay}}{v_{Ay}} = \frac{\omega_{Az}}{v_{Az}}$$

bestimmen.

## 3. Fortschreit- und Drehbewegungen.

Es wird jede Bewegungsart für sich zu einer resultierenden Fortschreitgeschwindigkeit $\mathfrak{v}_{A0}$ und einer resultierenden Drehbewegung $\overline{\omega}_A$ und zugehöriges $\mathfrak{v}'_A$ vereinigt (siehe S. 48/49). Die Fortschreitgeschwindigkeit $\mathfrak{v}_{A0}$ und $\mathfrak{v}'_A$ aus der Zusammenfassung der Winkelgeschwindigkeiten werden nochmals zusammengefaßt. Das Ergebnis ist dann die Fortschreitgeschwindigkeit $\mathfrak{v}_A = \mathfrak{v}_{A0} + \mathfrak{v}'_A$ des Punktes $A$ und die Winkelgeschwindigkeit $\omega_A$ im Punkte $A$, die nach dem vorigen Abschnitt noch weiter behandelt werden können. In Komponentendarstellung erhält man:

$$\omega_{Ax} = \Sigma\,\omega_x, \qquad v_{Ax} = \Sigma\,v_{x0} + \Sigma\begin{vmatrix} y - y_A & z - z_A \\ \omega_y & \omega_z \end{vmatrix},$$

$$\omega_{Ay} = \Sigma\,\omega_y, \qquad v_{Ay} = \Sigma\,v_{y0} + \Sigma\begin{vmatrix} z - z_A & x - x_A \\ \omega_z & \omega_x \end{vmatrix},$$

$$\omega_{Az} = \Sigma\,\omega_z, \qquad v_{Az} = \Sigma\,v_{z0} + \Sigma\begin{vmatrix} x - x_A & y - y_A \\ \omega_x & \omega_y \end{vmatrix},$$

hierbei bedeutet

Zeiger $_0$ die fortschreitenden Geschwindigkeiten;

$xyz$    die Entfernung des jeweiligen $\overline{\omega}$-Vektors vom Koordinatenursprung;

$x_A y_A z_A$ die Entfernung des gewählten Aufpunktes vom Koordinatenursprung.

# III. Koordinatensysteme.

## 1. Allgemeines.

### a) Koordinaten.

| Kartesische Koordinaten | Polarkoordinaten | Natürliche Koordinaten |
|---|---|---|
| 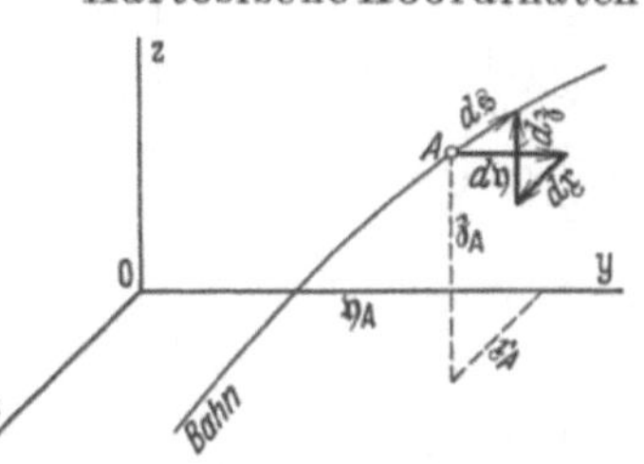 | 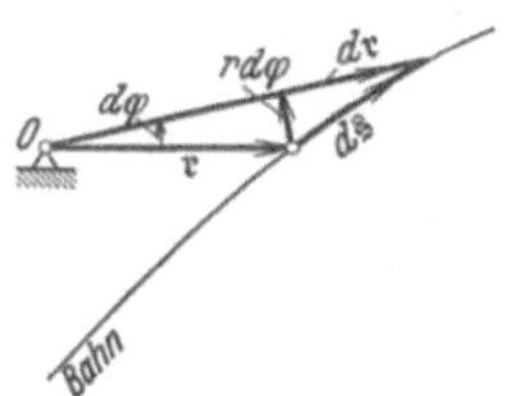 | 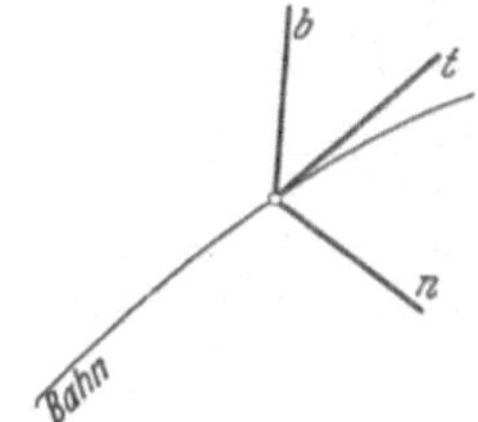 |
| Abb. 91. Weg in kartesischen Koordinaten. | Abb. 92. Weg in Polarkoordinaten. | Abb. 93. Natürliche Koordinaten. |
| raumfestes oder körperfestes rechtwinkeliges rechts- (siehe Abb. 91) oder linkshändiges Achsenkreuz $Oxyz$. | raumfester oder körperfester Punkt $O$ (siehe Abb. 92). Fahrstrahl $\mathfrak{r}$, Fahrstrahlwinkel $\varphi$. | auf Bahn des Körpers mitfahrend (siehe Abb. 93). $t =$ Bahntangente, $n =$ Bahnnormale (in Schmiegungsebene gelegen, Krümmungsradius), $b =$ Binormale $\perp n$ und $\perp t$. |

### b) Weg: $\mathfrak{s}$.

Kartesische Koordinaten (siehe Abb. 91).

$$d\mathfrak{s} = d\mathfrak{x} + d\mathfrak{y} + d\mathfrak{z},$$

$$|d\mathfrak{s}| = ds = \sqrt{dx^2 + dy^2 + dz^2},$$

$$s = \int \sqrt{1 + \left(\frac{dy}{dx}\right)^2 + \left(\frac{dz}{dx}\right)^2} \cdot dx + \mathrm{Const},$$

$$= \int \sqrt{\left(\frac{dx}{dy}\right)^2 + 1 + \left(\frac{dz}{dy}\right)^2} \cdot dy + \mathrm{Const},$$

$$= \int \sqrt{\left(\frac{dx}{dz}\right)^2 + \left(\frac{dy}{dz}\right)^2 + 1} \cdot dz + \mathrm{Const},$$

Polarkoordinaten (siehe Abb. 92).

$$d\mathfrak{s} = d\mathfrak{r} + r \cdot d\overline{\varphi},$$

$$ds = \sqrt{dr^2 + r^2 \cdot d\varphi^2},$$

$$s = \int \sqrt{1 + r^2 \cdot \left(\frac{d\varphi}{dr}\right)^2} \cdot dr + \mathrm{Const},$$

$$= \int \sqrt{\left(\frac{dr}{d\varphi}\right)^2 + r^2} \cdot d\varphi + \mathrm{Const}.$$

### c) Geschwindigkeit: $\mathfrak{v} = \dfrac{d\mathfrak{s}}{dt} = \dot{\mathfrak{s}}.$

Richtung von $d\mathfrak{s} =$ Richtung der Bahntangente.

| | | |
|---|---|---|
| 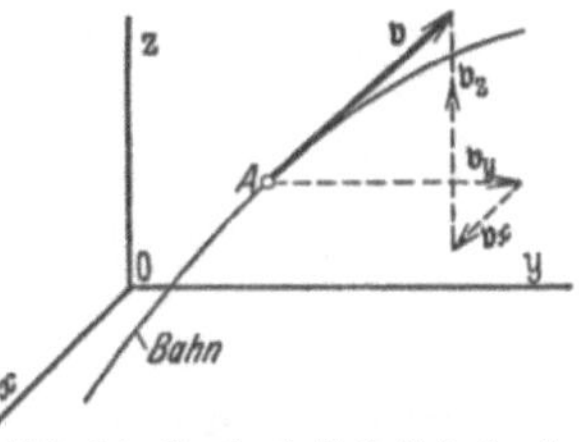 | 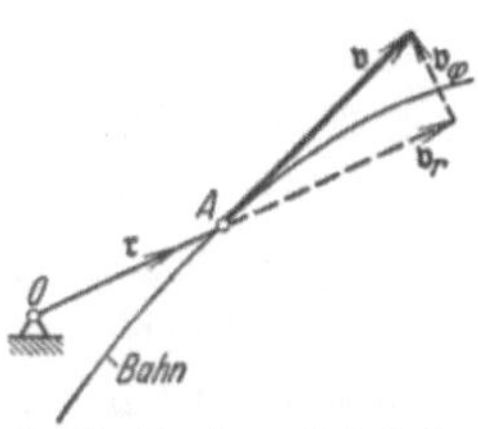 | 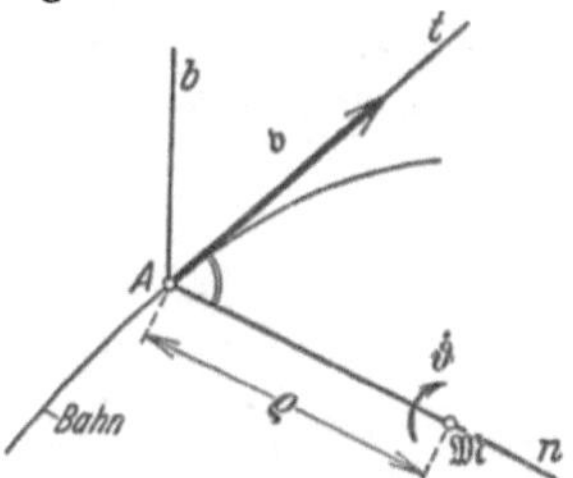 |
| Abb. 94. Geschwindigkeit in kartesischen Koordinaten. | Abb. 95. Geschwindigkeit in Polarkoordinaten. | Abb. 96. Geschwindigkeit in natürlichen Koordinaten. |
| $\mathfrak{v} = \mathfrak{v}_x + \mathfrak{v}_y + \mathfrak{v}_z,$ $v_x = v \cdot \cos\alpha^* = \dot{x},$ $v_y = v \cdot \cos\beta = \dot{y},$ $v_z = v \cdot \cos\gamma = \dot{z}.$ | $\mathfrak{v} = \mathfrak{v}_r + \mathfrak{v}_\varphi,$ $v_r = \dot{r},$ $v_\varphi = r \cdot \dot{\varphi} = r \cdot \omega.$ | $v = \varrho \cdot \dot{\vartheta},$ $\varrho =$ Krümmungsradius. |

* $\alpha\beta\gamma =$ Richtungswinkel gegen die $xyz$-Achse.

### d) Flächengeschwindigkeit:

$\dfrac{d\mathfrak{F}}{dt} =$ vom Fahrstrahl $r$ in der Zeiteinheit bestrichene Fläche,

$= \dfrac{1}{2} \cdot$ Moment der Geschwindigkeit.

**Kartesische Koordinaten.**

$$\left(\frac{d\mathfrak{F}}{dt}\right)_x = \frac{1}{2} \cdot \begin{vmatrix} y & z \\ \dot{y} & \dot{z} \end{vmatrix} = \frac{1}{2}\,(y\,\dot{z} - z\,\dot{y})^*,$$

$$\left(\frac{d\mathfrak{F}}{dt}\right)_y = \frac{1}{2} \cdot \begin{vmatrix} z & x \\ \dot{z} & \dot{x} \end{vmatrix} = \frac{1}{2}\,(z\,\dot{x} - x\,\dot{z}),$$

$$\left(\frac{d\mathfrak{F}}{dt}\right)_z = \frac{1}{2} \cdot \begin{vmatrix} x & y \\ \dot{x} & \dot{y} \end{vmatrix} = \frac{1}{2}\,(x\,\dot{y} - y\,\dot{x}).$$

**Polarkoordinaten.**

$$d\mathfrak{F} = \frac{1}{2}\,[\mathfrak{r}\,[d\overline{\varphi}\,\mathfrak{r}]],$$

$$\frac{d\mathfrak{F}}{dt} = \frac{1}{2}\,[\mathfrak{r}\cdot\mathfrak{v}]^{**},$$

$$\frac{d\mathfrak{F}}{dt} = \frac{1}{2}\cdot[\mathfrak{r}\cdot\mathfrak{v}_\varphi],$$

$$\frac{dF}{dt} = \frac{1}{2}\cdot r^2 \cdot \frac{d\varphi}{dt},$$

$$= \frac{1}{2}\,r\cdot\omega.$$

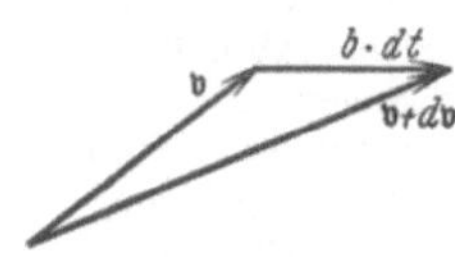

Abb. 97. Beschleunigung = zeitliche Änderung der Geschwindigkeit nach Größe und Richtung.

### e) Beschleunigung:   $b = \dfrac{d\mathfrak{v}}{dt} = \dot{\mathfrak{v}} = \dfrac{d^2\mathfrak{s}}{dt^2} = \ddot{\mathfrak{s}}.$

In Richtung der Geschwindigkeitsänderung $d\mathfrak{v}$ (Größen- und Richtungsänderung von $\mathfrak{v}$, siehe Abb. 97) = Richtung der wirkenden Kraft (siehe S. 90), daher stets nach der hohlen Bahnseite gerichtet, = Geschwindigkeit, mit der der Hodograf durchlaufen wird (siehe S. 58).

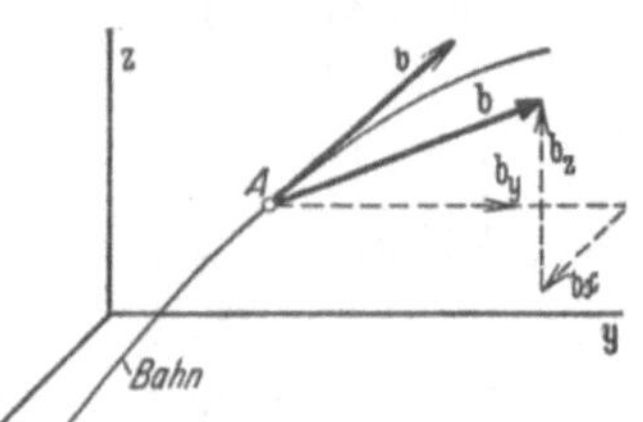

Abb. 98. Beschleunigung in kartesischen Koordinaten.

$$b = b_x + b_y + b_z,$$
$$b_x = b\cdot\cos\alpha = \dot{v}_x = \ddot{x},$$
$$b_y = b\cdot\cos\beta = \dot{v}_y = \ddot{y},$$
$$b_z = b\cdot\cos\gamma = \dot{v}_z = \ddot{z}.$$

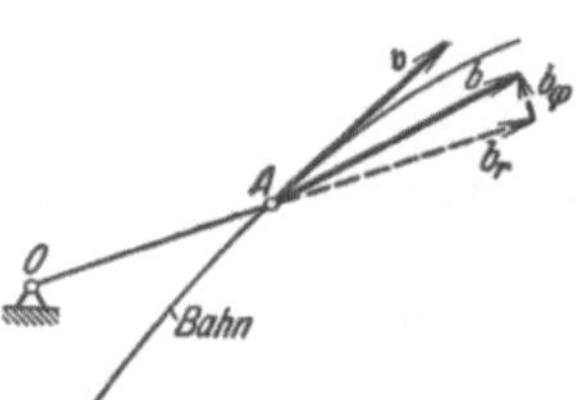

Abb. 99. Beschleunigung in Polarkoordinaten.

$$b = b_r + b_\varphi,$$
$$b_r = \ddot{r} - v_\varphi\cdot\dot{\varphi}^{***},$$
$$= \ddot{r} - r\cdot\omega^2,$$
$$b_\varphi = \ddot{\varphi}\,r + 2\,\omega\cdot v_r^{***},$$
$$= \varepsilon\cdot r + b_{\text{coriolis}},$$
$$= \frac{1}{r}\cdot\frac{d}{dt}\,(\omega\,r^2).$$

$b_r =$ Radialbeschleunigung,
$b_\varphi =$ Umfangsbeschleunigung

Coriolisbeschleunigung:
Größe: Doppeltes Produkt aus Winkelgeschwindigkeit

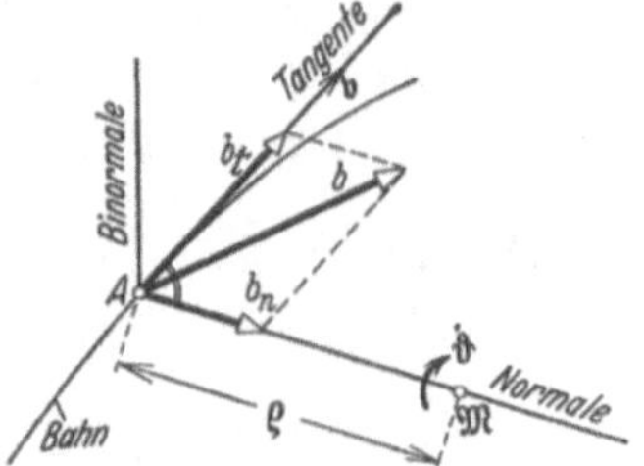

Abb. 100. Beschleunigung in natürlichen Koordinaten.

$$b = b_n + b_t,$$
$$b_n = -v\cdot\dot{\vartheta},$$
$$= -\varrho\cdot\dot{\vartheta}^2,$$
$$= -v^2/\varrho,$$
$$b_t = \dot{v},$$
$$= \varrho\cdot\ddot{\vartheta}.$$

Normalbeschleunigung $b_n$ bewirkt Richtungsänderung von $\mathfrak{v}$.

---

* Der Zeiger $_{xyz}$ gibt die Achsrichtung an, in der der Vektor liegt, also die Achse, die auf der Projektion der überstrichenen Fläche senkrecht steht (vgl. S. 5).

** Es ist $\mathfrak{v} = \mathfrak{v}_r + \mathfrak{v}_\varphi$ also $[\mathfrak{r}\mathfrak{v}] = [\mathfrak{r}\mathfrak{v}_r] + [\mathfrak{r}\cdot\mathfrak{v}_\varphi]$; $[\mathfrak{r}\mathfrak{v}_r] = 0$, da beide Vektoren in derselben Richtung liegen (siehe S. 5).

*** Bequeme Merkregel siehe Relativbewegung auf S. 58.

und auf dieser senkrecht stehender Komponente der Radialgeschwindigkeit.

Richtung: Obige Komponente der Radialgeschwindigkeit um $90^0$ im Sinne von $\omega$ drehen, d. h. $b_{cor} = 2\,[\overline{\omega}\cdot\mathfrak{i}]$.

Tangentialbeschleunigung $b_t$ bewirkt Größenänderung von $v$.

## f) Flächenbeschleunigung:

$$\frac{d^2\mathfrak{F}}{dt^2} = \frac{1}{2}\cdot\text{Moment der Beschleunigung.}$$

$$\frac{d^2\mathfrak{F}}{dt^2} = \frac{1}{2}\cdot[\mathfrak{r}\cdot b]\,,$$

$$\frac{d^2 F}{dt^2} = \frac{1}{2}\,r\cdot b_\varphi = \frac{1}{2}\cdot r\cdot(\varepsilon\cdot r + b_{cor})\,,$$

$$= \frac{1}{2}\cdot r\cdot(\ddot\varphi\cdot r + 2\,\omega\cdot v_r)\,,$$

$$= \frac{1}{2}\cdot\frac{d}{dt}\,(\omega\cdot r^2)\,.$$

## 2. Sonderfälle.

### a) Bewegung auf einer Kreisbahn.

KartesischeKoordinaten. | Polarkoordinaten. | Natürliche Koordinaten.

Kreismittelpunkt = Koordinatenursprung = Krümmungsmittelpunkt.

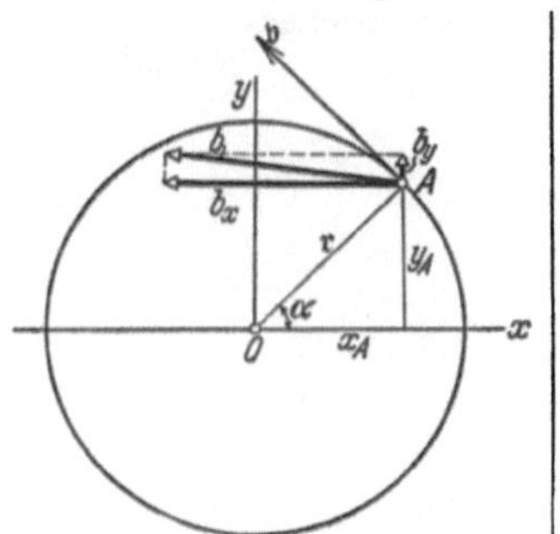

Abb. 101.

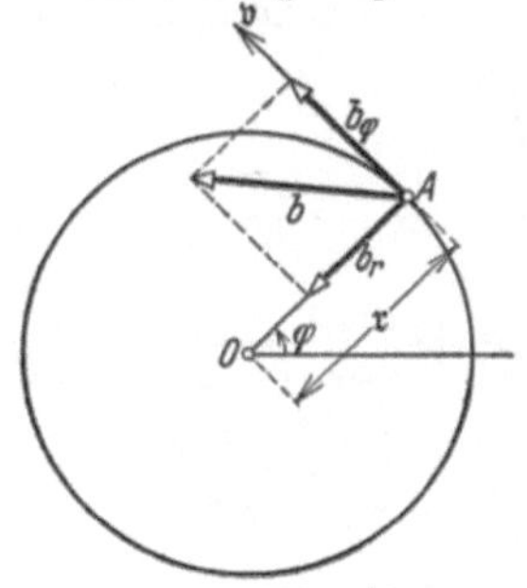

Abb. 102.

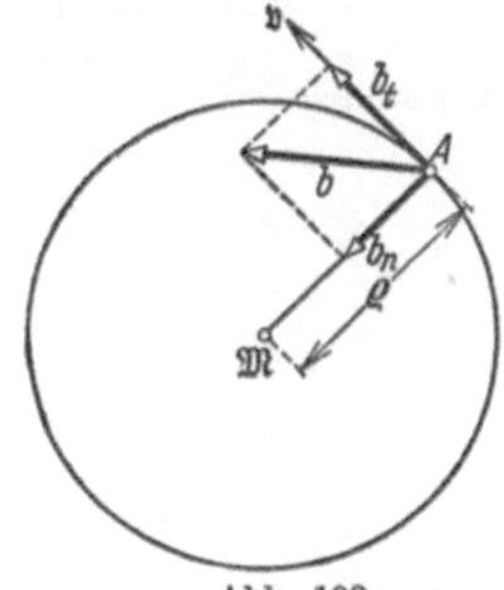

Abb. 103.

Geschwindigkeit $\mathfrak{v}$ und Beschleunigung $b$ bei einer Kreisbewegung

in kartesischen Koordinaten   in Polarkoordinaten   in natürlichen Koordinaten.

Aufpunktkoordinaten:

$$x = r\cdot\cos\varphi\,,$$
$$y = r\cdot\sin\varphi\,,$$
$$s - s_0 = r\cdot\varphi\,.$$

Geschwindigkeit:

Weg: $v_x = -r\cdot\omega\cdot\sin\varphi\,,$
$v_y = +r\cdot\omega\cdot\cos\varphi\,,$
$v = r\cdot\omega\,.$

Beschleunigung:

$b_x = -r\,\omega^2\cdot\cos\varphi - \underline{r\cdot\varepsilon\cdot\sin\varphi}\,,$

$b_y = -r\,\omega^2\cdot\sin\varphi + \underline{r\cdot\varepsilon\cdot\cos\varphi}\,,$

$$r = \text{const},$$
$$dr = 0\,,$$
$$s - s_0 = r\cdot\varphi\,.$$

$$v_r = 0\,,$$
$$v_\varphi = r\cdot\omega\,,$$
$$v = v_\varphi\,.$$

$b_r = -v_\varphi\cdot\omega = -r\,\omega^2\,,$

$\underline{b_\varphi = r\cdot\varepsilon} = r\cdot\dot\omega\,,$

$$r \equiv \varrho\,.$$

$$b_n = -\frac{v^2}{\varrho} = -v\cdot\omega = -r\cdot\omega^2\,,$$

$\underline{b_t = r\cdot\varepsilon}\,.$

$$b = +r\cdot\omega^2\cdot\sqrt{1+\left(\frac{\varepsilon}{\omega^2}\right)^2}\,.$$

Bei gleichförmiger Kreisbewegung ist $\omega = \dfrac{d\varphi}{dt}$ const, $\varepsilon = \dfrac{d\omega}{dt} = \dfrac{d^2\varphi}{dt^2} = 0$, d. h. die unterstrichenen Glieder fallen weg.

### b) Bewegung auf einer Geraden.

| KartesischeKoordinaten<br>Bahn $= x$-Achse. | Polarkoordinaten<br>$=$ Radiusvektor. | Natürliche Koordinaten<br>Krümmungsradius $\varrho = \infty$. |
|---|---|---|
| Weg: $s - s_0 = x$,<br>$\qquad y = 0$. | $s - s_0 = r$,<br>$\varphi = \text{const.}$ | |
| Geschwindigkeit: $v_x = v$,<br>$\qquad v_y = 0$. | $v_r = v$,<br>$v_\varphi = 0$. | |
| Beschleunigung: $b_x = b$,<br>$\qquad b_y = 0$. | $b_r = \dot{v}_r = b$,<br>$b_\varphi = 0$. | $b_t = \dot{v} = b$,<br>$b_n = 0$. |

### c) Zentralbewegung: (Planetenbewegung).

Polarkoordinaten; Beschleunigung stets nach dem Zentrum $O$ gerichtet.

$$b_{ges} = b_r; \qquad b_\varphi = 0.$$

Flächenbeschleunigung:

$$\frac{d^2 F}{dt^2} = 0.$$

Flächengeschwindigkeit:

$$\left. \begin{array}{l} \dfrac{dF}{dt} = \dfrac{1}{2} \cdot r \cdot v_\varphi = \text{const}, \\[2mm] F = \text{const} \cdot t. \end{array} \right\} \quad \begin{array}{l} \text{2. Keplersches Gesetz.} \\ \text{In gleichen Zeiten werden vom Fahr-} \\ \text{strahl gleiche Flächen überstrichen.} \end{array}$$

Geschwindigkeit:

$$v_r = \dot{r},$$

$$v_\varphi = r \cdot \omega = \frac{2}{r} \cdot \frac{dF}{dt},$$

$$v^2 = \omega^2 \cdot \left[ \left( \frac{dr}{d\varphi} \right)^2 + r^2 \right],$$

$$= \frac{4}{r^4} \cdot \left( \frac{dF}{dt} \right)^2 \cdot \left[ \left( \frac{dr}{d\varphi} \right)^2 + r^2 \right].$$

Beschleunigung:

$$b = b_r = \ddot{r} - r \omega^2,$$

$$= - r \cdot \omega^2 \left[ \frac{d^2 (1/r)}{d\varphi^2} + \frac{1}{r} \right],$$

$$= - \frac{4}{r^2} \cdot \left( \frac{dF}{dt} \right)^2 \cdot \left[ \frac{d^2 (1/r)}{d\varphi^2} + \frac{1}{r} \right].$$

### d) Gleichförmige Bewegung; $b = 0$.

Geschwindigkeit:

$$v = v_0 = \text{const.}$$

Weg:

$$s - s_0 = v_0 \cdot t.$$

### e) Gleichförmig beschleunigte Bewegung; $b = b_0 = \text{const.}$

Geschwindigkeit:

$$v - v_0 = b_0 \cdot t, \qquad\qquad t = \frac{v - v_0}{b_0}.$$

Weg:

$$s - s_0 = \frac{1}{2} \cdot b_0 \cdot t^2 + v_0 \cdot t = \frac{v^2 - v_0^2}{2 \cdot b_0} = \frac{v + v_0}{2} \cdot t.$$

## f) Beschleunigung abhängig von der Zeit; $b = f(t)$.

Geschwindigkeit:
$$v - v_0 = \int_0^t b \cdot dt,$$

Weg:
$$s - s_0 = \int_0^t v \cdot dt = \int_0^t \int_0^t b \cdot dt \cdot dt + v_0 \cdot t.$$

## g) Beschleunigung abhängig vom Wege; $b = f(s)$.

### $\alpha$) Beliebige Abhängigkeit; $b = (f)s$.

$$b = \frac{dv}{dt} = \frac{dv}{ds} \cdot \frac{ds}{dt} = v \cdot \frac{dv}{ds} = \frac{1}{2} \cdot \frac{d(v^2)}{ds}.$$

Geschwindigkeit:
$$\frac{1}{2}(v^2 - v_0^2) = \int_{s_0}^{s} b \cdot ds.$$

Zeit:
$$t = \int_{s_0}^{s} \frac{ds}{v}.$$

### $\beta$) Lineare Abhängigkeit.

$$b = b_0 - a \cdot s, \qquad\qquad b = b_0 + a \cdot s.$$

(ungedämpfte, harmonische Schwingung)

$$\ddot{s} + a\left(s - \frac{b_0}{a}\right) = 0, \qquad\qquad \ddot{s} - a\left(s + \frac{b_0}{a}\right) = 0.$$

Ansatz zur Vereinfachung:

$$y = s - \frac{b_0}{a}, \qquad\qquad y = s + \frac{b_0}{a}.$$

Differentialgleichung der Bewegung:

$$\ddot{y} + a \cdot y = 0, \qquad\qquad \ddot{y} - a \cdot y = 0.$$

d'Alembertscher Exponentialansatz: $y = A \cdot e^{\lambda t}$; $\ddot{y} = A \cdot \lambda^2 \cdot e^{\lambda t}$, eingesetzt in die Differentialgleichung liefert die charakteristische Gleichung:

$$\lambda^2 + a = 0, \qquad\qquad \lambda^2 - a = 0,$$

$$\lambda_{1,2} = \pm i\sqrt{a}, \quad \text{wobei } i = \sqrt{-1} \text{ ist.} \qquad\qquad \lambda_{1,2} = \pm\sqrt{a}.$$

Mithin lautet die allgemeine Lösung:

$$y = A_1 \cdot e^{\lambda_1 t} + A_2 \cdot e^{\lambda_2 t} *, \qquad\qquad y = A_1 \cdot e^{\lambda_1 t} + A_2 \cdot e^{\lambda_2 t} *.$$

oder $\quad y = B_1 \cdot \sin\sqrt{a} \cdot t + B_2 \cdot \cos\sqrt{a} \cdot t, \qquad y = B_1 \cdot \mathfrak{Sin}\sqrt{a}\,t + B_2 \cdot \mathfrak{Cof}\sqrt{a}\,t.$

Die Integrationskonstanten $A_1$ und $A_2$ bzw. $B_1$ und $B_2$ sind aus den Anfangsbedingungen $t = 0$; $s = s_0$; $v = v_0$ zu bestimmen.

## h) Beschleunigung abhängig von der Geschwindigkeit.
## (Flüssigkeitswiderstände.)

### $\alpha$) Allgemein $b = f(v)$.

Zeit:
$$t = \int_{v_0}^{v} \frac{dv}{b}.$$

Umkehren der gefundenen Funktion $t = t(v)$ ergibt $v = v(t)$ und daraus folgt für den Weg:

$$s = \int_0^{} v \cdot dt.$$

---

$* \quad \sin\alpha = \dfrac{e^{i\alpha} - e^{-i\alpha}}{2i}, \quad \cos\alpha = \dfrac{e^{i\alpha} + e^{-i\alpha}}{2i}, \quad \mathfrak{Sin}\,\alpha = \dfrac{e^{\alpha} - e^{-\alpha}}{2}, \quad \mathfrak{Cof}\,\alpha = \dfrac{e^{\alpha} + e^{-\alpha}}{2}.$

### $\beta$) Lineare Abhängigkeit (laminare Strömung).

Beschleunigung: $\qquad b = b_0 - a \cdot v$, $\qquad$ wobei $\qquad b_0 \gtreqless 0 \qquad$ sein kann.

Zeit: $\qquad\qquad t = \int\limits_{v_0}^{v} \frac{dv}{b_0 - a\,v} = \frac{1}{a} \cdot \ln \frac{b_0 - a \cdot v_0}{b_0 - a\,v}$.

Geschwindigkeit (durch Umkehren der Funktion): $\quad v = \dfrac{b_0}{a} \cdot (1 - e^{-at}) + v_0 \cdot e^{-at}$,

für $t = \infty$ erhält man die

Grenzgeschwindigkeit: $\qquad\qquad\qquad v_\infty = v_g = \dfrac{b_0}{a}$,

mithin ist $\qquad\qquad\qquad v = v_g - (v_g - v_0) \cdot e^{-at}$.

Weg: $\qquad\qquad s - s_0 = \int\limits_{v_0}^{v} v\,dt = v_g \cdot t - \dfrac{v_g - v_0}{a}\,(1 - e^{-at})$.

### $\gamma$) Quadratische Abhängigkeit (turbulente Strömung).

Beschleunigung: $b = b_0 - a v^2$.

Zeit: $t = \int\limits_{v_0}^{v} \dfrac{dv}{b_0 - a v^2}$,

$\qquad = \dfrac{1}{2\,a \cdot v_g} \cdot \ln \dfrac{v_g + v}{v_g - v} \cdot \dfrac{v_g - v_0}{v_g + v_0}$.

Grenzgeschwindigkeit für $t = \infty$:

$$v = v_g = \sqrt{\dfrac{b_0}{a}}.$$

Verzögerung: $b = -(b_0 + a v^2)$,

$t = -\int\limits_{v_0}^{v} \dfrac{dv}{b_0 + a v^2} = +\int\limits_{v_0}^{v_0} \dfrac{dv}{b_0 + a v^2}$

$\qquad = \dfrac{1}{\sqrt{a \cdot b_0}} \cdot \left[ \operatorname{arctg} \dfrac{v_0}{\sqrt{\tfrac{b_0}{a}}} - \operatorname{arctg} \dfrac{v}{\sqrt{\tfrac{b_0}{a}}} \right]$.

Stillstand bzw. Bewegungsumkehr $(v_1 = 0)$ zur Zeit

$$t_1 = \dfrac{1}{\sqrt{a \cdot b_0}} \cdot \operatorname{arctg} \dfrac{v_0}{\sqrt{\tfrac{b_0}{a}}}.$$

Statt Umkehr der Beziehung $t - v$ in $v - t$ und Integration zu $s - t$ berechnet man bequemer aus $b = \dfrac{dv}{dt} = \dfrac{dv}{ds} \cdot \dfrac{ds}{dt} = v \cdot \dfrac{dv}{ds}$ den Weg $s - s_0 = \int \dfrac{v\,dv}{b}$ und erhält:

$$s - s_0 = \dfrac{1}{2\,a} \cdot \ln \dfrac{v_g^2 - v_0^2}{v_g^2 - v^2}, \qquad\qquad s - s_0 = \dfrac{1}{2\,a} \cdot \ln \dfrac{\tfrac{b_0}{a} + v_0^2}{\tfrac{b_0}{a} + v^2}.$$

## IV. Relativbewegung.

Übergang von einem ruhenden Koordinatensystem (absoluten) zu einem bewegten (Fahrzeug). In der Technik wird ein erdgebundenes Koordinatensystem als ruhendes (absolutes) betrachtet.

| Absolutbewegung | = | Fahrzeugbewegung | $\mp$ | Relativbewegung |
|---|---|---|---|---|
| (im ruhenden Koordinatensystem). | | (in bezug auf das ruhende System). | | (des Körpers in bezug auf das Fahrzeug). |

Bei der Beschleunigung tritt noch die Coriolisbeschleunigung hinzu. Sie bewirkt

1. Richtungsänderung der Relativgeschwindigkeit auf dem Relativwege $A_1 A_2$ (siehe Abb. 104c)
$$= \lim_{\Delta t \to 0} \left[ v'_{rel} \cdot \frac{\Delta \varphi}{\Delta t} \right) = \omega \cdot v'_{rel},$$

2. Größenänderung der Fahrzeuggeschwindigkeit infolge der Radienänderung auf den Relativwege $A_1 A_2$ (siehe Abb. 104b)
$$= \lim_{\Delta t \to 0} \left( \frac{v_{f2} - v_{f1}}{\Delta t} \right),$$
$$= \lim_{\Delta t \to 0} \left( \frac{r_2\, \omega - r_1\, \omega}{\Delta t} \right),$$
$$= \lim_{\Delta t \to 0} \left( \frac{\Delta r}{\Delta t} \cdot \omega \right) = \omega \cdot v'_{rel},$$

mithin beträgt ihre Größe . . . . . . . $b_{cor} = 2 \cdot \omega \cdot v'_{rel}$.

Ihre Richtung erhält man durch Drehen von $v'_{rel}$ um $90^0$ im Sinne von $\omega$. In Vektorform ist also $b_{cor} = 2\,[\omega \cdot \mathfrak{v}_{rel}]$.

Weg: $\qquad\qquad d\mathfrak{s}_{abs} = d\mathfrak{s}_{fahrzg} + d\mathfrak{s}_{rel}$,

Geschwindigkeit: $\quad \mathfrak{v}_{abs} = \mathfrak{v}_{fahrzg} + \mathfrak{v}_{rel}$,

Beschleunigung: $\quad b_{abs} = b_{fahrzg} + b_{rel} + b_{cor}$.

Führt das bewegte Koordinatenkreuz gegenüber dem ruhenden eine reine Drehung aus, so ist die „Fahrzeuggeschwindigkeit" $\mathfrak{v}_f = [\overline{\omega}\, \mathfrak{r}]$ (siehe S. 47) und somit die Absolutgeschwindigkeit

$$\mathfrak{v}_{abs} = \mathfrak{v}_{rel} + [\overline{\omega}\, \mathfrak{r}],$$
$$\frac{d\mathfrak{r}}{dt} = \left( \frac{d\mathfrak{r}}{dt} \right)_{rel} + [\overline{\omega} \cdot \mathfrak{r}],$$

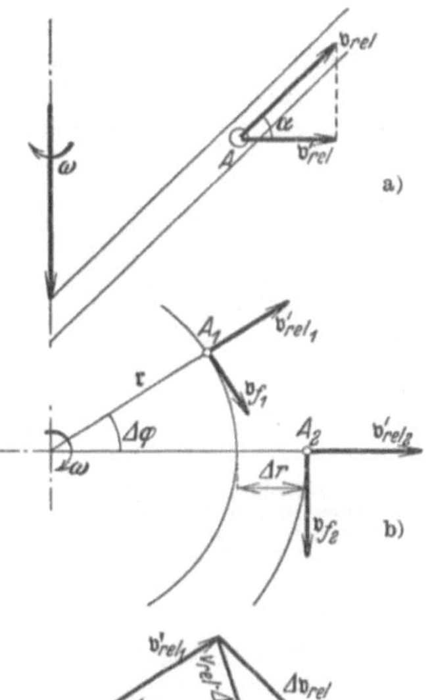

Abb. 104. Relativbewegung einer Kugel in einem sich drehenden Rohr.
a) Aufriß.
b) Grundriß.
c) Drehung des Vektors der Relativgeschwindigkeit durch die halbe Coriolisbeschleunigung.

wobei also $\left( \dfrac{d\mathfrak{r}}{dt} \right)_{rel}$ die Änderung von $\mathfrak{r}$ in bezug auf das bewegte (körperfeste) Koordinatensystem ist.

Der Übergang vom raumfesten Koordinatensystem $xyz$ zum verdrehten körperfesten $\xi \eta \zeta$ erfolgt mit Hilfe der Eulerschen Winkel $\psi,\ \vartheta,\ \varphi$ (siehe Abb. 105).

1. Drehung um die raumfeste $z$-Achse um den Winkel $\psi$.

2. Herauskippen der $\zeta$-Achse aus der $z$-Achse um den Winkel $\vartheta$, d. h. Drehung um die Knotenlinie, das ist die Schnittgerade der $xy$- mit der $\xi \eta$-Ebene, um den Winkel $\vartheta$. Senkrecht auf der Knotenlinie und in der $\xi \eta$-Ebene liegt die Querachse. Sie steht also auch auf der $\zeta$-Achse senkrecht. Die Richtung dieser Achsen ist so zu wählen, daß Knotenlinie, Querachse und $\zeta$-Achse wie $xyz$ und $\xi \eta \zeta$ ein rechts-/links- händiges Koordinatensystem bilden.

3. Drehung um die körperfeste Achse $\zeta$ — auch Figurenachse genannt — um den Winkel $\varphi$.

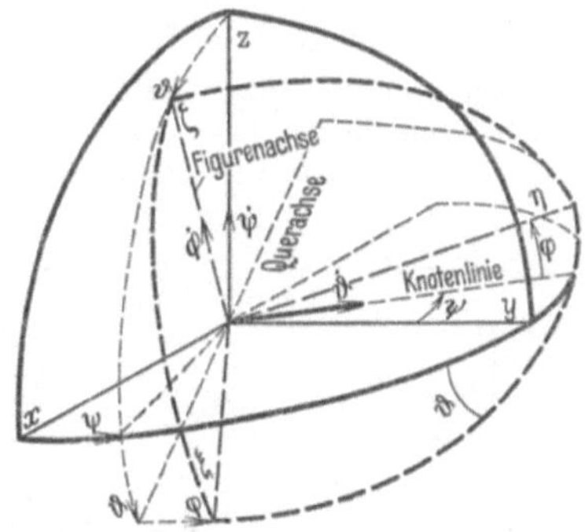

Abb. 105. Die Eulerschen Winkel $\psi,\ \vartheta,\ \varphi$ beim Übergang vom raumfesten Koordinatensystem $xyz$ zum körperfesten $\xi \eta \zeta$.

Sind die Winkelgeschwindigkeiten $\dot\psi,\ \dot\vartheta$ und $\dot\varphi$ gegeben, so sind die Komponenten in Richtung der körperfesten Achsen $\xi \eta \zeta$:

$$\omega_\xi = -\dot\psi \cdot \sin \vartheta \cdot \cos \varphi + \dot\vartheta \sin \varphi,$$
$$\omega_\eta = +\dot\psi \cdot \sin \vartheta \cdot \sin \varphi + \dot\vartheta \cdot \cos \varphi,$$
$$\omega_\zeta = +\dot\psi \cdot \cos \vartheta + \dot\varphi$$

und der resultierende Vektor der Winkelgeschwindigkeit ist:

$$\omega^2 = \omega_\xi^2 + \omega_\eta^2 + \omega_\zeta^2 = \dot\vartheta^2 + \dot\psi^2 + \dot\varphi^2 + 2\,\dot\varphi\,\dot\psi \cdot \cos \vartheta.$$

Merkregel für die Beschleunigung in Polarkoordinaten (siehe S. 52): Man fasse die Bewegung des Aufpunktes als Zusammensetzung aus einer Fahrzeug- und einer Relativbewegung auf (siehe Abb. 106); z. B. Laufkatze auf Drehkran. Fahrzeug = Drehkran führt Kreisbewegung, Laufkatze führt Relativbewegung in Radialrichtung aus.

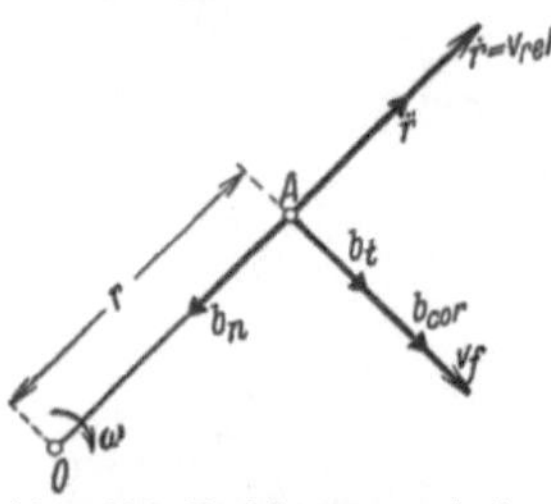

Abb. 106. Beziehungen zwischen den Beschleunigungskomponenten in Polarkoordinaten und der Relativbewegung.

Fahrzeugbewegung:
$$\mathfrak{b}_f = \mathfrak{b}_n + \mathfrak{b}_t .$$
$$b_n = - v_{f/r}^2 = - r \cdot \omega^2 ,$$
$$b_t = \frac{d v_f}{d t} = r \cdot \varepsilon .$$

Relativbewegung:
$$\mathfrak{b}_{rel} = \ddot{r} ,$$
$$b_{cor} = 2 \cdot \dot{r} \cdot \omega = 2 \cdot v_r \cdot \omega .$$

Absolutbewegung:
$$\mathfrak{b}_{abs} = \mathfrak{b}_f + \mathfrak{b}_{rel} + \mathfrak{b}_{cor} ,$$
$$\mathfrak{b}_{abs} = \mathfrak{b}_\varphi + \mathfrak{b}_r .$$

Umfangsbeschleunigung:  $b_\varphi = b_t + b_{cor} = r \cdot \varepsilon + 2 \cdot \omega \cdot v_r ,$

Radialbeschleunigung:  $b_r = \ddot{r} - r \cdot \omega^2 .$

# V. Darstellung von Bewegungsvorgängen.

## 1. Allgemeines.

### a) Bahn.

Sie ist eine rein geometrische Darstellung (ohne Beachten der Zeit) des von einem Punkte in der Ebene oder allgemein im Raum zurückgelegten Weges.

Kartesische Koordinaten: Wegkomponenten $x, y, z$
Polarkoordinaten: Fahrstrahl, Seiten- und Höhenwinkel $r, \varphi, \psi$    } (siehe S. 2).
Zylinderkoordinaten: Grundkreisradius, Höhe, Seitenwinkel $r, h, \varphi$

### b) Bewegungsverhältnisse.

Beziehungen zwischen Weg, Geschwindigkeit und Beschleunigung unter Vermittelung der Zeit, des Weges oder der Geschwindigkeit.

Schaubilder: Weg — Zeit-Diagramm,        Geschwindigkeit — Weg-Diagramm
Geschwindigkeit — Zeit-        ,,        Beschleunigung — Weg-        ,,
Beschleunigung — Zeit-        ,,        Beschleunig. — Geschwindigk.-Diagramm.

### c) Hodograf.

Verbindungslinie der von einem Pol $o$ aus aufgetragenen Geschwindigkeiten eines Massenpunktes an verschiedenen Bahnpunkten.

[Z. B. $\mathfrak{v}_A = \overline{oa}$ ; $\mathfrak{v}_B = \overline{ob}$; $\mathfrak{v}_C = \overline{oc}$; $\mathfrak{v}_D = \overline{od}$; $\mathfrak{v}_E = \overline{oe} = 0$ .]

Die Tangente an den Hodografen gibt die Richtung der Geschwindigkeitsänderung $d\mathfrak{v}$, also die Richtung der Beschleunigung an (siehe Abb. 107).

1. Tangiert der Geschwindigkeitsvektor den Hodografen, so liegen Geschwindigkeit und Beschleunigung in der gleichen Richtung, d. h.

$$b_{ges} = b_t = \frac{d v}{d t} ,$$
$$b_n = 0; \quad \varrho = \infty ;$$

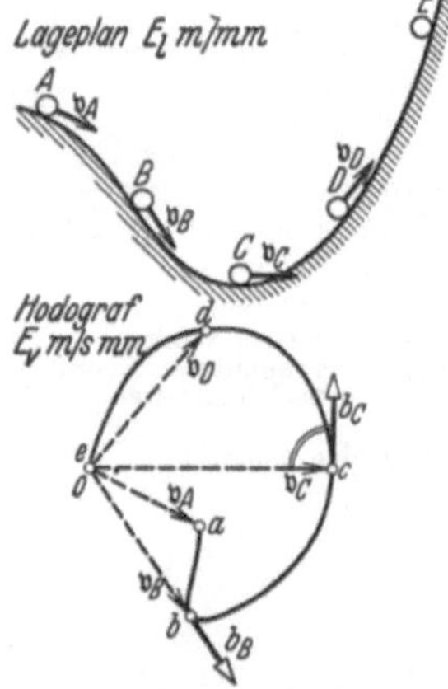


Abb. 107. Hodograf einer Bewegung.

Wendepunkt in der Bahn (z. B. bei $B$).

2. Steht der Geschwindigkeitsvektor senkrecht auf dem Hodografen, so ist die Größenänderung der Geschwindigkeit 0 und nur eine Richtungsänderung vorhanden. $v = v_{max}$
oder $v_{min}$.

$$\left(\text{Z. B. bei } C;\ \mathfrak{v}_c = \overline{oc} \perp b_c;\ b_{tc} = 0;\ b_{ges\,c} \equiv b_{n\,c} = \frac{v_c^2}{\varrho}.\right)$$

3. Geht der Hodograf durch den Pol $o$, so ist die Geschwindigkeit null, d. h. in der Bahn
liegt ein Umkehrpunkt (z. B. bei $E$; $\mathfrak{v}_E = \overline{oe} = 0$).

## 2. Verlauf der Kurven abhängig von der Zeit.

Beachte die Beziehungen und vergleiche sie mit der Statik (S. 32):

| | |
|---|---|
| Weg $\quad\quad s$, | Moment $\quad \mathfrak{M}$ |
| Geschwindigkeit $v = \dfrac{ds}{dt}$, | Querkraft $\quad Q = \dfrac{d\mathfrak{M}}{dx}$, |
| Beschleunigung $b = \dfrac{dv}{dt} = \dfrac{d^2s}{dt^2}$, | Belastung $\quad q = -\dfrac{dQ}{dx} = -\dfrac{d^2\mathfrak{M}}{dx^2}$, |

oder in der Reihenfolge:

| | |
|---|---|
| Beschleunigung $b$ | Belastung $q$ |
| Geschwindigkeit $v = \int b \cdot dt + C_1$, | Querkraft $Q = -\int q \cdot dx + C_1$, |
| Weg $\quad\quad s = \int v \cdot dt + C_2$ | Moment $\mathfrak{M} = +\int Q\, dx + C_2$ |
| $= \int\int b \cdot dt \cdot dt$ | $= -\int\int q \cdot dx\, dx$ |
| $+ C_1 \cdot t + C_2$. | $+ C_1 \cdot x + C_2$. |

| Weg — Zeit<br>$s \quad - \quad t$ | Geschwindigkeit — Zeit<br>$v \quad\quad - \quad t$ | Beschleunigung — Zeit<br>$b \quad\quad - \quad t$ |
|---|---|---|
| horizontale Gerade | 0 ↖ ↗ 0 | |
| | ↘ (Ruhezustand) ↗ | |
| geneigte Gerade | horizontale Gerade (gleich-<br>förmige Bewegung) | 0 |
| Parabel 2. Ordnung | geneigte Gerade | horizontale Gerade (gleich-<br>förmig beschleunigte Be-<br>wegung) |
| Größt- oder Kleinstwert | $v = 0$ | — |
| Wendepunkt | Größt- oder Kleinstwert | $b = 0$ |
| — | Wendepunkt | Größt- oder Kleinstwert |
| Knick | Sprung | kurzzeitige Beschleunigung<br>(Stoß auf den Körper vgl.<br>Statik — Einzellast) |
| tangentialer Übergang zwi-<br>schen 2 Kurven | Knick | Sprung |
| Übergang höherer Ordnung | tangentialer Übergang | Knick |

## 3. Die Zeit als Parameter[1].

### a) Weg — Zeit $= s - t$-Kurve gegeben (siehe Abb. 108).

Sie ist nicht mit der Bahnkurve $s = f(x, y, z)$ zu verwechseln (siehe S. 58).
Geschwindigkeit:

Differentiation von $s - t$ ergibt $\quad v = \dfrac{ds}{dt}$ Steigung der $s - t$-Kurve.

Beschleunigung:

Differentiation $\quad,,\quad v - t\quad,,\quad b_t = \dfrac{dv}{dt}\quad,,\quad\quad,,\quad v - t\quad,,$

---

[1] Differentiations- und Integrationsmethoden siehe S. 7ff.

Die Gesamtbeschleunigung ist $\mathfrak{b}_{ges} = \mathfrak{b}_n + \mathfrak{b}_t$, wobei nur die Tangentialbeschleunigung $\mathfrak{b}_t = \dfrac{dv}{dt}$ aus dem $s-t$- bzw. $v-t$-Diagramm bestimmt werden kann. Die Normalbeschleunigung ist, wenn $\varrho$ den Krümmungsradius der Bahn bezeichnet: $\mathfrak{b}_n = \dfrac{v^2}{\varrho}$, d. h. $v$ ist die Höhe im rechtwinkeligen Dreieck mit den Hypothenusenstücken $\mathfrak{b}_n$ und $\varrho$ (siehe Abb. 109). Für die Maßstäbe erhält man aus $V^2 = B_n \cdot R$ und

$$v^2 = b_n \cdot \varrho$$

$$\frac{v^2}{V^2} = \frac{b_n}{B_n} \cdot \frac{\varrho}{R} \quad \text{den Wert}$$

$E_v = \sqrt{E_b \cdot E_\varrho}$. (Betreffs der Maßstabberechnung siehe S. 8.)

Im Punkte $A$, d. h. zur Zeit $t = 0$ (siehe Abb. 108) ist der Weg $s = 0$, aber Geschwindigkeit und Beschleunigung sind ungleich null. Im Punkte $B$ ist die Beschleunigung $b = 0$, d. h. die Geschwindigkeit hat einen Extremwert erreicht

$$\left( b = \frac{d v_{\substack{max \\ min}}}{dt} = 0 \right).$$

Im Punkte $D$, d. h. zur Zeit $t = 9$ sec ist der größte Weg zurückgelegt, der Körper bewegt sich auf seiner Bahn

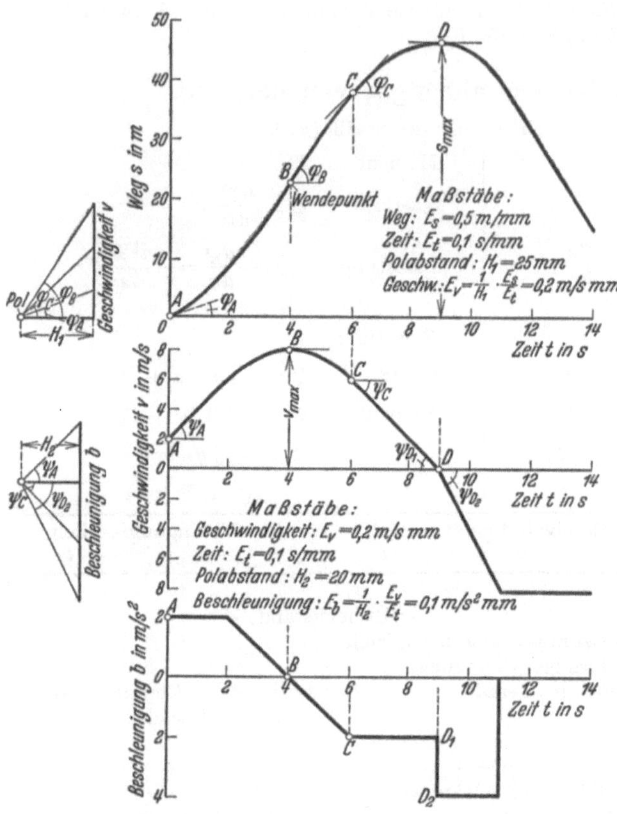

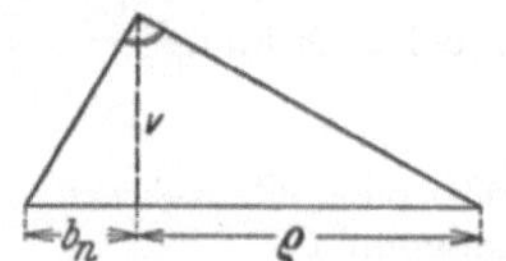



Abb. 108. Bestimmen der Geschwindigkeit und Beschleunigung aus der Weg — Zeit-Kurve durch Differentiation.

Abb. 109. Bestimmen der Normalbeschleunigung aus Geschwindigkeit und Krümmungsradius.

dem Ausgangsorte wieder zu, die Geschwindigkeit kehrt ihr Vorzeichen um. Die Beschleunigung ändert sprunghaft ihren Wert, infolgedessen findet man in der Geschwindigkeit — Zeit-Kurve (Integralkurve oder Beschleunigungskurve) einen Knick. Den weiteren Verlauf der Kurven verfolgt man unter Beachten des auf S. 59 Gesagten.

### b) Geschwindigkeit — Zeit = $v - t$-Kurve gegeben.

Beschleunigung:

    Differentiation von $v - t$ ergibt $b_t = \dfrac{dv}{dt}$      Steigung der $v - t$-Kurve.

Weg:

    Integration    ,,   $v - t$   ,,   $s - s_0 = \int v \cdot dt$      Fläche unter $v - t$-Kurve.

Maßstäbe:   gegeben:     $E_v$ m s$^{-1}$/mm ,    $E_t$ s/mm ,

          gewählt:     Polabstände $H_1$,   $H_2$ mm ,

          berechnet:   $E_b = \dfrac{1}{H_1} \cdot \dfrac{E_v}{E_t}$ m s$^{-2}$/mm ,

$$E_s = H_2 \cdot E_v \cdot E_t \ \text{m/mm} .$$

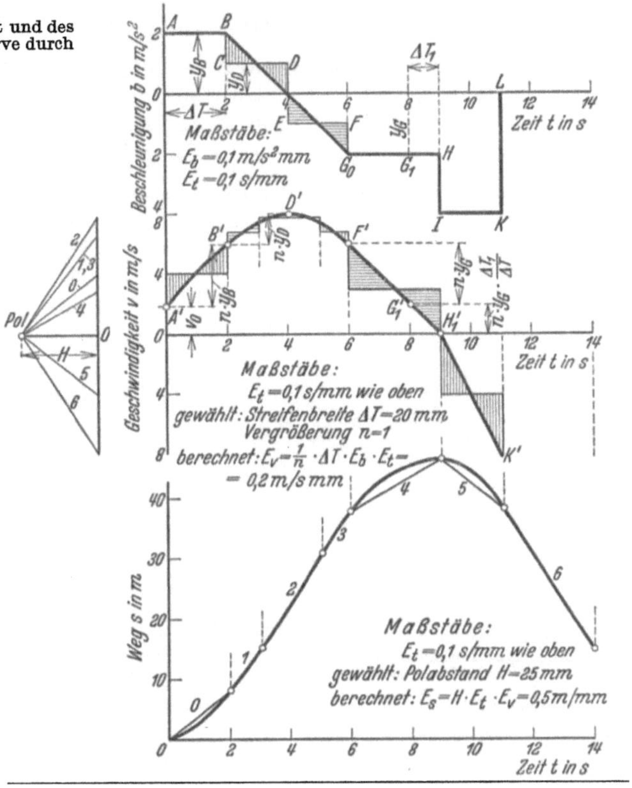

Abb. 110. Bestimmen der Geschwindigkeit und des Weges aus der Beschleunigungs — Zeit-Kurve durch Integration.

## c) Beschleunigung — Zeit = $b - t$-Kurve gegeben.

(Siehe Abb. 110 u. 111.)

Geschwindigkeit:

Integration von $b - t$ ergibt
$$v - v_0 = \int b \cdot dt.$$

Weg:

Integration von $v - t$ ergibt
$$s - s_0 = \int v \cdot dt$$
oder doppelte Integration von $b - t$
ergibt $s - s_0 = \int\int b \cdot dt + v_0 \cdot t.$

In Abb. 110 ist die Geschwindigkeit — Zeit-Kurve durch Integration der Beschleunigung — Zeit-Kurve nach dem Ordinatenverfahren (siehe S. 9) bestimmt worden. Dabei wurde der Schritt (die Streifenbreite) zu $\Delta t = 2$ sec bzw. $\Delta T = 20$ mm gewählt und im Streifen $G_1 H$ in $\Delta t_1 = 1$ sec bzw. $\Delta T_1 = \frac{1}{2} \Delta T = 10$ mm geändert. Dementsprechend wechselt die Vergrößerung der Ordinaten von $n = 1$ auf $n_1 = n \cdot \dfrac{\Delta T_1}{\Delta T} = \dfrac{1}{2}.$

Die Weg — Zeit-Kurve wurde aus der eben gefundenen Geschwindigkeit — Zeit-Kurve durch abermalige Integration, diesmal nach dem Sehnenverfahren (siehe S. 10) bestimmt.

In Abb. 111 ist die Weg — Zeit-Kurve durch doppelte Integration mit Hilfe des Seilecks (siehe S. 11) bestimmt worden.

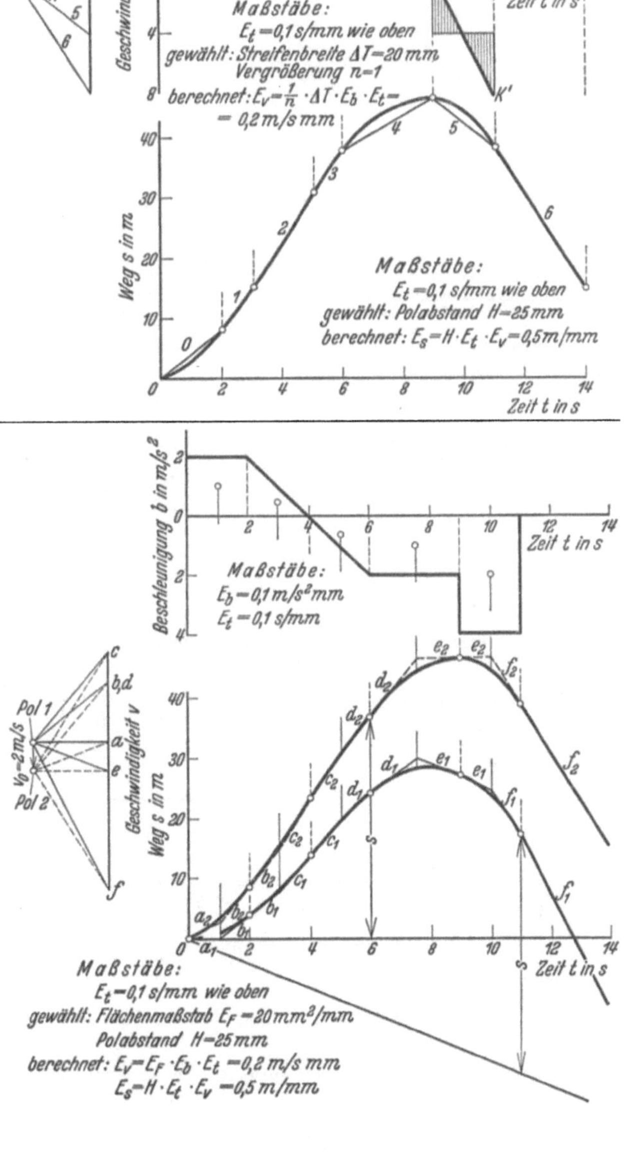


Abb. 111. Bestimmen des Weges aus der Beschleunigungs — Zeit-Kurve durch sofortige zweimalige Integration mit Hilfe des Seilecks.

# 4. Der Weg als Parameter.

## a) Geschwindigkeit — Weg = $v$ — s-Kurve gegeben.

Beschleunigung:

$$b = \frac{dv}{dt} = \frac{dv}{ds} \cdot \frac{ds}{dt} = v \cdot \frac{dv}{ds} = v \cdot \operatorname{tg} \chi,$$

d. h. $b$ ist die Subnormale der $v - s$-Kurve (siehe Abb. 112). Liegt die Beschleunigung $\genfrac{}{}{0pt}{}{\text{links}}{\text{rechts}}$ von der $v$-Ordinate, so ist $b \lessgtr 0$.

Maßstabberechnung:

Aus der Konstruktion folgt:

$$B = V \cdot \frac{dV}{dS},$$

ferner ist

$$b = v \cdot \frac{dv}{ds},$$

mithin verhält sich

$$\frac{b}{B} = \frac{v}{V} \cdot \frac{dv}{dV} \cdot \frac{dS}{ds},$$

d. h.

$$E_b = E_V^2 \cdot \frac{1}{E_s}\ \text{m/s}^2\,\text{mm}.$$

Die Normale in den einzelnen Kurvenpunkten läßt sich mit Hilfe eines Spiegellineals gut und schnell zeichnen.

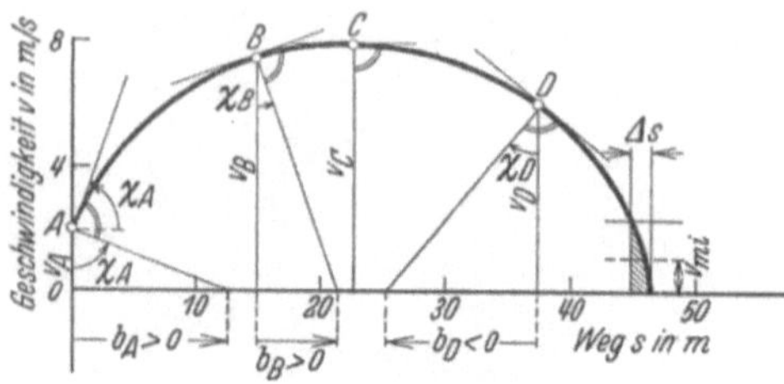

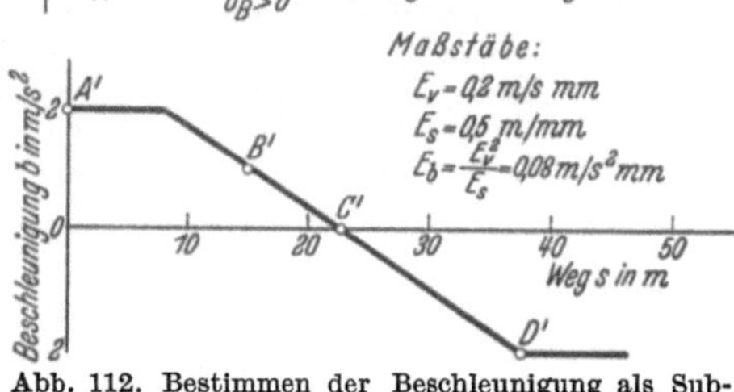

Abb. 112. Bestimmen der Beschleunigung als Subnormale der Geschwindigkeit — Weg-Kurve.

Zeit:

$v - s$-Kurve durch flächengleiche Treppenkurve ersetzen, Schritt $\Delta S$ beliebig, Pol wählen, Polstrahlen ($1, 2, 3, 4 \ldots$ siehe Abb. 113) und im Gebiet des dazu gehörigen Streifens der Treppenkurve die Senkrechten ($1', 2', 3', 4', 5' \ldots$) zu den Polstrahlen ziehen. Die Schnittpunkte ($OABCDEFGH$) sind Punkte der gesuchten $t - s$-Kurve (vgl. Sehnenverfahren S. 10, entsprechend läßt sich auch das Tangentenverfahren durch Wahl der Schritte $\Delta V$ anwenden, siehe S. 10).

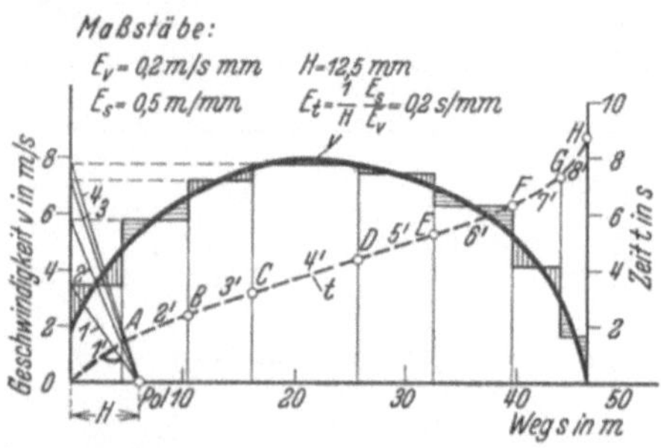

Abb. 113. Bestimmen der Zeit aus der Geschwindigkeit — Weg-Kurve.

Aus ähnlichen Dreiecken folgt

$$\frac{V}{H} = \frac{\Delta S}{\Delta T},$$

ferner ist

$$v = \frac{\Delta s}{\Delta t},$$

also ist

$$E_v = \frac{E_s}{E_t} \cdot \frac{1}{H}; \quad \text{d. h.}\quad E_t = \frac{E_s}{E_v}\frac{1}{H}.$$

Oder: Aus $v = \dfrac{ds}{dt}$ folgt $t = \int \dfrac{1}{v}\,ds$.

In Abb. 114 ist die Integration von $\dfrac{1}{v} - s$ nach dem Tangentenverfahren durchgeführt (siehe S. 10).

Ist an einer Stelle $v = 0$, also $\dfrac{1}{v} = \infty$, so wird das dem Wegelement $\Delta s$ entsprechende Zeitelement rechnerisch bestimmt zu $\Delta t = \dfrac{\Delta s}{v_{mittel}}$.

## Beschleunigung und Geschwindigkeit abhängig von der Zeit.

Die $b-t$ und $v-t$-Kurven folgen aus der gegebenen bzw. den nach Obigem bestimmten Kurven $v-s$, $b-s$ und $t-s$, indem zu gleichen Wegen $s$ die Beschleunigungs-, Geschwin-

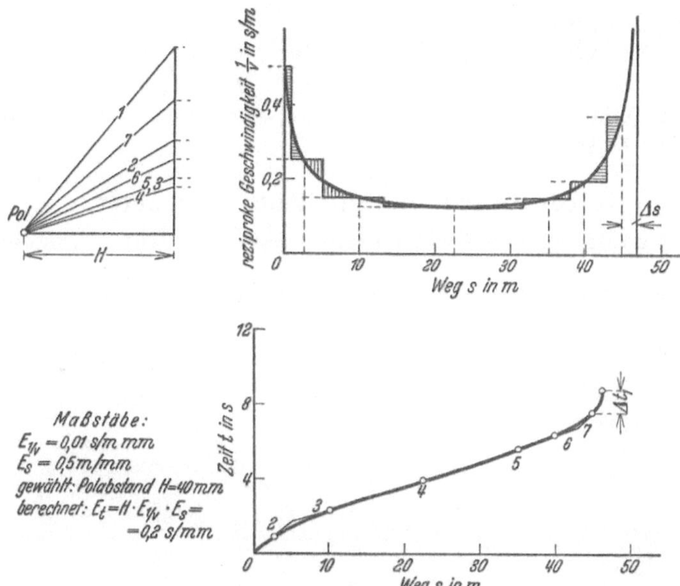



Abb. 114. Bestimmen der Zeit aus der reziproken Geschwindigkeit — Weg-Kurve.

digkeits- und Zeitwerte abgegriffen und in neuen Diagrammen abhängig von der Zeit aufgetragen werden.

## b) Beschleunigung — Weg = $b-s$-Kurve gegeben.

Geschwindigkeit:

Aus $b=\dfrac{dv}{dt}$ folgt nach Multiplikation mit $ds$ durch Integration

$$\int b\cdot ds=\int \frac{dv}{dt}\cdot ds=\int v\,dv=\frac{1}{2}(v^2-v_0^2)=\text{kinetische Energie der Masseneinheit}$$
$$\text{(vgl. Arbeitssatz S. 96).}$$

Durch Integration der $b-s$-Kurve findet man also die Kurve $\dfrac{v^2}{2}-s$ (siehe Abb. 115). Bringt man statt der Regelteilung für $v^2/2$ eine Wurzelteilung für $v$ an, so kann man die Geschwindigkeit der Kurve entnehmen. Die weiteren Kurven folgen unter Benutzen dieser $v-s$-Beziehung (vgl. S. 62). Allerdings muß die Geschwindigkeitskurve erst in eine solche mit regelmäßiger Teilung umgezeichnet werden. Von der Teilung $v^2/2$ kann man auch noch bequem mittels Division

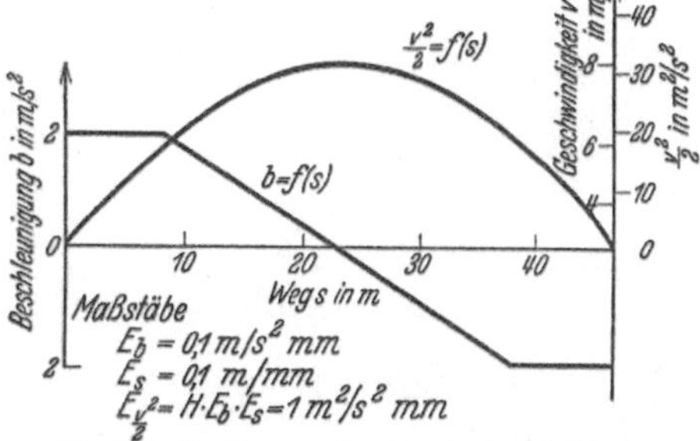



Abb. 115. Bestimmen der Geschwindigkeit aus der Beschleunigung — Zeit-Kurve durch Integration.

durch die Erdbeschleunigung $g=9{,}81\approx 10$ m/s² zu einer Teilung in Geschwindigkeitshöhen $v^2/2\,g$ [m] übergehen.

### c) Geschwindigkeitshöhe — Weg $= \dfrac{v^2}{2g}$ — s-Kurve gegeben.

Beschleunigung:

Durch Differentiation folgt:

$$\frac{d\left(\dfrac{v^2}{2g}\right)}{ds} = \frac{v}{g}\cdot\frac{dv}{ds} = \frac{1}{g}\cdot\frac{ds}{dt}\cdot\frac{dv}{ds} = \frac{1}{g}\cdot\frac{dv}{dt} = \frac{1}{g}\cdot b,$$

d. h. also durch Differentiation (siehe S. 7 ff.) erhält man die $b - s$-Kurve, die nach Abschnitt 4b weiter zu behandeln ist.

## 5. Die Geschwindigkeit als Parameter.

### Beschleunigung — Geschwindigkeit $= b - v$-Kurve gegeben.

Zeit:

$b - v$-Kurve durch flächengleiche Treppenkurve (siehe Abb. 116, $ABCDEFGH'$)

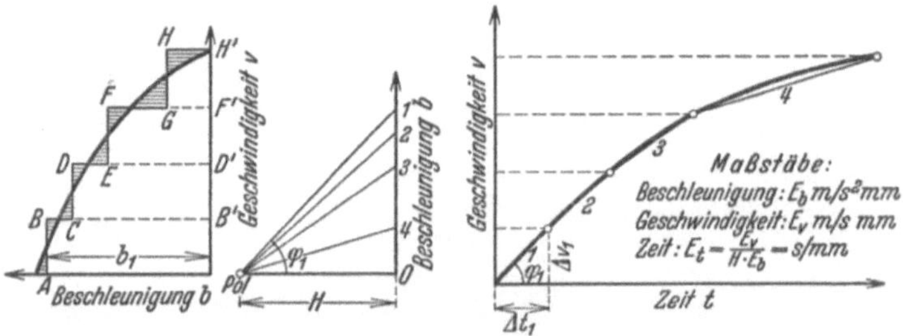


Abb. 116. Bestimmen der Geschwindigkeit — Zeit-Kurve aus der Beschleunigung — Geschwindigkeit-Kurve.

ersetzen, Pol wählen, mittlere Beschleunigungen (Rechteckhöhen $B'B \equiv 01, D'D \equiv 02$ usw.) abtragen, Polstrahlen und Parallelen dazu im jeweiligen Geschwindigkeitsbereich ziehen. Es ist

$$\operatorname{tg}\varphi = \frac{B}{H} = \frac{\varDelta V}{\varDelta T},$$

$$b = \frac{\varDelta v}{\varDelta t},$$

also    $$\frac{b}{B} = \frac{1}{H}\cdot\frac{\varDelta v}{\varDelta V}\cdot\frac{\varDelta T}{\varDelta t}, \quad\text{d. h.}\quad E_b = \frac{1}{H}\cdot E_v\cdot\frac{1}{E_t}$$

oder    $$E_t = \frac{1}{H}\cdot\frac{E_v}{E_b}.$$

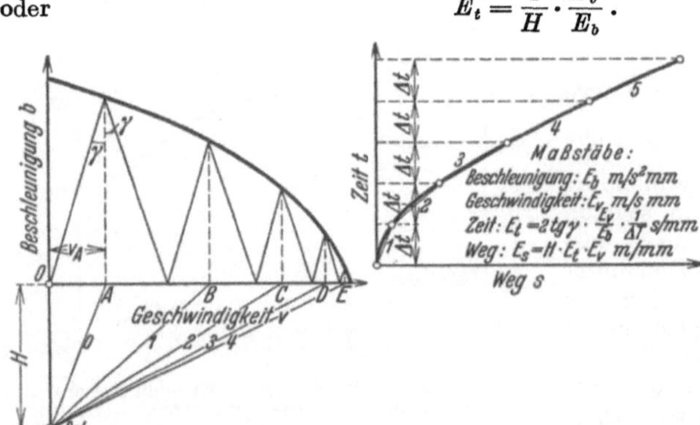


Abb. 117. Bestimmen der Weg — Zeit-Kurve aus der Beschleunigung — Geschwindigkeit-Kurve.

Oder:

Zickzacklinie mit konst. Spitzenwinkel $2\gamma$ zeichnen und Anzahl der Dreiecke zählen (siehe Abb. 117). Es ist nämlich

$$2\cdot\operatorname{tg}\gamma = \frac{\varDelta V}{B_{mittel}} = \frac{\varDelta v\cdot\dfrac{1}{E_v}}{b\cdot\dfrac{1}{E_b}}$$

$$= \frac{\varDelta v\cdot E_b}{\dfrac{\varDelta v}{\varDelta t}\cdot E_v} = \varDelta t\cdot\frac{E_b}{E_v};$$

d. h. die Anzahl der Dreiecke

gibt mit $2 \cdot \operatorname{tg} \gamma \cdot \dfrac{E_v}{E_b}$ multipliziert die Zeit zum Erreichen der durch den jeweils letzten Dreiecksfußpunkt dargestellten Geschwindigkeit an.

Weg:

Pol auf negativer $b$-Achse im Abstande $H$ vom Ursprung $O$ wählen, Polstrahlen $(0, 1, 2, 3, 4 \ldots$, siehe Abb. 117) zu den mittleren Geschwindigkeiten (Fußpunkte $ABCDE$ der Dreieckshöhen) und Parallelen dazu für das jeweilige Zeitintervall $\varDelta t = 2 \cdot \operatorname{tg} \gamma \cdot \dfrac{E_v}{E_b}$ im $t - s$-Diagramm ziehen. Es ist dann:

$$\frac{\varDelta S}{\varDelta T} = \frac{V_{mittel}}{H} \quad \text{und} \quad \frac{\varDelta s}{\varDelta t} = v_{mittel},$$

d. h.

$$\frac{\varDelta s}{\varDelta S} \cdot \frac{\varDelta T}{\varDelta t} = \frac{v_{mi}}{V_{mi}} \cdot H, \quad \text{mithin} \quad E_s = E_t \cdot E_v \cdot H.$$

Oder:

Aus $ds = v \cdot dt = v \cdot \dfrac{dv}{dv} \cdot dt = v \cdot \dfrac{1}{b} \cdot dv$ folgt

durch Integration der $\dfrac{v}{b}$-Kurve: $s - s_0 = \int \dfrac{v}{b} \cdot dv$.

Konstruktion der $\dfrac{v}{b}$-Kurve: Strahlen aus dem Ursprung $(OA, OB, OC,$ siehe Abb. 118) schneiden auf einer Parallelen zur $v$-Achse im Abstande $H$ die zum jeweiligen Schnittpunkt des Strahles mit der $b - v$-Kurve gehörenden Werte $\dfrac{v}{b}$ ab.

$$\left( PD \sim \frac{v_A}{b_A}, \quad PE \sim \frac{v_B}{b_B}, \quad PC \sim \frac{v_C}{b_C} \text{ usw.} \right),$$

die in den jeweiligen Geschwindigkeitspunkten $(G, H, J \ldots)$ aufgetragen $(GD' = PD, HE' = PE,$ $JF' = PC \ldots)$ die $\dfrac{v}{b}$-Kurve ergeben. Es ist:

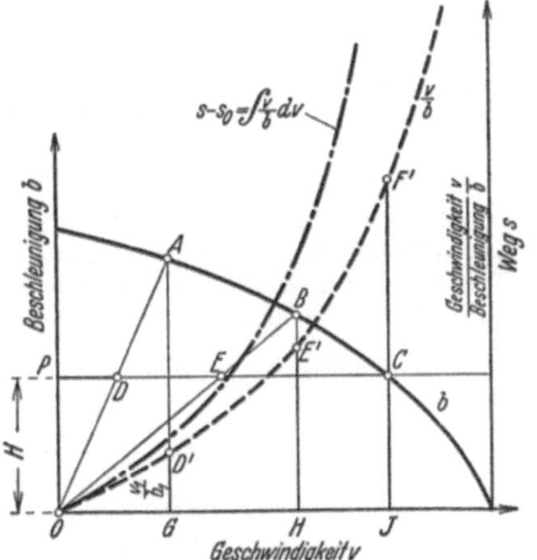


Abb. 118. Bestimmen des Weges aus der Beschleunigung—Geschwindigkeit-Kurve.

$$\frac{PD}{OP} = \frac{OG}{GA} = \frac{(V/B)}{H} = \frac{V}{B} \quad \text{und} \quad \frac{v}{b} = \frac{v}{b},$$

mithin wird:

$$\frac{(v/b)}{(V/B)} = \frac{1}{H} \cdot \frac{v}{b} \cdot \frac{B}{V}, \quad \text{d. h. aber} \quad E_{v/b} = \frac{1}{H} E_v \cdot \frac{1}{E_b}.$$

Wählt man $H$ so, daß $H \cdot E_b = 1; 10; 100$ oder allgemein $10^n$ Einheiten der Beschleunigung wird, so wird $E_{v/b} = 10^{-n} \cdot E_v$, also der Wert von $v/b$ im $10^{-n}$-fachen Geschwindigkeitsmaßstab abgelesen.

## 6. Geschwindigkeitszustand eines Systems.

### a) Geschwindigkeitsplan.

Er gibt den Geschwindigkeitszustand eines Körpers oder Systems in einem bestimmten Augenblick an.

Die absoluten Geschwindigkeiten der einzelnen Systempunkte sind Vektoren vom Pol $0$ aus (siehe Abb. 119 a, b). Die relativen Geschwindigkeiten der einzelnen Systempunkte zueinander sind Vektoren, die die Endpunkte der Absolutgeschwindigkeiten miteinander verbinden. Die Endpunkte der Geschwindigkeitsvektoren bilden eine dem Lageplan ähnliche und um $90^0$ gegen diesen gedrehte Figur $abcd \sim ABCD$.

| Absolutgeschwindigkeiten | Relativgeschwindigkeiten [1] |
|---|---|
| $\mathfrak{v}_A = \overline{oa} \cdot E_v$ in Richtung von $\overline{oa}$ | $\mathfrak{v}_{BA} = \overline{ab} \cdot E_v$ in Richtung von $\overline{ab}$, d.h. $\perp AB$ |
| $\mathfrak{v}_B = \overline{ob} \cdot E_v$ ,,   ,,   ,, $\overline{ob}$ | $\mathfrak{v}_{CB} = \overline{bc} \cdot E_v$ ,,   ,,   ,, $\overline{bc}$   ,, $\perp BC$ |
| $\mathfrak{v}_C = \overline{oc} \cdot E_v$ ,,   ,,   ,, $\overline{oc}$ | . . . . . . . . . . . . . . . |
| $\mathfrak{v}_D = \overline{od} \cdot E_v$ ,,   ,,   ,, $\overline{od}$ | usw. |

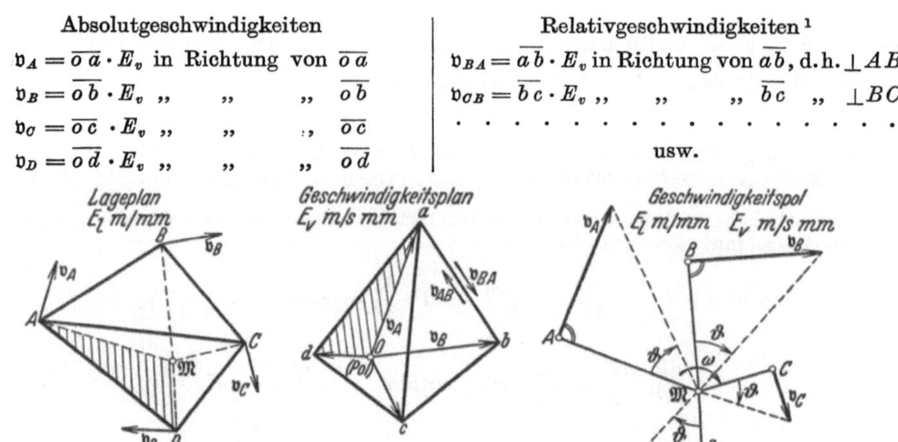

Abb. 119. Bestimmen des Geschwindigkeitszustandes eines Systems (a) mit Hilfe des Geschwindigkeitsplanes (b) oder des Geschwindigkeitspoles (c).

## b) Geschwindigkeitspol = Momentanpol = $\mathfrak{M}$.

Er ist der augenblickliche Drehpunkt des Systems und liegt auf den Senkrechten zu den augenblicklichen Geschwindigkeiten. Diese sind den Abständen vom Momentanpol verhältig. Der Momentanpol $\mathfrak{M}$ im Lageplan entspricht dem Pole $0$ des Geschwindigkeitsplanes. Z. B. $\triangle A\mathfrak{M}D \sim \triangle aod$ (siehe Abb. 119a, b).

Absolutgeschwindigkeiten (siehe Abb. 119c):

$$\mathfrak{v}_A = [\overline{AM} \cdot \overline{\omega}] \text{ steht senkrecht auf } AM,$$
$$\mathfrak{v}_B = [\overline{BM} \cdot \overline{\omega}] \quad ,, \qquad ,, \qquad ,, \; BM,$$
$$\mathfrak{v}_C = [\overline{CM} \cdot \overline{\omega}] \quad ,, \qquad ,, \qquad ,, \; CM,$$
$$\mathfrak{v}_D = [\overline{DM} \cdot \overline{\omega}] \quad ,, \qquad ,, \qquad ,, \; DM,$$

$$\text{tg } \vartheta = \omega \cdot \frac{E_v}{E_l}.$$

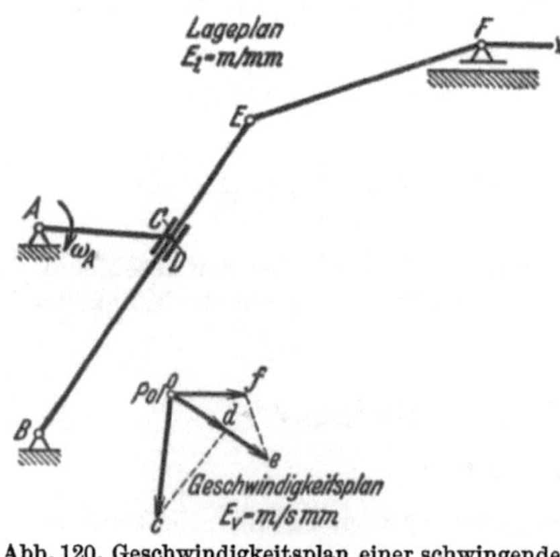

Abb. 120. Geschwindigkeitsplan einer schwingenden Kurbelschleife.

## 7. Bestimmen des Geschwindigkeitszustandes eines Systems.

### (Schwingende Kurbelschleife.)

### a) Mit Hilfe des Geschwindigkeitsplanes.

Gegeben: Winkelgeschwindigkeit $\omega$ der Kurbel $AC$, d. h. Absolutgeschwindigkeit $\mathfrak{v}_c$ der Hülse.

Gesucht: Schlittengeschwindigkeit $v_F$.

Pol $0$ des Geschwindigkeitsplanes wählen, bekannte Länge $\overline{oc} = \dfrac{\mathfrak{v}_c}{E_v} = \dfrac{[\overline{CA} \cdot \overline{\omega}]}{E_v}$ auftragen (siehe Abb. 120).

---

[1] Erster Index gibt den betrachteten Punkt an, zweiter den Bezugspunkt.

Z. B. $\mathfrak{v}_{BA}$ = Geschwindigkeit von $B$ relativ zu $A$,
$\qquad \mathfrak{v}_{AB} =$ ,,   ,, $A$ ,,   ,, $B$,
$\qquad \mathfrak{v}_{BA} = - \mathfrak{v}_{AB}$.

1. Geschwindigkeit des Punktes $D$; $\mathfrak{v}_D = ?$
$D =$ Punkt der Schwinge $BE$ in der Hülse $C$.

Es ist
$$\mathfrak{v}_C \quad = \quad \mathfrak{v}_D \quad + \quad \mathfrak{v}_{CD}$$
Absolut- = Fahrzeug- + Relativ-Geschwindigkeit.

$\mathfrak{v}_D \perp BD$, da Drehung um $B$; d. h. $o\,d \perp BD$ $\left.\right\}$ Schnittpunkt $= d$.

$\mathfrak{v}_{CD}$ in Richtung von $BDE$, d. h. $c\,d \parallel BD$

$$\mathfrak{v}_D = \overline{o\,d} \cdot E_v; \qquad \mathfrak{v}_{CD} = \overline{d\,c} \cdot E_v.$$

2. Geschwindigkeit des Punktes $E$; $\mathfrak{v}_E = ?$
$\overline{BDE}$ führt eine Kreisbewegung um $B$ aus, mithin ist:

$$\mathfrak{v}_E = \mathfrak{v}_D \cdot \frac{BE}{BD}, \quad \text{d. h. } \overline{o\,e} = \overline{o\,d} \cdot \frac{BE}{BD}.$$

3. Geschwindigkeit des Punktes $F$; $\mathfrak{v}_F = ?$

$$\mathfrak{v}_F \quad = \mathfrak{v}_E \quad + \quad \mathfrak{v}_{FE}$$
Absolut- = Fahrzeug- + Relativ-Geschwindigkeit.

$\mathfrak{v}_F$ in Richtung der Geradführung; d. h. $o\,f \parallel$ Geradführung, $\mathfrak{v}_{FE} \perp EF$, da sich $F$ relativ zu $E$ auf einem Kreis mit $EF$ als Radius bewegt, d. h. $e\,f \perp EF$. Schnitt von $o\,f$ mit $e\,f$ ist $f$.

$$\mathfrak{v}_F = \overline{o\,f} \cdot E_v; \qquad \mathfrak{v}_{FE} = \overline{e\,f} \cdot E_v.$$

### b) Mit Hilfe der Momentanpole (geklappte Geschwindigkeiten).

Momentanpol von $AC$ ist $A$; mithin ist $v_C = [\overline{CA} \cdot \omega]$, und zwar steht $\mathfrak{v}_C \perp AC$ (siehe Abb. 121).

Momentanpol von $BDE$ ist $B$; mithin steht $\mathfrak{v}_D \perp BD$ und ist der Größe nach gleich der Projektion von $\mathfrak{v}_C$ auf die $\mathfrak{v}_D$-Richtung.

Infolge der Kreisbewegung von $BDE$ um $B$ ist $\mathfrak{v}_E = \mathfrak{v}_D \cdot \dfrac{BE}{BD}$.

Momentanpol $\mathfrak{M}$ von $EF$ liegt 1. auf der Senkrechten zu $\mathfrak{v}_E$ und 2. auf der Senkrechten zu $\mathfrak{v}_F$. Die Richtung von $\mathfrak{v}_F$ ist durch die Geradführung gegeben, die Größe folgt aus $\mathfrak{v}_F = v_E \cdot \dfrac{\mathfrak{M}\,F}{\mathfrak{M}\,E}$.

Zur Konstruktion der Größe von $v_F$ wird $v_E$ auf $\mathfrak{M}\,E$ geklappt, durch den Endpunkt die Parallele zu $EF$ gezogen, die auf $\mathfrak{M}\,F$ die Größe von $v_F$ abschneidet. Diese wird auf die Richtung von $\mathfrak{v}_F$ (Richtung der Geradführung) geklappt. Der Sinn des Pfeiles von $\mathfrak{v}_F$ folgt aus dem Sinne der Winkelgeschwindigkeit um $\mathfrak{M}$, der durch $\mathfrak{v}_E$ bekannt ist.

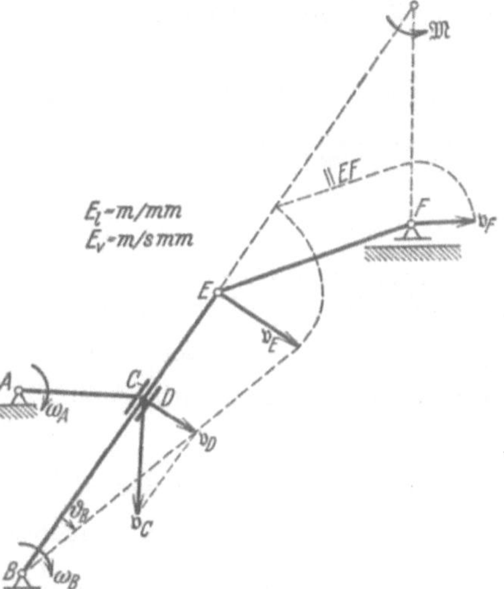


Abb. 121. Momentanpole und Geschwindigkeiten einer schwingenden Kurbelschleife.

## 8. Beschleunigungszustand eines Systems.

### a) Beschleunigungsplan.

Er gibt den Beschleunigungszustand eines Körpers oder Systems in einem bestimmten Augenblick an.

Die absoluten Beschleunigungen der einzelnen Systempunkte sind Vektoren vom Pol $\pi$ aus (siehe Abb. 122 a, b).

Die relativen Beschleunigungen der einzelnen Systempunkte zueinander sind Vektoren, die die Endpunkte der Absolutbeschleunigungen miteinander verbinden. Tritt eine Radienänderung bei der Bahn des betrachteten Punktes ein, so gibt die Verbindungslinie die Resultierende aus $b_{rel} + b_{cor}$ an (siehe S. 57).

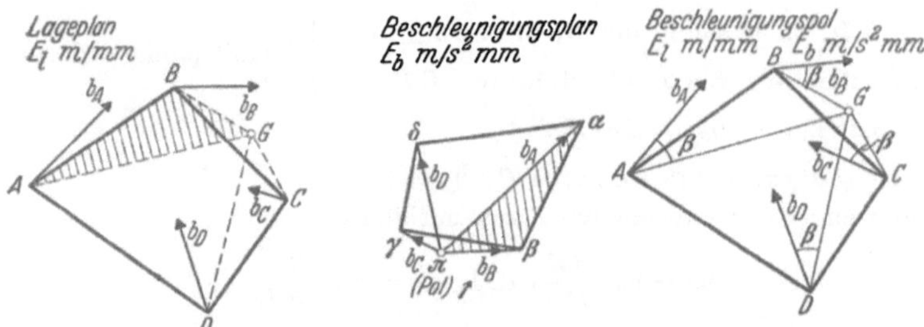

Abb. 122. Bestimmen des Beschleunigungszustandes eines Systems (a) mit Hilfe des Beschleunigungsplanes (b) oder des Beschleunigungspoles (c).

Die Endpunkte des Beschleunigungsplanes bilden eine dem Lageplan ähnliche und um den $\sphericalangle \beta = \operatorname{arc tg} \dfrac{b_t}{b_n} = \operatorname{arc tg} \dfrac{\varepsilon}{\omega^2}$ gedrehte Figur. $\alpha\beta\gamma\delta \sim ABCD$.

| Absolutbeschleunigungen | Relativbeschleunigungen |
|---|---|
| $b_A = \overline{\pi\,\alpha} \cdot E_b$ in Richtung von $\overline{\pi\,\alpha}$, | $b_{BA} = \overline{\alpha\,\beta} \cdot E_b$ in Richtung von $\overline{\alpha\,\beta}$ gegen $AB$ um $\sphericalangle\beta$ geneigt, |
| $b_B = \overline{\pi\,\beta} \cdot E_b$ in Richtung von $\overline{\pi\,\beta}$, | $b_{DB} = \overline{\beta\,\delta} \cdot E_b$ in Richtung von $\overline{\beta\,\delta}$ gegen $BD$ um $\sphericalangle\beta$ geneigt, |
| $b_C = \overline{\pi\,\gamma} \cdot E_b$ in Richtung von $\overline{\pi\,\gamma}$, | . . . . . . . . . . . . . . . |
| $b_D = \overline{\pi\,\delta} \cdot E_b$ in Richtung von $\overline{\pi\,\delta}$, | usw. |

### b) Beschleunigungspol $G$.

Er entspricht im Lageplan dem Pol $\pi$ des Beschleunigungsplanes. Die Beschleunigungen sind den Abständen der betrachteten Punkte vom Beschleunigungspol verhältig und stehen zu diesen Radien unter dem Beschleunigungswinkel $\beta = \operatorname{arc tg} \dfrac{b_t}{b_n} = \operatorname{arc tg} \dfrac{\varepsilon}{\omega^2}$. (Z. B. $b_A \sim GA$; $b_B \sim GB$ usw.; siehe Abb. 122c.)

## 9. Bestimmen des Beschleunigungszustandes eines Systems
### (schwingende Kurbelschleife)
## mit Hilfe des Beschleunigungsplanes.

Gegeben: 1. Winkelgeschwindigkeit $\omega_A$ der Kurbel $AC$.

           2. Winkelbeschleunigung $\varepsilon_A$ der Kurbel $AC$;

d. h. bekannt sind damit auch die Geschwindigkeiten aller Systempunkte (siehe S. 66) und die Beschleunigung $b_C = b_C^n + b_C^t$ der Hülse $C$.

(Normalbeschleunigung $b_C^n = \dfrac{v_C^2}{\overline{AC}}$ nach Krümmungsmittelpunkt $A$ der Hülsenbahn gerichtet; Bestimmung siehe S. 60, Abb. 109. — Tangentialbeschleunigung $b_C^t = [\overline{CA} \cdot \overline{\varepsilon}]$ steht senkrecht auf $AC$.)

Gesucht: Schlittenbeschleunigung $b_F$.

## 1. Beschleunigung des Punktes $D$ der Schwinge $BDE$; $b_D = ?$

Es ist

$$b_C \;=\; b_D \;+\; b_{CD} \;+\; b_{cor}$$

Absolut- = Fahrzeug- + Relativ- + Coriolis-Beschleunigung.

$$b_D = b_D^n + b_D^t,$$

$$b_{CD} = b_{CD}^n + b_{CD}^t.$$

| Beschleunigung | Größe | Richtung |
|---|---|---|
| $b_C$ | gegeben | gegeben |
| $b_D^n$ | $\dfrac{v_D^2}{\overline{BD}}$ | $\parallel BD$ |
| $b_D^t$ | $\dfrac{dv_D}{dt}$ = unbekannt | $\perp BD$ |
| $b_{cD}^n$ | $0$; Krümmung der Relativbahn $= \infty$, weil Geradführung | — |
| $b_{CD}^t$ | $\dfrac{dv_{CD}}{dt}$ = unbekannt | $\parallel BD$ |
| $b_{cor}$ | $2 \cdot \omega_B \cdot v_{CD} = 2 \cdot \dfrac{v_D}{\overline{DB}} \cdot v_{CD}$ | $\perp v_{CD}$ |

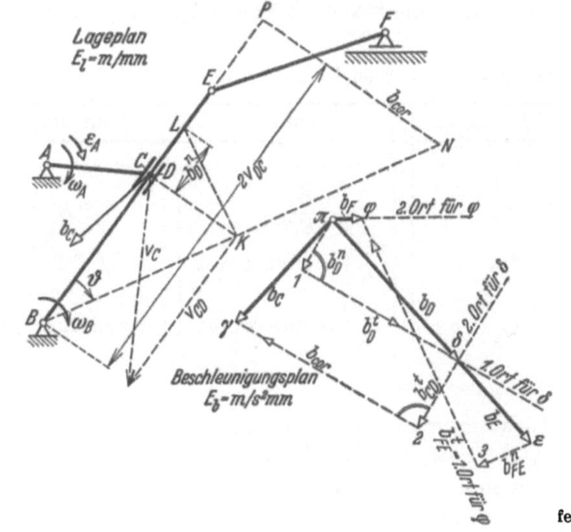


**Konstruktion des Beschleunigungsplanes (siehe Abb. 123).**

$\overline{\pi\gamma} = b_C \cdot \dfrac{1}{E_b}$;   $\overline{\pi 1} = b_D^n \cdot \dfrac{1}{E_b}$ parallel $DB$ ziehen; $b_D$ entweder rechnerisch bestimmen (siehe Tabelle) oder zeichnerisch aus dem rechtwinkeligen Dreieck $BKL$ mit $CK = \dfrac{v_D}{E_v}$ als Höhe und $BD$ und $CL = b_D^n \cdot \dfrac{1}{E_b}$ als Hypothenusenstücken (Maßstäbe $E_l$ m/mm, $E_v$ m/smm, $E_b$ m/s²mm; siehe S. 60); in $1$ die Senkrechte auf $\overline{\pi 1}$ errichten = 1. geom. Ort für den Endpunkt $\delta$ des Beschleunigungsvektors $\overline{\pi\delta} = b_D \cdot \dfrac{1}{E_b}$. $\overline{\gamma 2} = b_{cor} \cdot \dfrac{1}{E_b}$; $b_{cor}$ entweder rechnerisch (siehe Tabelle) oder zeichnerisch (siehe Abb. 123) bestimmen. In $D$

wird $DK = \dfrac{v_D}{E_v}$ auf $BE$ wird $BP = 2 \cdot v_{cD} \cdot \dfrac{1}{E_v}$ aufgetragen, dann erhält man $b_{cor}$ mit Hilfe des Strahlensatzes. Maßstäbe: Gegeben $E_l$ m/mm, gewählt $E_v$ ms$^{-1}$/mm, berechnet $E_b = \dfrac{E_v^2}{E_l}$ ms$^{-2}$/mm. In $2$ eine Senkrechte auf $\overline{\gamma\,2}$ errichten, d. h. eine Linie parallel $BD$, der Richtung der Tangentialbeschleunigung $b_{cD}^t$, ziehen = zweiter geometrischer Ort für $\delta$. Es ist dann $b_D = \overline{\pi\delta} \cdot E_b$. Der Pfeilsinn ist bestimmt durch

$$b_D^n + b_D^t + b_{cD}^t + b_{cor} = b_C,$$

$$\overline{\pi\,1} + \overline{1\,\delta} + \overline{\delta\,2} + \overline{2\,\gamma} = \overline{\pi\,\gamma}.$$

## 2. Beschleunigung des Punktes $E$; $b_E = ?$

$BDE$ dreht sich um den Festpunkt $B$, also ist $b_E = b_D \cdot \dfrac{BE}{BD}$.

Konstruktion:

$$\overline{\pi\,\delta} = b_D \cdot \dfrac{1}{E_b} \text{ verlängern, so daß } \overline{\pi\,\varepsilon} = b_E \cdot \dfrac{1}{E_b} = \overline{\pi\,\delta} \cdot \dfrac{BE}{BD} \text{ wird.}$$

## 3. Beschleunigung des Punktes $F$; $b_F = ?$

$$b_F \quad = \quad b_E \quad + \quad b_{FE} \quad + \quad b_{cor}$$
Absolut- = Fahrzeug- + Relativ- + Coriolis-
Beschleunigung.

$b_E$ ist nach Größe und Richtung bekannt (siehe vorigen Abschnitt 2),
$b_{FE} = b_{FE}^n + b_{FE}^t$,
$b_{cor} = 0$, da der Radius $EF =$ const bleibt.

| Beschleunigung | Größe | Richtung |
|:---:|:---:|:---:|
| $b_E$ | $= \overline{\pi\,\varepsilon} \cdot E_b$   bekannt | |
| $b_{FE}^n$ | $\dfrac{v_{FE}^2}{\overline{EF}}$ | $\parallel FE$ |
| $b_{FE}^t$ | $\dfrac{d\,v_{FE}}{d\,t} =$ unbekannt | $\perp FE$ |
| $b_F$ | $\dfrac{d\,v_F}{d\,t} =$ unbekannt | $\parallel$ Geradführung |

Konstruktion:

$\overline{\varepsilon\,3} = b_{FE}^n \cdot \dfrac{1}{E_b}$ in Richtung von $FE$ zeichnen, in $3$ die Senkrechte auf $\overline{\varepsilon\,3}$ errichten = Richtung von $b_{FE}^t =$ erster geometrischer Ort für $\varphi$. In $\pi$ Parallele zur Geradführung ziehen = Richtung von $b_F =$ zweiter geometrischer Ort für $\varphi$. Es ist dann $b_F = \overline{\pi\varphi} \cdot E_b$.

# D. Kinetik.

Lehre von der beschleunigten Bewegung. Die äußeren Kräfte und Momente sind nicht im Gleichgewicht, sondern sie ergeben eine resultierende Kraft und ein resultierendes Moment, deren Folge eine beschleunigte Bewegung des Körpers ist. Es werden Beziehungen zwischen den Kräften und Momenten, sowie Ort und Zeit aufgestellt.

## I. Vorbemerkung.

Genau wie beim Berechnen der Auflagerkräfte in der Statik (siehe S. 30) ist auch beim Bestimmen der Bewegung eines Massenpunktes oder Systems von Massenpunkten dieses „frei" zu machen, d. h. bei geführten Punkten oder Systemen sind die von der Führung ausgeübten „Führungskräfte"[1] als äußere Kräfte anzusetzen. Zwischen den einzelnen Massenpunkten innerhalb des Systems treten auch noch innere Kräfte auf [z. B. Anziehungskräfte zwischen den einzelnen Massenpunkten (vgl. Planetensystem) oder Oberflächenkräfte (Spannungen, Gas- und Flüssigkeitsdrücke in Hohlräumen des Systems)].

Werden die Massenpunkte oder Systemglieder, zwischen denen innere Kräfte auftreten, voneinander getrennt, so werden für die Teilsysteme die vorhin als innere bezeichneten Kräfte zu äußeren.

Für das ganze System bilden die inneren Kräfte wegen ihres paarweisen Auftretens (Wechselwirkungsgesetz) für sich ein Gleichgewichtssystem ($\sum\limits_{1}^{n} \mathfrak{P}_i = 0 \, ; \; \sum\limits_{1}^{m} \mathfrak{M}_i = \sum\limits_{1}^{m} [\mathfrak{r}_i \cdot \mathfrak{P}_i] = 0$).

Die Bewegung des Körpers kann zerlegt werden in ein Fortschreiten des Schwerpunktes (Translation) und eine Drehung um den Schwerpunkt (Rotation) (siehe Schwerpunktsätze S. 89/93 und Kinematik Abschn. I 1).

## II. Grundbegriffe.

### 1. Massenmomente zweiter Ordnung[2].

Skalare Größe; Dimension: Masse $\times$ Länge$^2$ [kg m s$^2$].

### a) Trägheitsmoment (stets $> 0$).

Definition:
Trägheitsmoment = Summe aller Massenelemente mal Abstand$^2$
von (siehe Abb. 124)
    einem Bezugspunkt (polares Trägheitsmoment);
    einer Bezugsachse (axiales Trägheitsmoment);
    einer Bezugsebene (planares Trägheitsmoment).
Grundfigur: rechtwinkeliges Achsenkreuz $xyz$.

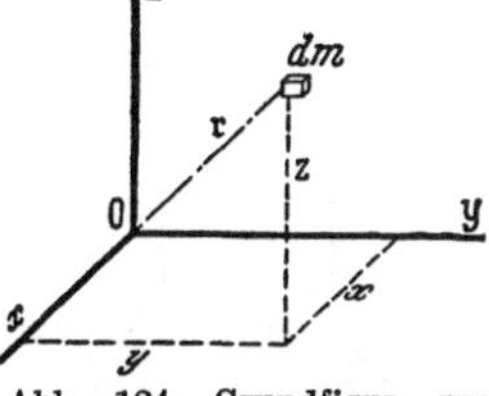


Abb. 124. Grundfigur zur Ableitung der Formeln für die verschiedenen Trägheitsmomente.

---

[1] Senkrecht auf der Führung steht die Normalkraft, in Richtung der Führung liegt die Tangentialkraft. Die Normal-Tangential-kraft ändert die Richtung-Größe der Geschwindigkeit.

[2] Momente erster Ordnung = statische Momente (vgl. Drehmoment = Länge $\times$ Kraft oder Drall = Länge $\times$ Bewegungsgröße, vektorielle Größen.

In der Festigkeitslehre werden auch Flächenträgheitsmomente (Fläche $\times$ Abstand$^2$ benützt. Massen- und Flächenträgheitsmomente sind keine physikalischen Begriffe, sondern nur Zusammenfassungen zur Abkürzung von Formeln.

Grundgleichungen:

polares Trägheitsmoment

| im Raume | in der Ebene ($z = 0$) |
|---|---|
| $J_0 = \int dm\, r^2 = \int dm\,(x^2 + y^2 + z^2),$ | $J_0 = \int dm\,(x^2 + y^2),$ |

axiales Trägheitsmoment

| | |
|---|---|
| $J_x = \int dm\,(y^2 + z^2),$ | $J_x = \int dm\, y^2,$ |
| $J_y = \int dm\,(z^2 + x^2),$ | $J_y = \int dm\, x^2,$ |
| $J_z = \int dm\,(x^2 + y^2),$ | $J_z = \int dm\,(x^2 + y^2) \equiv J_0,$ |

planares Trägheitsmoment

$$J_{xy} = \int dm\, z^2,$$
$$J_{yz} = \int dm\, x^2$$
$$J_{zx} = \int dm\, y^2,$$

Folgerungen:[1]

| Polar = Axial + Planar = $\sum\limits_1^3$ Planar $= \tfrac{1}{2} \cdot \sum\limits_1^3$ Axial | Polar $= \sum\limits_1^2$ Axial |
|---|---|
| $\begin{aligned} J_0 = {} & J_x + J_{yz} = J_{xy} + J_{yz} + J_{zx} = \tfrac{1}{2}(J_x + J_y + J_z), \\ = {} & J_y + J_{zx}, \\ = {} & J_z + J_{xy}. \end{aligned}$ | $J_0 = J_x + J_y,$ |

$$\text{Axial} = \sum\limits_1^2 \text{Planar} = \sum\limits_1^2 \text{Axial} - 2 \cdot \text{Planar}$$

$$J_x = J_{xy} + J_{xz} = J_y + J_z - 2 \cdot J_{yz},$$
$$J_y = J_{yz} + J_{yx} = J_z + J_x - 2 \cdot J_{zx},$$
$$J_z = J_{zx} + J_{zy} = J_x + J_y - 2 \cdot J_{xy}.$$

## b) Zentrifugalmoment = Deviationsmoment ($\gtrless 0$).

= Summe aller Massenelemente mal Abstand von zwei aufeinander senkrecht stehenden Ebenen (siehe Abb. 125).

| Im Raume | In der Ebene ($z = 0$) |
|---|---|
| $C_{xy} = \int dm \cdot x \cdot y,$ | $C_{xy} = \int dm \cdot x \cdot y.$ |
| $C_{yz} = \int dm \cdot y \cdot z,$ | |
| $C_{zx} = \int dm \cdot z \cdot x.$ | |

Sind $C_{xy} = C_{yz} = C_{zx} = 0$, so heißen die Achsen $xyz$ Hauptachsen.

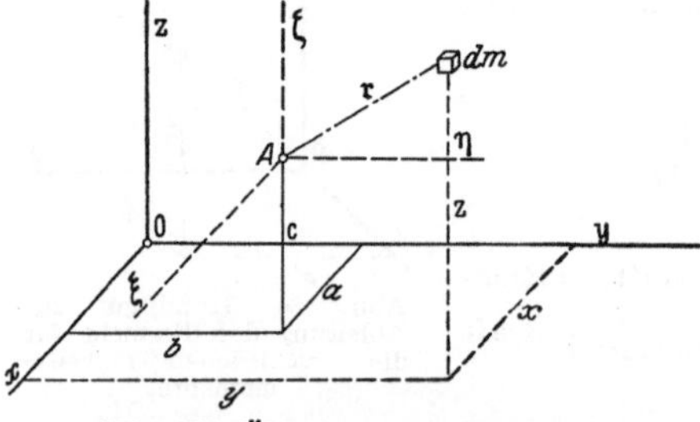

Abb. 125. Übergang auf parallele Achsen.

## c) Übergang auf andere Koordinatensysteme.

### α) Parallele Achsen.

Durch Einsetzen der Werte (siehe Abb. 125)

$$\xi = x - a,$$
$$\eta = y - b,$$
$$\zeta = z - c *$$

in die Grundformeln folgt:

---

[1] $\sum\limits_1^2$ bzw. $\sum\limits_1^3$, d. h. $\sum$ von 2 bzw. 3 Trägheitsmomenten der angegebenen Art.

* Bei ebenen Problemen ist $\zeta \equiv z = 0$ mit $c = 0$ zu setzen.

$$J_A = J_0 \;\; + M \cdot (a^2 + b^2 + c^2) \;\Big|\; -2a \cdot \int dm \cdot x - 2b \cdot \int dm \cdot y - 2c \cdot \int dm \cdot z,$$
$$J_\xi = J_x \;\; + M \cdot (b^2 + c^2) \;\Big|\; -2b \cdot \int dm \cdot y - 2c \cdot \int dm \cdot z,$$
$$J_\eta = J_y \;\; + M \cdot (c^2 + a^2) \;\Big|\; -2c \cdot \int dm \cdot z - 2a \cdot \int dm \cdot x,$$
$$J_\zeta = J_z \;\; + M \cdot (a^2 + b^2) \;\Big|\; -2a \cdot \int dm \cdot x - 2b \cdot \int dm \cdot y,$$
$$J_{\xi\eta} = J_{xy} + M \cdot c^2 \;\Big|\; -2c \cdot \int dm \cdot z,$$
$$J_{\eta\zeta} = J_{yz} + M \cdot a^2 \;\Big|\; -2a \cdot \int dm \cdot x,$$
$$J_{\zeta\xi} = J_{zx} + M \cdot b^2 \;\Big|\; -2b \cdot \int dm \cdot y,$$

$= 0$, falls $xyz$ durch den Schwerpunkt gehen (s. Definition des Schwerpunktes S. 26).

**Steinerscher Satz:** Das Trägheitsmoment, bezogen auf einen anderen Punkt (parallele Achse, parallele Ebene), ist gleich dem Trägheitsmoment, bezogen auf den Schwerpunkt (Schwerachse, Schwerebene) + Gesamtmasse × Abstand² der beiden Bezugsgrößen voneinander.

$$C_{\xi\eta} = C_{xy} + M \cdot ab \;\Big|\; -b \int dm \cdot x - a \int dm \cdot y,$$
$$C_{\eta\zeta} = C_{yz} + M \cdot bc \;\Big|\; -c \int dm \cdot y - b \int dm \cdot z,$$
$$C_{\zeta\xi} = C_{zx} + M \cdot ca \;\Big|\; -a \int dm \cdot x - c \int dm \cdot x,$$

$= 0$, falls $xyz$ durch den Schwerpunkt gehen (siehe S. 26).

Das Zentrifugalmoment, bezogen auf eine parallele Ebene, ist gleich dem auf die Schwerebene bezogenen + Gesamtmasse × Produkt aus den Abständen der neuen Ebenen von den ursprünglichen.

In bezug auf den Schwerpunkt (Schwerachse, Schwerebene) werden die Trägheits- und Zentrifugalmomente am kleinsten.

Die Auswertung der Integrale rechts von der punktierten Linie kann man sich beim Übergang von Punkten (Achsen, Ebenen), denen der Schwerpunkt nicht angehört, zu ebensolchen durch den Weg über den Schwerpunkt ersparen; z. B. (siehe Abb. 126) gegeben $J_x$; gesucht $J_\xi = ?$

Nach dem Steinerschen Satz ist:

$$J_x = J_{Sx} + M \cdot s^2$$
$$J_\xi = J_{Sx} + M (b+s)^2,$$

mithin $J_\xi = J_x + M b^2 + 2 M \cdot b \cdot s$.

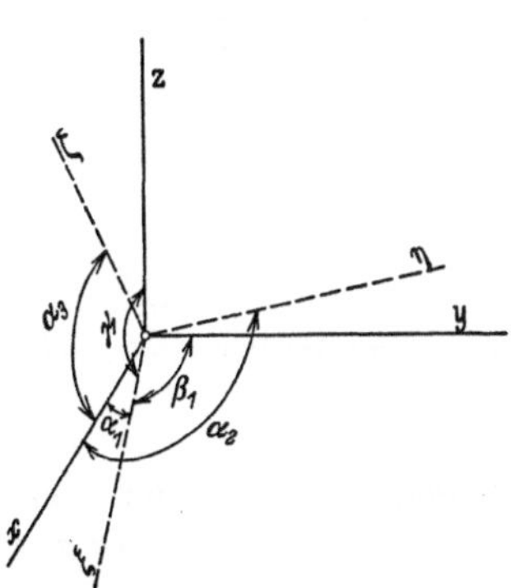



Abb. 126. Schwerpunktsachse und parallele Achsen (Steinerscher Satz).

### β) Schiefe Achsen.

**Für den Raum gilt:** Mit den Winkeln zwischen den einzelnen Achsen (siehe Abb. 127)

|       | $x$        | $y$       | $z$        |
|-------|------------|-----------|------------|
| $\xi$   | $\alpha_1$ | $\beta_1$ | $\gamma_1$ |
| $\eta$  | $\alpha_2$ | $\beta_2$ | $\gamma_2$ |
| $\zeta$ | $\alpha_3$ | $\beta_3$ | $\gamma_3$ |

gelten die Transformationsformeln

$$\xi = x \cdot \cos\alpha_1 + y \cdot \cos\beta_1 + z \cdot \cos\gamma_1,$$
$$\eta = x \cdot \cos\alpha_2 + y \cdot \cos\beta_2 + z \cdot \cos\gamma_2,$$
$$\zeta = x \cdot \cos\alpha_3 + y \cdot \cos\beta_3 + z \cdot \cos\gamma_3$$



Abb. 127. Übergang zu schiefen Achsen.

und damit gehen die Grundgleichungen über in

$$J_\xi = J_x \cdot \cos^2 \alpha_1 + J_y \cdot \cos^2 \beta_1 + J_z \cdot \cos^2 \gamma_1 \quad\Big|\quad - 2 C_{xy} \cdot \cos \alpha_1 \cdot \cos \beta_1 - 2\, C_{yz} \cdot \cos \beta_1 \cdot \cos \gamma^1$$

$$\left.\begin{array}{l} J_\eta \\ J_\zeta \end{array}\right\} \text{durch zyklische Vertauschung.} \quad\Big|\quad \begin{array}{l} - 2 C_{zx} \cdot \cos \gamma_1 \cdot \cos \alpha_1 \\ = 0,\ \text{falls } xyz \text{ Hauptachsen sind (s. S. 72)}[1]. \end{array}$$

$$C_{\xi\eta} = - J_x \cdot \cos \alpha_1 \cdot \cos \alpha_2 - J_y \cdot \cos \beta_1 \cdot \cos \beta_2 - J_z \cdot \cos \gamma_1 \cdot \cos \gamma_2$$

$$\left.\begin{array}{l} + C_{xy} \cdot (\cos \alpha_1 \cdot \cos \beta_2 + \cos \beta_1 \cdot \cos \alpha_2) \\ + C_{yz} \cdot (\cos \beta_1 \cdot \cos \gamma_2 + \cos \gamma_1 \cdot \cos \beta_2) \\ + C_{zx} \cdot (\cos \gamma_1 \cdot \cos \alpha_2 + \cos \alpha_1 \cdot \cos \gamma_2) \end{array}\right\} = 0,\ \text{falls } xyz \text{ Hauptachsen sind (s. S. 72)}[2],$$

$$\left.\begin{array}{l} C_{\eta\zeta} \\ C_{\zeta\xi} \end{array}\right\} \text{durch zyklische Vertauschung.}$$

In der Ebene ist (siehe Abb. 128):

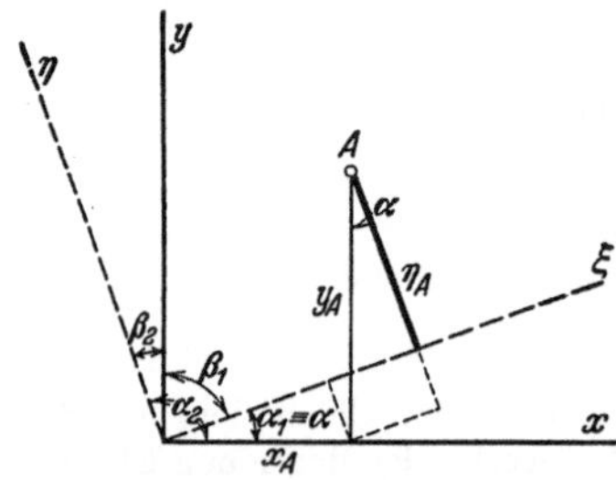


Abb. 128. Schiefe Achsen in der Ebene.

$$\alpha_1 \equiv \alpha,$$
$$\beta_1 = 90 - \alpha,$$
$$\alpha_2 = 90 + \alpha,$$
$$\beta_2 = 90 - \beta_1 = \alpha,$$
$$\xi = \quad x \cdot \cos\alpha + y \cdot \sin\alpha,$$
$$\eta = - x \cdot \sin\alpha + y \cdot \cos\alpha.$$
$$J_\xi = \int dm\,\eta^2 = J_x \cdot \cos^2\alpha + J_y \cdot \sin^2\alpha - C_{xy} \cdot \sin 2\alpha,$$
$$J_\eta = \int dm\,\xi^2 = J_x \cdot \sin^2\alpha + J_y \cdot \cos^2\alpha + C_{xy} \cdot \sin 2\alpha,$$
$$C_{\xi\eta} = \int dm\,\xi\eta = (J_x - J_y) \cdot \tfrac{1}{2}\sin 2\alpha + C_{xy} \cdot \cos 2\alpha.$$

---

[1] Für das planare Trägheitsmoment $J_{\eta\zeta}$ erhält man durch Einsetzen des obigen Wertes für $\xi$ in die Grundgleichung (siehe S. 72)

$$J_{\eta\zeta} = J_{yz} \cdot \cos^2 \alpha_1 + J_{zx} \cdot \cos^2 \beta_1 + J_{xy} \cdot \cos^2 \gamma_1$$
$$+ 2 \cdot C_{xy} \cdot \cos \alpha_1 \cos \beta_1 + 2 \cdot C_{yz} \cdot \cos \beta_1 \cdot \cos \gamma_1 + 2 \cdot C_{zx} \cdot \cos \gamma_1 \cdot \cos \alpha_1.$$

Es ist ferner:

$$1 = \cos^2 \alpha_1 + \cos^2 \beta_1 + \cos^2 \gamma_1, \qquad \text{(siehe S. 2)}$$
$$J_0 = J_0 \cdot \cos^2 \alpha_1 + J_0 \cdot \cos^2 \beta_1 + \cos^2 \gamma_1,$$
$$J_0 = J_x + J_{yz} = J_y + J_{zx} = J_z + J_{xy}, \qquad \text{(siehe S. 72); \quad dies eingesetzt ergibt:}$$

$$-\left\{\begin{array}{l} J_0 = (J_x + \underline{J_{yz}}) \cdot \cos^2 \alpha_1 + (J_y + \underline{J_{zx}}) \cdot \cos^2 \beta_1 + (J_z + \underline{J_{xy}}) \cdot \cos^2 \gamma_1, \\ J_0 = J_\xi + J_{\eta\zeta}, \\ J_0 = J_\xi + \underline{J_{yz} \cdot \cos^2 \alpha_1} + \underline{J_{zx} \cdot \cos^2 \beta_1} + \underline{J_{xy} \cdot \cos^2 \gamma_1} \\ \qquad + 2 \cdot C_{xy} \cdot \cos \alpha_1 \cos \beta_1 + 2 \cdot C_{yz} \cdot \cos \beta_1 \cos \gamma_1 + 2 \cdot C_{zx} \cdot \cos \gamma_1 \cos \alpha_1. \end{array}\right.$$

$$J_\xi = J_x \cdot \cos^2 \alpha_1 + J_y \cdot \cos^2 \beta_1 + J_z \cdot \cos^2 \gamma_1$$
$$- 2 C_{xy} \cdot \cos \alpha_1 \cdot \cos \beta_1 - 2 C_{yz} \cdot \cos \beta_1 \cos \gamma_1 - 2 C_{zx} \cdot \cos \gamma_1 \cdot \cos \alpha_1 \quad \text{w. z. b. w.}$$

[2] Durch Einsetzen der Werte für $\xi$ und $\eta$ in die Definitionsgleichung $C_{\xi\eta} = \int dm\,\xi\eta$ erhält man zunächst:

$$C_{\xi\eta} = J_{yz} \cdot \cos \alpha_1 \cos \alpha_2 + J_{xz} \cdot \cos \beta_1 \cos \beta_2 + J_{xy} \cdot \cos \gamma_1 \cos \gamma_2$$
$$+ C_{xy} (\cos \alpha_1 \cos \beta_2 + \cos \alpha_2 \cos \beta_1) + C_{yz} (\dots) + C_{zx} (\dots),$$

die mit den Beziehungen (siehe S. 72)

$$J_{\substack{yz\\zx\\xy}} = \tfrac{1}{2}\left(- J_{\substack{x\\y\\z}} + J_{\substack{y\\z\\x}} + J_{\substack{z\\x\\y}}\right)$$

und den für die Koordinatendrehung geltenden Gleichungen

$$\cos \alpha_{\substack{1\\2\\3}} \cos \alpha_{\substack{2\\3\\1}} + \cos \beta_{\substack{1\\2\\3}} \cos \beta_{\substack{2\\3\\1}} + \cos \gamma_{\substack{1\\2\\3}} \cos \gamma_{\substack{2\\3\\1}} = 0$$

den obigen Wert annimmt.

Zu den beliebigen Achsen $xy$ liegen die Hauptachsen 1, 2 (mit $C_{12} = 0$) unter den Winkeln $\alpha_0$ und $\alpha_0 + \frac{\pi}{2}$, wobei aus der letzten Gleichung folgt:

$$\operatorname{tg} 2\,\alpha_0 = \frac{2 \cdot C_{xy}}{J_y - J_x}.$$

## d) Bestimmen der Massenmomente zweiter Ordnung.

| Rechnung. | Zeichnung. | Versuch. |
|---|---|---|
| Rein analytisch. | Verfahren von | Schwingungen. |
| Tabellarisch. | Culmann, Mohr, | Anlaufen. |
|  | Nehls. |  |

### α) Rechnung.

Rein analytisch nur durchführbar (siehe die angegebenen Definitionsformeln S. 72), wenn die Gestalt des Körpers analytisch erfaßbar ist. Z. B. Quader, Zylinder, Kugel, Kegel, Rechteck, Kreis, Dreieck usw.

Tabellarisch, wenn die Querschnittsform des Körpers graphisch gegeben ist. Querschnittfläche

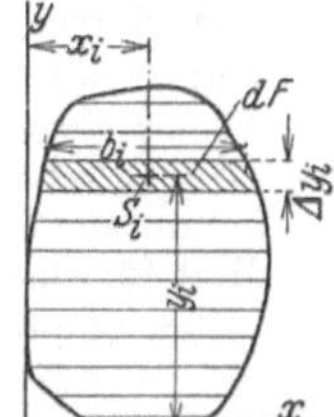

Abb. 129. Zur tabellarischen Bestimmung des Trägheits- und Zentrifugalmomentes.

in rechteckige Streifen parallel zur Bezugsachse zerlegen (siehe Abb. 129). Grenzlinie des Querschnittes als Bezugslinie (Bezugsebene des Körpers) wählen, damit alle Ordinaten dasselbe Vorzeichen haben (zur Vermeidung von Rechenfehlern). Umrechnen der Trägheits- und Zentrifugalmomente auf parallele Achsen (Ebenen) usw., siehe S. 72/73.

Die Summen der nebenstehenden Spalten ergeben

$$\Sigma_4 = F = \text{Querschnittsfläche,}$$
$$\Sigma_7 + \Sigma_8 = J_x = \text{Trägheitsmoment,}$$
$$\Sigma_9 + \Sigma_{10} = C_{xy} = \text{Zentrifugalmoment,}$$
$$\left.\begin{array}{l} \dfrac{\Sigma_{11}}{\Sigma_4} = x_S \\[2mm] \dfrac{\Sigma_{12}}{\Sigma_4} = y_S \end{array}\right\} \text{Schwerpunktskoordinaten.}$$

[1] Ist die Höhe $h$ der Flächenstreifen klein gewählt, so können die Spalten 7 und 9 gegenüber 8 und 10 vernachlässigt werden. (Trägheits- und Zentrifugalmomente in bezug auf Achsen durch den Schwerpunkt des Flächenstreifens.)

| Nummer | Streifen- Breite | Streifen- Höhe | Fläche | Schwerpunktsabstände der Flächenstreifen von den Bezugslinien x-Richtung | y-Richtung | Teilträgheitsmoment[1] | Fläche mal Abstand | Teilzentrifugalmoment[1] | Fläche mal Abstand mal Abstand | Fläche mal Abstand | Fläche mal Abstand |
|---|---|---|---|---|---|---|---|---|---|---|---|
| 1 | 2 | 3 | 4 | 5 | 6 | 7 | 8 | 9 | 10 | 11 | 12 |
| 1. | $b_1$ | $\Delta y_1$ | $\Delta F_1 = b_1 \cdot \Delta y_1$ | $x_1$ | $y_1$ | $\Delta J'_x = \dfrac{\Delta F_1 \cdot \Delta y_1^2}{12}$ | $\Delta J''_x = \Delta F_1 \cdot y_1^2$ | $\Delta C'_{xy} = \dfrac{\Delta F_1 \cdot b_1 \cdot \Delta y_1}{4}$ | $\Delta C''_{xy} = \Delta F_1 \cdot x_1 \cdot y_1$ | $\Delta F_1 \cdot x_1$ | $\Delta F_1 \cdot y_1$ |
| — | — | — | $\Sigma_4$ | — | — | $\Sigma_7$ | $\Sigma_8$ | $\Sigma_9$ | $\Sigma_{10}$ | $\Sigma_{11}$ | $\Sigma_{12}$ |

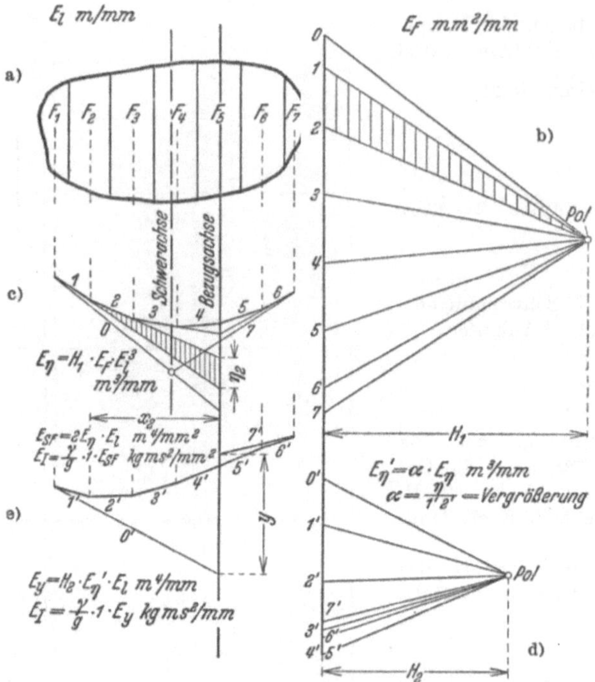



Abb. 130. Zeichnerische Bestimmung des Trägheitsmomentes nach Culmann und Mohr.
a) Lageplan.    b) erstes Flächeneck mit Polstrahlen.    c) erstes Seileck (Mohr).    d) zweites Flächeneck mit Polstrahlen.    e) zweites Seileck (Culmann).

Die Tabelle ergibt die Flächenmomente [m⁴]. Die Massenmomente für 1 m Längenausdehnung senkrecht zur Zeichenebene folgen daraus durch Multiplikation mit der Dichte $\gamma/g$ [kg m⁻⁴ s²].

## $\beta$) Zeichnung.

Trägheitsmoment nach Culmann. Querschnittsfläche in schmale Streifen parallel zur Bezugsachse unterteilen (siehe Abb. 130). Flächenstreifeninhalt wie Kräfte in einem Krafteck auftragen, Pol wählen, Polstrahlen und Seileck zeichnen (*0, 1, 2, 3 ...*), auf Bezugsachse Moment des jeweiligen Flächenstreifens $F_i \cdot x_i$ als Länge $\eta$ auf der Bezugsachse zwischen den entsprechenden Seilstrahlen abgreifen (siehe S. 6[1], Vorzeichen beachten) und damit zweites Krafteck und zweites Seileck (*0', 1', 2', 3' ...*) zeichnen. Die Länge $y$ zwischen den letzten Seilstrahlen auf der Bezugsachse ist ein Maß für das Trägheitsmoment in bezug auf diese Achse.

| Maßstäbe: | | | |
|---|---|---|---|
| | gegeben: | Länge | $E_l$ m/mm , |
| | gewählt: | Fläche (im Flächeneck) | $E_f$ mm²/mm *, |
| | gewählt: | 1. Polabstand | $H_1$ mm , |
| | berechnet: | 1. Moment | $E_\eta = H_1 \cdot E_f \cdot E_l^3$ m³/mm , |
| | gewählt: | 2. Belastung | $E_\eta' = \alpha \cdot E_\eta$ m³/mm |
| | gewählt: | 2. Polabstand | $H_2$ mm , |
| | berechnet: | 2. Moment | $E_y = H_2 \cdot \alpha \cdot E_\eta \cdot E_l$ |
| | | | $\quad = H_2 \cdot H_1 \cdot E_f \cdot E_l^{4} \cdot \alpha$ m⁴/mm , |
| | berechnet: | Trägheitsmoment für 1 m Erstreckung senkrecht zur Zeichenebene | $E_J = \dfrac{\gamma}{g} \cdot 1 \cdot E_y$ kg m s²/mm . |

Trägheitsmoment nach Mohr. Erstes Seileck wie bei Culmann zeichnen. Die schraffierte Fläche ($\frac{1}{2} x_2 \cdot \eta_2$ siehe Abb. 130) stellt dar: Teilmoment × Abstand = Trägheitsmoment des Flächenstreifens. Das Gesamtträgheitsmoment ist also gleich der Summe aller Teilträgheitsmomente, d. h. die Seileckfläche ist ein Maß dafür.

---

[1] Der Schnittpunkt des ersten und letzten Seilstrahles gibt eine Schwerachse (siehe S. 13 u. 26).

* Der Maßstab gibt das Verhältnis $E_F = \dfrac{F_1}{0\,1} = \dfrac{F_2}{1\,2}$, wobei mit $F_1$ die Größe der Fläche in der Zeichnung einzusetzen ist (nicht die durch die Zeichnungsgröße $F_1$ dargestellte Fläche mit den Ausmaßen $F \cdot E_l^2$).

Maßstäbe: für das erste Seileck wie bei Culmann.

Seileckfläche $\quad E_{SF} = 2 \cdot E_\eta \cdot E_t$ m⁴/mm²,

Trägheitsmoment $E_J = E_{SF} \cdot 1 \cdot \dfrac{\gamma}{g}$ kg m s²/mm².

Trägheitsmoment nach Nehls. Breite $x$
der Querschnittsfigur auf eine im Abstande $H$
zur Bezugsachse gezogene Parallele projizieren
(siehe Abb. 131), von beliebig auf der Bezugsachse
gewähltem Pole $O$ Polstrahlen nach den Projek-
tionspunkten ziehen und mit der ursprünglichen
Breitenordinate $x$ zum Schnitt bringen (Punkte
$A$, $B$), dann ist wegen $y \cdot x \cdot dy = H \cdot X \cdot dy = dM$
die $F'$-Fläche ein Maß für das statische Moment
in bezug auf die Bezugsachse. Dieselbe Konstruk-
tion mit der $F'$-Fläche durchgeführt, gibt in der $F'''$-Fläche ein Maß für das Trägheitsmoment.

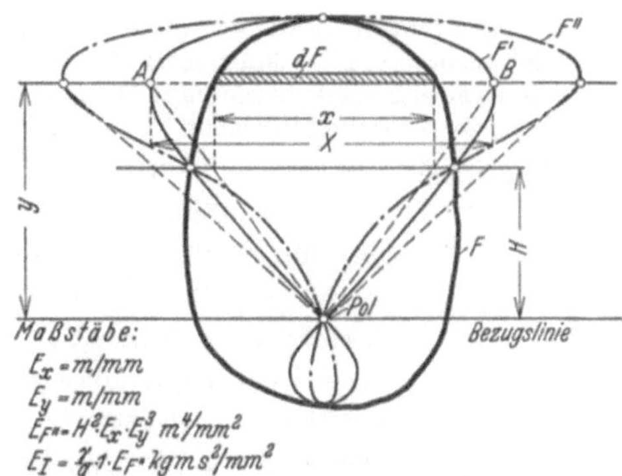


Abb. 131. Bestimmen des Trägheitsmomentes nach Nehls.

| Maßstäbe: | gegeben: | Breite | $E_x$ m/mm, |
| | | Höhe | $E_y$ m/mm, |
| | gewählt: | Polabstand | $H$ mm, |
| | berechnet: | 2. Moment | $E_{F''} = H^2 \cdot E_x \cdot E_y^3$ m⁴/mm², |
| | berechnet: | Trägheitsmoment | $E_J = \dfrac{\gamma}{g} \cdot 1 \cdot E_{F''}$ kg m s²/mm². |

Zentrifugalmoment. Querschnittfläche in schmale Streifen parallel einer Bezugsachse unterteilen (siehe Abb. 132). Erstes Seileck gibt in
der Länge $\xi$ auf der ersten Bezugsachse $x$ das jeweilige sta-



Abb. 132. Zeichnerisches Bestimmen des Zentri-fugalmomentes.

tische Moment bezüglich dieser Achse. Diese Momente werden als Belastungen in den Schwerpunkten der Flächenstreifen in Richtung der zweiten Achse $y$ aufgefaßt und damit ein zweites Seileck gezeichnet. Die Ordinate $\eta$ zwischen den letzten Seilstrahlen ist ein Maß für das Zentrifugalmoment.

| Maßstäbe: | gegeben: | Breite | $E_x$ m/mm , |
| | | Höhe | $E_y$ m/mm , |
| | gewählt: | Fläche (im Krafteck) | $E_f$ m²/mm *, |
| | gewählt: | Polabstand | $H_1$ mm , |
| | berechnet: | 1. Moment | $E_\xi = H_1 \cdot E_f \cdot E_y$ m³/mm , |
| | gewählt: | zweite Belastung | $E_{\xi'} = \alpha \cdot E_\xi$ m³/mm , |
| | gewählt: | Polabstand | $H_2$ mm , |
| | berechnet: | 2. Moment | $E_\eta = H_2 \cdot E_{\xi'} \cdot E_x$ |
| | | | $= H_1 \cdot H_2 \cdot \alpha \cdot E_f \cdot E_y \cdot E_x$ m⁴/mm , |

$$\text{Zentrifugalmoment} \qquad E_c = \frac{\gamma}{g} \cdot 1 \cdot E_\eta \ \text{kg m s²/mm} .$$

## $\gamma$) Versuch.

Torsionsschwingungen: Körper um die Bezugsachse Torsionsschwingungen ausführen lassen. An Stelle der in Abb. 133 dargestellten Aufhängung kann auch eine Torsionsfeder, bifilare oder Aufhängung an 3 Seilen in Art eines Dreibeines treten. Wesentlich ist nur, daß der Körper Torsionsschwingungen ausführt.

1. Schwingungszeit $T_1$ des Körpers beobachten.

2. Zusatzmassen (weit von der Drehachse (damit das Zusatzträgheitsmoment $\Delta J = 2 \Delta J_s + 2 M r^2 \approx 2 M r^2$ wird) anbringen und neue Schwingungszeit $T_2$ beobachten.

Aus

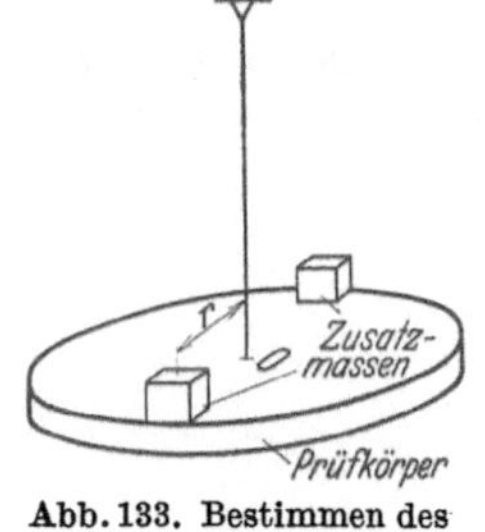


**Abb. 133. Bestimmen des Trägheitsmomentes durch Torsionsschwingungen.**

$$\frac{T_1}{T_2} = \sqrt{\frac{J}{J + \Delta J}} \quad \text{folgt} \quad J = \frac{\Delta J}{\left(\dfrac{T_2}{T_1}\right)^2 - 1} .$$

Pendelschwingungen: Bestimmen: Abstand $s$ des Schwerpunktes $S$ vom Drehpunkt $O$ (siehe S. 26), Gewicht $G$ des Prüfkörpers, Schwingungszeit $T$ (siehe Abb. 134).

Berechnen:

$$J_0 = \frac{T^2}{4\,\pi^2} \cdot s \cdot G ,$$

Kontrollen durch Zusatzgewichte $m\,g$.

Aus den Schwingungszeiten ohne und mit Zusatzgewicht:

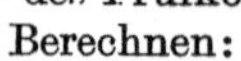

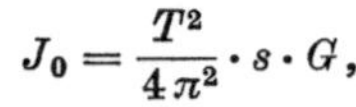

$$T_1 = 2\,\pi \cdot \sqrt{\frac{J_0}{G \cdot s}} \quad \text{und} \quad T_2 = 2\,\pi \sqrt{\frac{J_0 + m\,l^2}{G \cdot s + m\,g\,l}}$$

folgt:

$$J_0 = \frac{m\,g\,l\left(\dfrac{l}{g} - \dfrac{T_2^2}{4\,\pi^2}\right)}{\dfrac{T_2^2}{T_1^2} - 1} .$$

**Abb. 134. Bestimmen des Trägheitsmomentes durch Pendelschwingungen.**

Anlaufen: Läßt sich am Prüfkörper keine Achse anbringen, so ist er auf eine Drehscheibe (Trägheitsmoment $J_0$) so aufzusetzen, daß die Bezugsachse mit der Scheibenachse zusammenfällt. Antreiben der Anordnung durch ein Fallgewicht (siehe Abb. 135). Zu messen ist:

---

* Siehe Anm. 1 auf S. 76.

| | Drehscheibe u. Prüfkörper | Drehscheibe allein |
|---|---|---|
| Gewicht zum Überwinden der Reibung[1] . . . . . . . | $R$ | $R_0$ |
| antreibendes Gewicht . . . . . . . . . . . . . . . . . | $G$ | $G_0$ |
| Fallhöhe . . . . . . . . . . . . . . . . . . . . . . . | $h$ | $h_0$ |
| Fallzeit. . . . . . . . . . . . . . . . . . . . . . . . | $t$ | $t_0$ |

Aus dem Arbeitssatz (siehe S. 96) und der Beziehung $v = \dfrac{2\,h}{t}$ für konstante Beschleunigung (siehe S. 54) folgt:

$$J = r^2\left[\frac{G \cdot t^2}{2\,h} - \frac{G + R}{g} - \frac{J_0}{r^2}\right],$$

wobei

$$\frac{J_0}{r^2} = \frac{G_0 \cdot t_0^2}{2 \cdot h} - \frac{G_0 + R_0}{g}$$

und $r =$ Radius der Schnurscheibe ist.

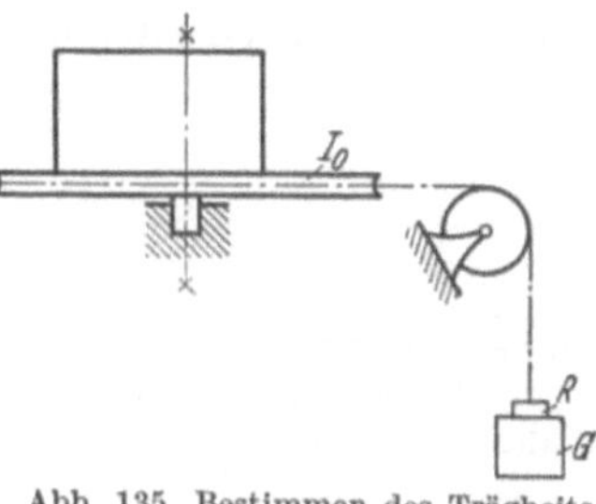

Abb. 135. Bestimmen des Trägheitsmomentes durch einen Anlaufversuch.

## e) Darstellung.
Trägheitsradius;
Trägheitsellipsoid;
Trägheitskreis.

### α) Trägheitsradius.
Mit dem Trägheitsradius $i$ bezeichnet man die Entfernung vom Pol (Achse, Ebene) in der die Gesamtmasse angebracht dasselbe Trägheitsmoment besitzt wie der gegebene Körper.

$$\text{Polar:}\qquad J_0 = \int dm \cdot r^2 = M \cdot i_0^2$$

$$\text{Axial:}\qquad J_x = \int dm\,(y^2 + z^2) = M \cdot i_x^2$$

$$\begin{array}{ccc} y & z^2 + x^2 & y \\ z & x^2 + y^2 & z \end{array}$$

$$\text{Planar:}\quad J_{xy} = \int dm \cdot z^2 = M \cdot i_{xy}^2$$

$$\begin{array}{ccc} zy & x^2 & yz \\ zx & y^2 & zx \end{array}$$

Definition: Bisweilen wird statt des Trägheitsmomentes das Schwungmoment = Gewicht $\times$ Trägheitsdurchmesser

$$S = G \cdot D^2 = M\,g \cdot 4 \cdot i^2 = 4\,g\,J$$

angegeben.

### β) Trägheitsellipsoid (Poinsot-Ellipsoid).
Auf der Achse, für die das Trägheitsmoment berechnet wurde, wird als Radiusvektor

$$R = \frac{\text{const}^2}{\sqrt{J_{achs}}} = \frac{\text{Const}^2}{i_{achs}}$$

aufgetragen, die Koordinaten des Endpunktes von $R$ sind

$$\begin{aligned} X &= R \cdot \cos\alpha = \frac{\text{const}^2}{\sqrt{J_{achs}}} \cdot \cos\alpha, \\ Y &\qquad\qquad \beta \qquad\qquad\qquad \beta, \\ Z &\qquad\qquad \gamma \qquad\qquad\qquad \gamma. \end{aligned}$$

---

[1] Die Reibung kann auch durch Wiederholen des Versuches mit verschiedenen Treibgewichten eliminiert werden.

Sie bilden das Poinsotsche Trägheitsellipsoid

$$\text{const}^4 = J_x \cdot X^2 + J_y \cdot Y^2 + J_z \cdot Z^2 *,$$

$$1 = \left(\frac{X}{R_1}\right)^2 + \left(\frac{Y}{R_2}\right)^2 + \left(\frac{Z}{R_3}\right)^2,$$

wobei die Achsen des Ellipsoides $R_1 R_2 R_3$ mit den Hauptachsen $xyz$ des Körpers zusammenfallen. Das Trägheitsellipsoid ähnelt in seinen Hauptabmessungen der gegebenen Körperform.

Bei Drehung um die Achse $r$ ist die Drehenergie (siehe S. 84)

$$E_{rot} = \frac{1}{2} J_r \cdot \omega^2 = \text{Const}^2 \cdot \frac{\omega^2}{R^2},$$

$$= \frac{1}{2} (J_1 \cdot \omega_x^2 + J_2 \cdot \omega_y^2 + J_3 \cdot \omega_z^2),$$

d. h. bei konstantem Energieinhalt $E_{rot}$ ist die Drehgeschwindigkeit $\omega$ dem Radiusvektor $R$ des Trägheitsellipsoides direkt verhältig, d. h. man erhält für die Winkelgeschwindigkeiten ein ähnliches Ellipsoid

$$1 = \left(\frac{\omega_x}{\omega_1}\right)^2 + \left(\frac{\omega_y}{\omega_2}\right)^2 + \left(\frac{\omega_z}{\omega_3}\right)^2,$$

wobei $\omega_{123}$ die Winkelgeschwindigkeiten bei Drehungen um die Hauptachsen $xyz$ und $\omega_{xyz}$ die Komponenten des jeweiligen $\omega$ sind.

Fällt der Koordinatenursprung $O$ mit dem Schwerpunkte $S$ zusammen, so wird das Ellipsoid zum Zentralellipsoid, seine Achsen sind dann Schwerpunktshauptachsen = freie Achsen (siehe S. 85).

Für die Ebene geht mit $Z = 0; \gamma = 0$ das Trägheitsellipsoid in die Trägheitsellipse

$$(\text{const}^2)^2 = J_x \cdot X^2 + J_y \cdot Y^2$$

über.

## $\gamma$) Trägheitskreis (Ebene) von Mohr und Land.

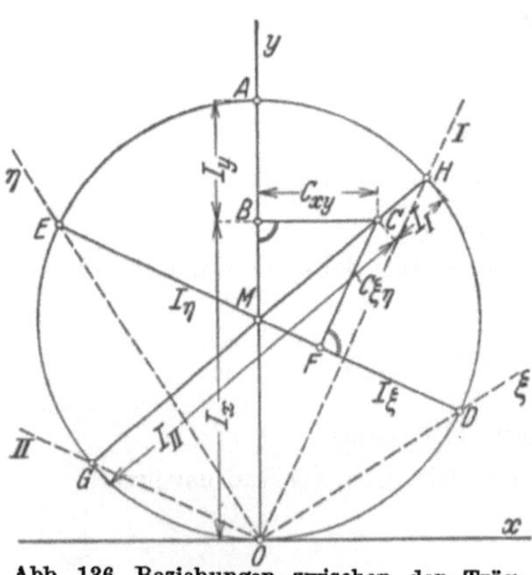


Abb. 136. Beziehungen zwischen den Trägheits- und Zentrifugalmomenten für verschiedene Achsen.

Über $\overline{OB} + \overline{BA} = J_x + J_y =$ der Summe aus den Trägheitsmomenten zweier senkrechter Achsen als Durchmesser wird ein Kreis geschlagen (siehe Abb. 136) und senkrecht auf $OA$ in $B$ wird das Zentrifugalmoment $C_{xy} = \overline{BC}$ abgetragen. Für beliebige Achsen $\xi\eta \, (OD, OE)$ sind dann die Trägheitsmomente $J_\xi = \overline{DF}$ bzw. $J_\eta = \overline{FE}$; und das Zentrifugalmoment ist $C_{\xi\eta} = \overline{CF}$, wobei $\overline{CF} \perp \overline{DE}$ steht.

Für die Hauptachsen ist $C_{I\,II} = 0$, d. h. der Fußpunkt des Lotes von $C$ auf den jeweiligen Durchmesser muß mit $C$ zusammenfallen, d. h. der gesuchte Durchmesser geht durch $\overline{CM}$ hindurch. Die Hauptträgheitsmomente sind dann $J_I = \overline{CH}$ und $J_{II} = \overline{CG}$, und die Hauptachsen sind $I = \overline{OH}$, $II = \overline{OG}$.

Beweis aus den aus der Figur für die einzelnen Strecken abzuleitenden geometrischen Beziehungen und Vergleich mit den Formeln auf S. 72.

---

* Es ist nach Definition $\text{const}^4 = R^2 \cdot J_{achs}$, woraus mit der Umformungsgleichung (siehe S. 74) $J_{achs} = J_x \cdot \cos^2 \alpha + J_y \cdot \cos^2 \beta + J_z \cdot \cos^2 \gamma$ und $R^2 \cdot \cos^2 \begin{pmatrix} \alpha \\ \beta \\ \gamma \end{pmatrix} = \begin{pmatrix} X \\ Y \\ Z \end{pmatrix}^2$ obige

Ellipsoidgleichung folgt.

# 2. Drall.

## a) Definition.

Drall $\mathfrak{B}$ = statisches Moment der Bewegungsgröße (des Impulses),
  = Vektorprodukt aus Entfernung vom Bezugspunkt und Impuls.
Bewegungsgröße, Impuls = Produkt aus Masse und ihrer Geschwindigkeit = $\Sigma m\mathfrak{v}$ *.

$$\mathfrak{B} = \Sigma\,[\mathfrak{r}\cdot m\cdot\mathfrak{v}] = \Sigma\begin{vmatrix} \mathfrak{i} & \mathfrak{j} & \mathfrak{k} \\ x & y & z \\ m\,v_x & m\,v_y & m\,v_z \end{vmatrix}*,$$

$$\mathfrak{B} = \mathfrak{i}\cdot B_x + \mathfrak{j}\cdot B_y + \mathfrak{k}\cdot B_z,$$

$$B_x = \Sigma\,m\,(y\cdot v_z - z\cdot v_y),$$

$$B_y = \Sigma\,m\,(z\cdot v_x - x\cdot v_z),$$

$$B_z = \Sigma\,m\,(x\cdot v_y - y\cdot v_x).$$

Sind $xyz$ die Hauptachsen des Körpers, so ist ferner

$$B_{\substack{x\\y\\z}} = \frac{\partial T}{\partial\,\omega_{xyz}}**.$$

## b) Drall in bezug auf einen raumfesten Punkt $O$

= Drall in bezug auf den Schwerpunkt + Drall der Schwerpunktmasse in bezug auf $O$.

$$\mathfrak{B}_0 = \Sigma\,m\cdot[\mathfrak{r}\cdot\mathfrak{v}] = \mathfrak{B}' + M\cdot[\mathfrak{r}_s\cdot\mathfrak{v}_s]\,***.$$

Ist der Schwerpunkt in Ruhe [$\mathfrak{v}_s = 0$], so ist der Drall unabhängig von der Wahl des Bezugspunktes; $\mathfrak{B}_0 \equiv \mathfrak{B}'$.

**Drall in bezug auf einen raumfesten Punkt $O$ oder den fortschreitenden Schwerpunkt $S$** ($\mathfrak{r}$ = Entfernung von $O$ bzw. $S$).

$$\mathfrak{B} = \Sigma\,m\,r^2\cdot\overline{\omega} - \Sigma\,m\cdot\mathfrak{r}\cdot(\mathfrak{r}\,\overline{\omega})\,\dagger.$$

Das vektorielle Glied $\Sigma\,m\mathfrak{r}\cdot(\mathfrak{r}\,\overline{\omega})$ bewirkt, daß der Drallvektor $\mathfrak{B}$ und der Drehvektor $\overline{\omega}$ im allgemeinen nicht in dieselbe Richtung fallen.

---

* Die $\Sigma$ ist über alle Massenpunkte zu nehmen.

** Dies folgt aus der partiellen Ableitung der Energiegleichung (siehe S. 84) $T = \frac{1}{2}(B_x\omega_x + B_y\omega_y + B_z\omega_z)$ nach den Winkelgeschwindigkeiten $\omega_{xyz}$ in Richtung der Hauptachsen $xyz$.

$$\frac{\partial T_x}{\partial\,\omega_x} = \frac{1}{2}\left(\frac{\partial B_x}{\partial\,\omega_x}\cdot\omega_x + B_x\right) = B_x.$$

*** Index $_s$ gibt die Werte des Schwerpunktes in bezug auf den raumfesten Punkt $O$ an, der Strich $'$ gibt die Werte eines beliebigen Massenpunktes $A$ in bezug auf den Schwerpunkt $S$ an (siehe Abb. 137). Nach den Gesetzen der Relativbewegung (siehe S. 56 ff) ist:

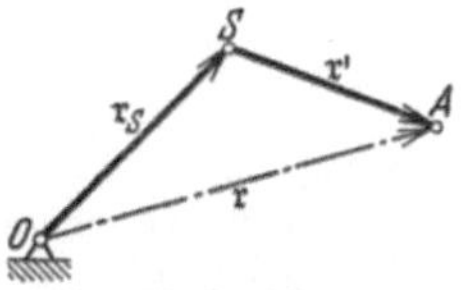

$$\mathfrak{r} = \mathfrak{r}_s + \mathfrak{r}',$$
$$\mathfrak{v} = \mathfrak{v}_s + \mathfrak{v}',$$

mithin erhält man

Abb. 137. Beziehung zwischen Aufpunkt $A$, Schwerpunkt $S$ und Festpunkt $O$.

$$\Sigma\,m\,[\mathfrak{r}\,\mathfrak{v}] = \Sigma\,m\,[\mathfrak{r}_s\,\mathfrak{v}_s] + \Sigma\,m\,[\mathfrak{r}_s\,\mathfrak{v}'] + \Sigma\,m\,[\mathfrak{r}'\,\mathfrak{v}_s] + \Sigma\,m\,[\mathfrak{r}'\,\mathfrak{v}'],$$

$$\left.\begin{aligned}\Sigma\,m\,[\mathfrak{r}_s\,\mathfrak{v}'] &= [\mathfrak{r}_s\cdot\Sigma\,m\,\mathfrak{v}'] = \mathfrak{r}_s\cdot 0\\ \Sigma\,m\,[\mathfrak{r}'\,\mathfrak{v}_s] &= [(\Sigma\,m\,\mathfrak{r}')\cdot\mathfrak{v}_s] = 0\cdot\mathfrak{v}_s\end{aligned}\right\}\text{Definition des Schwerpunktes s. S. 26,}$$

$$\Sigma\,m\,[\mathfrak{r}'\,\mathfrak{v}'] = \mathfrak{B}' = \text{Drall in bezug auf den Schwerpunkt.}$$

$\dagger$ Es ist $\mathfrak{v} = \mathfrak{v}_r + \mathfrak{v}_\varphi$ (siehe Komponentendarstellung S. 51) $[\mathfrak{r}\cdot\mathfrak{v}_r] = 0$, weil $\mathfrak{r}$ und $\mathfrak{v}_r$ in derselben Richtung liegen (siehe S. 5)

$$[\mathfrak{r}\cdot\mathfrak{v}_\varphi] = [\mathfrak{r}\cdot[\overline{\omega}\,\mathfrak{r}]] = \overline{\omega}\cdot r^2 - \mathfrak{r}\,(\mathfrak{r}\,\overline{\omega}) \quad\text{(siehe S. 7).}$$

$$B_x = \sum m\,(y^2 + z^2) \cdot \omega_x - \sum m\,x\,y \cdot \omega_y - \sum m\,x\,z \cdot \omega_z\,{}^* ,$$
$$B_y = \sum m\,(z^2 + x^2) \cdot \omega_y - \sum m\,y\,z \cdot \omega_z - \sum m\,y\,x \cdot \omega_x ,$$
$$B_z = \sum m\,(x^2 + y^2) \cdot \omega_z - \sum m\,z\,x \cdot \omega_x - \sum m\,z\,y \cdot \omega_y .$$

Falls $\overline{\omega} = i\,\omega_x + \mathfrak{j}\,\omega_y + \mathfrak{k}\,\omega_z = \mathrm{const}$ für alle $m$ ist, d. h. für einen starren Körper, wird:

$$\mathfrak{B} = J_0 \cdot \overline{\omega} - \sum m\,\mathfrak{r} \cdot (\overline{\omega}\,\mathfrak{r}) ,$$

$$B_{\substack{x \\ y \\ z}} = J_{\substack{x \\ y \\ z}} \cdot \omega_{\substack{x \\ y \\ z}} \;\Big|\; - C_{\substack{x\,y \\ y\,z \\ z\,x}} \cdot \omega_{\substack{y \\ z \\ x}} - C_{\substack{x\,z \\ y\,x \\ z\,y}} \cdot \omega_{\substack{z \\ x \\ y}}$$

$$\longleftarrow\ \ = 0, \ \text{falls} \ \longrightarrow$$

$x\,y\,z$ Hauptachsen des Körpers sind (s. S. 72).

Sind $J_{123}$ die Trägheitsmomente in bezug auf die Hauptachsen $x\,y\,z$, so ist wegen $C = 0$

$$B = \sqrt{B_x^2 + B_y^2 + B_z^2} = \sqrt{(J_1\,\omega_x)^2 + (J_2 \cdot \omega_y)^2 + (J_3 \cdot \omega_z)^2} ,$$

und
$$\omega = \sqrt{\omega_x^2 + \omega_y^2 + \omega_z^2} .$$

Für die Winkel zwischen $\mathfrak{B}$, $\overline{\omega}$ und den Hauptachsen $x\,y\,z$ gilt (siehe auch S. 2 Anm. 2):

$$\cos \begin{pmatrix} \alpha \\ \beta \\ \gamma \end{pmatrix} = \frac{B_{x\,y\,z}}{B} = \frac{J_{\substack{1 \\ 2 \\ 3}} \cdot \omega_{\substack{x \\ y \\ z}}}{B} , \qquad \cos \begin{pmatrix} \alpha' \\ \beta' \\ \gamma' \end{pmatrix} = \frac{\omega_{x\,y\,z}}{\omega} ,$$

$$\cos \widehat{\mathfrak{B}\,\overline{\omega}} = \frac{B_x\,\omega_x + B_y\,\omega_y + B_z \cdot \omega_z}{B \cdot \omega} = \frac{J_1 \cdot \omega_x^2 + J_2\,\omega_y^2 + J_3\,\omega_z^2}{\omega \cdot \sqrt{(J_1\,\omega_x)^2 + (J_2\,\omega_y)^2 + (J_3\,\omega_z)^2}} ,$$

$\left.\begin{array}{l} \alpha = \alpha' \\ \beta = \beta' \\ \gamma = \gamma' \\ \measuredangle\,\widehat{\mathfrak{B}\,\overline{\omega}} = 0, \end{array}\right\}$ d. h. $\mathfrak{B}$ und $\overline{\omega}$ fallen nur dann in dieselbe Richtung, wenn:

1. $J_1 = J_2 = J_3$, d. h. die Hauptträgheitsmomente einander gleich sind, das Trägheitsellipsoid also eine Kugel ist (siehe S. 79);

oder 2. zwei Komponenten der Winkelgeschwindigkeit gleich null sind, d. h. die Drehung um eine Hauptachse stattfindet (siehe Abschnitt c).

## c) Drehung um eine im Raume richtungsfeste Achse $z$ durch $O$ oder $S$
$$(\omega_x = \omega_y = 0).$$

| | | |
|---|---|---|
| $B_x = -\sum m\,x\,z \cdot \omega_z$ | und falls | $B_x = -C_{x\,z} \cdot \omega_z \;\big\}\; = 0$, falls $x\,y\,z$ Hauptachsen |
| $B_y = -\sum m\,y\,z \cdot \omega_z$ | $\omega_z = \omega\ \mathrm{const}$ | $B_y = -C_{y\,z} \cdot \omega_z \;\big\}\;$ des Körpers sind (s. S. 72), |
| $B_z = +\sum m\,(x^2 + y^2) \cdot \omega_z$ | für alle $m$ ist: | $B_z = +J_z \cdot \omega_z .$ |

## d) Drallellipsoid.

Bei konstanter kinetischer Energie eines Körpers liegen die Endpunkte der Drallvektoren auf einem Ellipsoid[1], dessen Gleichung lautet:

$$1 = \left(\frac{B_x}{B_1}\right)^2 + \left(\frac{B_y}{B_2}\right)^2 + \left(\frac{B_z}{B_3}\right)^2 .$$

---

* Dies folgt am schnellsten aus den oben gegebenen Definitionsgleichungen durch Einsetzen der Geschwindigkeitswerte (siehe S. 47).

[1] Es ist nämlich

$$T = \tfrac{1}{2}\,J_\omega \cdot \omega^2 = \tfrac{1}{2}\,B_\omega \cdot \omega = \tfrac{1}{2}\,(B_x\,\omega_x + B_y\,\omega_y + B_z\,\omega_z)$$

und ferner
$$T = \tfrac{1}{2}\,B_1\,\omega_1 = \tfrac{1}{2}\,B_2\,\omega_2 = \tfrac{1}{2}\,B_3\,\omega_3$$

daraus folgt

$$1 = \frac{B_x\,\omega_x}{B_1\,\omega_1} + \frac{B_y\,\omega_y}{B_1\,\omega_2} + \frac{B_z\,\omega_z}{B_3\,\omega_3}$$

und mit der Definitionsgleichung

$$B_{\substack{x \\ y \\ z}} = J_{\substack{x \\ y \\ z}} \cdot \omega_{\substack{x \\ y \\ z}} \quad \text{und} \quad B_{\substack{1 \\ 2 \\ 3}} = J_{\substack{x \\ y \\ z}} \cdot \omega_{\substack{1 \\ 2 \\ 3}} ,$$

also
$$\frac{\omega_{x\,y\,z}}{\omega_{123}} = \frac{B_{x\,y\,z}}{B_{123}} ,$$

erhält man obige Ellipsoidgleichung.

$B_{\substack{x\,y\,z}}$ sind die Komponenten des jeweiligen Drallvektors in Richtung der Hauptachsen $xyz$ und $B_{\substack{1\\2\\3}} = J_{\substack{x\\y\\z}} \cdot \omega_1$ ist die Größe des Dralles bei Drehung um eine Hauptachse $x$, $y$ oder $z$ mit der Winkelgeschwindigkeit $\omega_1$, $\omega_2$ oder $\omega_3$.

Da $B_{\substack{1\\2\\3}} = J_{\substack{1\\2\\3}}\,\omega_{\substack{1\\2\\3}} \sim \dfrac{1}{R^2_{123}} \cdot R_{123} \sim \dfrac{1}{R_{123}}$ ist (siehe S. 79/80), ist das Drallellipsoid dem Trägheitsellipsoid umgekehrt verhältig.

## 3. Arbeit, Leistung. Energie.

### a) Arbeit und Leistung.

Arbeit einer äußeren Kraft = skalares Produkt aus Kraft und Weg[1],
= Kraft mal Weg in Kraftrichtung,
= Weg mal Kraft in Wegrichtung,

$$dA_{\mathfrak{P}} = \mathfrak{P} \cdot d\mathfrak{s} = P \cdot ds \cdot \cos \widehat{\mathfrak{P}\,ds},$$
$$= P_x \cdot dx + P_y \cdot dy + P_z \cdot dz.$$

Arbeit eines Drehmomentes = skalares Produkt aus Drehmoment und Winkelweg[2],

$$dA_{\mathfrak{M}} = \mathfrak{M} \cdot d\overline{\varphi},$$
$$= M_x \cdot d\alpha + M_y \cdot d\beta + M_z \cdot d\gamma.$$

Arbeit einer inneren Kraft = skalares Produkt aus Kraft und relativer Verschiebung
(bei einem formveränderlichen der zwei zugehörigen Massenpunkte[1],
Körper)

$$dA_i = \mathfrak{P}_i \cdot dl,$$

gesamte Elementararbeit: $\qquad dA = \mathfrak{P}d\mathfrak{s} + \mathfrak{M}d\overline{\varphi} + \mathfrak{P}_i dl,$

gesamte Arbeit auf dem Wege 1...2: $\quad A_{1-2} = \int\limits_1^2 \mathfrak{P}\,d\mathfrak{s} + \int\limits_1^2 \mathfrak{M}\,d\overline{\varphi} + \int\limits_1^2 \mathfrak{P}_i\,dl.$

Leistung $= \dfrac{\text{Arbeit}}{\text{Zeit}} =$ Kraft $\times$ Geschwindigkeit $+$ Drehmoment $\cdot$ Winkelgeschwindigkeit

$$L = \frac{dA}{dt} = \mathfrak{P} \cdot \mathfrak{v} + \mathfrak{P}_i \cdot \mathfrak{v}_i + \mathfrak{M} \cdot \overline{\omega}.$$

### b) Kinetische Energie = Energie der Bewegung

eines Massenpunktes $= \tfrac{1}{2}$ Masse $\times$ Geschwindigkeit$^2$ $= \tfrac{1}{2}mv^2$,
eines Massensystemes $=$ algebraische Summe der kinetischen
Energien aller Massenpunkte $= \Sigma\,(\tfrac{1}{2}mv^2)$,

---

[1] Das heißt, für jede Kraft senkrecht zur Bewegungsrichtung (z. B. Normalkräfte bei Führungen) ist die Arbeit $= 0$.

[2] Drehmoment durch Kräftepaar (siehe S. 28) darstellbar, dessen eine Kraft durch den Drehpunkt geht (Weg $= 0$) und dessen andere den Weg $d\mathfrak{s} = [d\overline{\varphi} \cdot \mathfrak{r}]$ zurücklegt.

$$d\mathfrak{s} = [d\overline{\varphi} \cdot \mathfrak{r}] = \begin{vmatrix} \mathfrak{i} & \mathfrak{j} & \mathfrak{k} \\ d\alpha & d\beta & d\gamma \\ x & y & z \end{vmatrix}$$

$$= \mathfrak{i}\,(d\beta \cdot z - d\gamma \cdot y) - \mathfrak{j}\,(d\alpha \cdot z - d\gamma \cdot x) + \mathfrak{k}\,(d\alpha \cdot y - d\beta \cdot x),$$

$$\mathfrak{P}\,d\mathfrak{s} = (\mathfrak{P} \cdot [d\overline{\varphi} \cdot \mathfrak{r}]) = (y \cdot P_z - z \cdot P_y) \cdot d\alpha + (z \cdot P_x - x \cdot P_z) \cdot d\beta + (x \cdot P_y - y \cdot P_x) \cdot d\gamma,$$

$$= M_x \cdot d\alpha \qquad\quad + M_y \cdot d\beta \qquad\quad + M_z \cdot d\gamma,$$

$$= \mathfrak{M} \cdot d\overline{\varphi}.$$

eines formveränderlichen Körpers $=$ Fortschreitenergie der Schwerpunktmasse $+$ Energie aller Massenteilchen in bezug auf den Schwerpunkt,

$$T = \tfrac{1}{2} M \cdot v_s^2 + \tfrac{1}{2} \sum m \, v'^2 \; *,$$

$$T = \tfrac{1}{2} M \cdot v_s^2 + \tfrac{1}{2} \sum m \, v_r'^2 + \tfrac{1}{2} \sum m \, v_\varphi'^2,$$

eines starren Körper $v_r' = 0$     $=$ Fortschreitenergie der Schwerpunktsmasse $+$ Drehenergie in bezug auf den Schwerpunkt,

$$T = \tfrac{1}{2} M \cdot v_s^2 + \tfrac{1}{2} J_{S\omega'} \cdot \omega'^2 \; **,$$

wobei $J_{S\omega'} = $ das Trägheitsmoment des Körpers in bezug auf die durch den Schwerpunkt gehende Drehachse ist,

$=$ Drehenergie um die Momentanachse,

$$= \tfrac{1}{2} \cdot J_\omega \cdot \omega^2 \; ***,$$

$=$ halbes skalares Produkt aus Drall- und Winkelgeschwindigkeitsvektor um die Momentanachse,

$$= \tfrac{1}{2} \cdot (\mathfrak{B} \cdot \overline{\omega}) = \tfrac{1}{2} \cdot B \cdot \omega \cdot \cos \widehat{\mathfrak{B}\,\omega} = \tfrac{1}{2} B_\omega \cdot \omega \; \dagger,$$

potentielle Energie       $=$ Energie der Lage, siehe S. 97 unter Potential.

---

* Dies folgt aus $T = \tfrac{1}{2} \sum m v^2$ mit $\mathfrak{v} = \mathfrak{v}_s + \mathfrak{v}'$, also $\mathfrak{v}^2 = \mathfrak{v}_s^2 + \mathfrak{v}'^2 + 2 \, (\mathfrak{v}_s \cdot \mathfrak{v}')$. Bei der Summenbildung über alle Massenpunkte fällt wegen $\sum m \mathfrak{v}' = 0$ (siehe S. 26) das doppelte Produkt weg. Der Index $s$ gilt für Werte des Schwerpunktes, der Strich $'$ für Werte eines Massenpunktes in bezug auf den Schwerpunkt (siehe Abb. 137).

** Es ist nämlich

$$v_\varphi'^2 = ([\overline{\omega}' \cdot \mathfrak{r}'] \cdot [\overline{\omega}' \cdot \mathfrak{r}']), \quad \text{(siehe S. 51)}$$

$$[\overline{\omega}' \cdot \mathfrak{r}'] \begin{vmatrix} \mathfrak{i} & \mathfrak{j} & \mathfrak{k} \\ \omega_x & \omega_y & \omega_z \\ x & y & z \end{vmatrix}$$

$$= \mathfrak{i} \, (\omega_y \cdot z - \omega_z \cdot y) - \mathfrak{j} \, (\omega_x z - \omega_z \cdot x) + \mathfrak{k} \, (\omega_x \cdot y - \omega_y \cdot x),$$

$$[\overline{\omega}' \cdot \mathfrak{r}']^2 = (z^2 + y^2) \cdot \omega_x^2 + (x^2 + z^2) \, \omega_y^2 + (y^2 + x^2) \cdot \omega_z^2$$
$$- 2 \, x \, y \, \omega_x \, \omega_y - 2 \, y \, z \, \omega_y \, \omega_z - 2 \, z \, x \, \omega_z \, \omega_x,$$

$$\sum m \, [\overline{\omega}' \cdot \mathfrak{r}']^2 = J_x \cdot \omega_x^2 + J_y \cdot \omega_y^2 + J_z \cdot \omega_z^2 - 2 \, C_{xy} \cdot \omega_x \, \omega_y - 2 \, C_{yz} \cdot \omega_y \, \omega_z - 2 \, C_{zx} \cdot \omega_z \, \omega_x,$$

wobei

$$\omega' = \mathfrak{i} \, \omega_x' + \mathfrak{j} \, \omega_y' + \mathfrak{k} \, \omega_z' = \text{const} \quad \text{für alle } m \text{ ist.}$$

Mit

$$\omega_x' = \omega' \cos \begin{pmatrix} \alpha \\ \beta \\ \gamma \end{pmatrix}_{\substack{y \\ z}}$$

erhält man für

$$\sum m \, [\overline{\omega} \cdot \mathfrak{r}']^2 = \omega'^2 \cdot (J_x \cdot \cos^2 \alpha + J_y \cdot \cos^2 \beta + J_z \cdot \cos^2 \gamma - 2 \, C_{xy} \cdot \cos \alpha \cdot \cos \beta$$
$$- 2 \, C_{yz} \cdot \cos \beta \cdot \cos \gamma - 2 \, C_{zx} \cdot \cos \gamma \cdot \cos \alpha),$$
$$= \omega'^2 J_{S\omega}, \quad \text{(siehe S. 74)}$$

d. h. $J_{S\omega}$ ist das Trägheitsmoment für eine durch den Schwerpunkt $S$ gehende und in Richtung der Winkelgeschwindigkeit $\omega'$ liegende Achse.

*** Es ist für den starren Körper in bezug auf die Momentanachse $\mathfrak{v} \equiv \mathfrak{v}_\varphi = [\omega \cdot \mathfrak{r}]$. Weitere Entwicklung entsprechend Anmerkung **.

$\dagger$ Es ist $T = \tfrac{1}{2} J_\omega \cdot \omega^2$; sind ferner $xyz$ die Hauptachsen und $\alpha\beta\gamma$ die Winkel zwischen $\overline{\omega}$ und diesen Hauptachsen, so ist auch

$$T = \tfrac{1}{2} \, (J_x \cdot \cos^2 \alpha + J_y \cdot \cos^2 \beta + J_z \cdot \cos \gamma) \, \omega^2, \quad \text{(siehe S. 74)}$$
$$= \tfrac{1}{2} \, (J_x \cdot \omega_x^2 + J_y \cdot \omega_y^2 + J_z \cdot \omega_z^2),$$
$$= \tfrac{1}{2} \, (B_x \, \omega_x + B_y \, \omega_y + B_z \, \omega_z), \quad \text{(siehe S. 82)}$$
$$= \tfrac{1}{2} \, (\mathfrak{B} \cdot \overline{\omega}). \quad \text{(siehe S. 5)}$$

## 4. Übersicht über die verschiedenen Achsen.

Schwerpunktsachsen, Schwerachsen sind alle durch den Schwerpunkt gehenden Achsen, auf sie bezogen sind die statischen Momente der Massen (siehe S. 26) gleich null.

$$\Sigma\, dm \cdot x = \Sigma\, dm \cdot y = \Sigma\, dm \cdot z = 0\,.$$

Hauptachsen: für sie sind die Zentrifugalmomente (siehe S. 72) gleich null.

$$C_{xy} = C_{xz} = C_{yz} = 0\,.$$

Die Trägheitsmomente für diese Achsen heißen Hauptträgheitsmomente. Unter ihnen sind $J_{max}$ und $J_{min}$.

Schwerpunktshauptachsen sind Hauptachsen, die durch den Schwerpunkt hindurchgehen. Für sie sind die statischen und die Zentrifugalmomente gleich null.

$$\Sigma\, dm \cdot x = \Sigma\, dm \cdot y = \Sigma\, dm \cdot z = 0\,,$$
$$C_{xy} = C_{xz} = C_{yz} = 0\,.$$

Sie sind freie Achsen (siehe S. 94), d. h. bei Drehungen um diese Achsen treten keine dynamischen Lagerreaktionen auf.

Symmetrieebenen enthalten 2 Hauptachsen, während die dritte darauf senkrecht steht. In ihnen liegt der Schwerpunkt.

Symmetrieachsen sind Schwerpunktshauptachsen (freie Achsen).

## 5. Übersicht über die verschiedenen Ellipsoide.

Die Achsen der Ellipsoide, gekennzeichnet durch die Zeiger 123, fallen mit den Koordinatenachsen $xyz$, die in Richtung der Hauptachsen des Körpers liegen, zusammen.

| Ellipsoid | Gleichung des Ellipsoides | Achsen des Ellipsoides |
|---|---|---|
| Trägheit (siehe S. 79) | $1 = \left(\dfrac{X}{R_1}\right)^2 + \left(\dfrac{Y}{R_2}\right)^2 + \left(\dfrac{Z}{R_3}\right)^2,$ | $R_{\substack{1\\2\\3}} \sim \dfrac{1}{\sqrt{J_{\substack{1\\2\\3}}}} = \dfrac{1}{i_{\substack{1\\2\\3}}},$ |
| Winkelgeschwindigkeit (siehe S. 80) | $1 = \left(\dfrac{\omega_x}{\omega_1}\right)^2 + \left(\dfrac{\omega_y}{\omega_2}\right)^2 + \left(\dfrac{\omega_z}{\omega_3}\right)^2,$ | $\omega_{123} = \sqrt{\dfrac{2E}{J_{123}}} \sim R_{123},$ |
| Drall (siehe S. 82) | $1 = \left(\dfrac{B_x}{B_1}\right)^2 + \left(\dfrac{B_y}{B_2}\right)^2 + \left(\dfrac{B_z}{B_3}\right),$ | $B_{123} = J_{\substack{1\\2\\3}}\,\omega_{\substack{1\\2\\3}} \sim \dfrac{1}{R_{123}},$ |

d. h. das

$$\left.\begin{array}{l}\text{Winkelgeschwindigkeitsellipsoid}\\\text{Drallellipsoid}\end{array}\right\}\ \text{ist dem Trägheitsellipsoid}\ \left\{\begin{array}{l}\text{umgekehrt}\\\text{direkt}\end{array}\right\}\ \text{verhältig.}$$

## 6. Ersatzmassen.

### a) Statische und dynamische Gleichwertigkeit.

### Statische Gleichwertigkeit

zwischen dem ursprünglichen und dem Ersatzsystem (mit ′ bezeichnet) verlangt:

| | | | |
|---|---|---|---|
| Gesamtmasse | $=$ const | $M = \int dm = \Sigma\, m',$ | (1) |
| Schwerpunkt, d. h. Momente ersten Grades in bezug auf einen beliebigen Punkt (Achse, Ebene) | $=$ const $\Big\}\ \int dm\,\mathfrak{r} = \Sigma\, m'\,\mathfrak{r}'\ \Big\{$ | $\begin{aligned}\int dm\,x &= \Sigma\, m'\,x',\\ \int dm\,y &= \Sigma\, m'\,y',\\ \int dm\,z &= \Sigma\, m'\,z'.\end{aligned}$ | (2) (3) (4) |

## Dynamische Gleichwertigkeit

zwischen dem ursprünglichen und dem Ersatzsystem verlangt, daß auch noch die

Trägheitsmomente = const

$$J_{xy} = \int dm\, z^2 = \sum m'\, z'^2, \qquad (5)$$
$$J_{yz} = \int dm\, x^2 = \sum m'\, x'^2, \qquad (6)$$
$$J_{zx} = \int dm\, y^2 = \sum m'\, y'^2, \qquad (7)$$

und die Hauptachsen = const,
d. h. die Zentrifugalmomente = 0 sind.

$$C_{xy} = \int dm\, x y = \sum m'\, x'\, y' = 0, \qquad (8)$$
$$C_{yz} = \int dm\, y z = \sum m'\, y'\, z' = 0, \qquad (9)$$
$$C_{zx} = \int dm\, z x = \sum m'\, z'\, x' = 0. \qquad (10)$$

Die kleinste Anzahl der Ersatzmassen für statische und dynamische Gleichwertigkeit ist bei einem Körper = 4*. Bei 4 Ersatzmassen treten 16 Unbekannte auf (4 Massen und $4 \times 3$ Koordinaten), 10 Gleichungen stehen zur Verfügung, es sind also 6 Stücke frei wählbar.

Bei ebenen Systemen vereinfachen sich die Bedingungen wegen Fortfalles der Gleichungen 4, 5, 9 und 10 ($z \equiv 0$) und 8 auf 5 Gleichungen.

### b) Ebene Systeme.

#### α) Zwei Ersatzmassen.

Schwerpunkt = Koordinatenursprung, beide Punkte auf der $x$-Achse ($y_1 = 0$). 4 Unbekannte, 3 Gleichungen, 1 Stück frei wählbar.

a) Koordinate $x_1'$ eines Punktes gewählt. Aus den Gleichungen 1, 2, 6 (siehe Abschn. a) folgt:

$$x_2' = -\frac{i^2}{x_1'},$$

d. h. die Punkte mit den Massen $m_1'$ und $m_2'$ liegen zueinander wie Aufhängepunkt und Schwingungsmittelpunkt eines Pendels, d. h. wie Stoßpunkt und Stoßmittelpunkt eines gestoßenen Körpers (siehe S. 106).

$$m_1' = M \cdot \frac{i^2}{x_1'^2 + i^2} = M \cdot \frac{x_2'}{x_2' - x_1'},$$
$$m_2' = M \cdot \frac{i^2}{x_2'^2 + i^2} = M \cdot \frac{x_1'}{x_1' - x_2'}.$$

b) Massengleichheit $m_1' = m_2'$ gewählt.
Ergebnis:

$$m_1' = m_2' = \tfrac{1}{2} M,$$
$$x_1' = -x_2' = i.$$

#### β) Drei Ersatzmassen auf einer Geraden.

Schwerpunkt = Koordinatenursprung, alle 3 Punkte auf der $x$-Achse ($y_1 = 0$). 6 Unbekannte, 3 Gleichungen, 3 Stücke frei wählbar. Koordinaten $x_1$ der 3 Punkte gewählt (z. B. Schwerpunkt und 2 Gelenke des Getriebegliedes).

Ergebnis:

$$m_1' = \frac{M}{D} \cdot (x_3' x_2' + i^2) \cdot (x_3' - x_2'),$$

$$m_2' = \frac{M}{D} \cdot (x_1' x_3' + i^2) \cdot (x_1' - x_3'),$$

$$m_3' = \frac{M}{D} \cdot (x_2' x_1' + i^2) \cdot (x_2' - x_1'),$$

---

* Man kann nämlich durch 3 Punkte immer eine Ebene legen. Es wäre dann die Ordinate senkrecht zu dieser (z. B. $z$) dauernd gleich null, also 2 Bedingungen (Gl. 4 und 5) blieben unerfüllt.

wobei

$$D = \begin{vmatrix} 1 & 1 & 1 \\ x_1' & x_2' & x_3' \\ x_1'^2 & x_2'^2 & x_3'^2 \end{vmatrix}$$
$$= x_3' x_2' (x_3' - x_2') + x_1' x_3' (x_1' - x_3') + x_2' x_1' (x_2' - x_1')$$

ist.

## 7. Kraft- und Massenreduktion.

Bei Behandlung von zwangläufigen Getrieben reduziert man häufig die treibenden und widerstehenden Kräfte und die getriebenen Massen auf einen Punkt[1].

Grundgedanke:

1. Arbeit der Kräfte $\mathfrak{P}$ am ursprünglichen System = Arbeit der Ersatzkraft $\mathfrak{P}_{red}$ im reduzierten System

$$\sum (\mathfrak{P}\, d\mathfrak{s}) = (\mathfrak{P}_{red} \cdot d\mathfrak{s}_{red}),$$

Differentiation nach der Zeit ergibt

$$\mathfrak{P}_{red} = \sum \mathfrak{P} \cdot \left(\frac{\mathfrak{v}}{\mathfrak{v}_{red}}\right).$$

2. Kinetische Energie des ursprünglichen Systems = kinetische Energie der Ersatzmasse.

$$\sum J_S \cdot \omega_S^2 + \sum m\, v_S^2 = m_{red} \cdot v_{red}^2,$$
$$m_{red} = \sum m \left(\frac{v_S}{v_{red}}\right)^2 + \sum J_S \cdot \frac{\omega_S^2}{v_{red}^2}$$
$$= M \cdot \left(\frac{v_S}{v_{red}}\right)^2 + \sum J_S \cdot \left(\frac{\omega_S}{v_{red}}\right)^2.$$

Sind die Massen $m$ der einzelnen Getriebeglieder zuvor auf Ersatzpunkte (Ersatzmassen $m'$) reduziert worden (siehe S. 85), so ist:

$$m_{red} = \sum m' \cdot \left(\frac{v'}{v_{red}}\right)^2.$$

Die Geschwindigkeitsverhältnisse werden nach der Methode der lotrechten Geschwindigkeiten (siehe S. 67) oder mittels Wittenbauers Geschwindigkeitsplan (siehe S. 66) bestimmt. Im allgemeinen ist $m_{red} \neq$ const, d. h. es gelten für die Bewegung die Gesetze für veränderliche Massen (siehe S. 89). Meist erhält man $\mathfrak{P}_{red}$ und $m_{red}$ abhängig vom Wege $s_{red}$ des Reduktionspunktes nicht in analytischer, sondern in Form von Kurven (siehe Abb. 138). Man bilde dann:

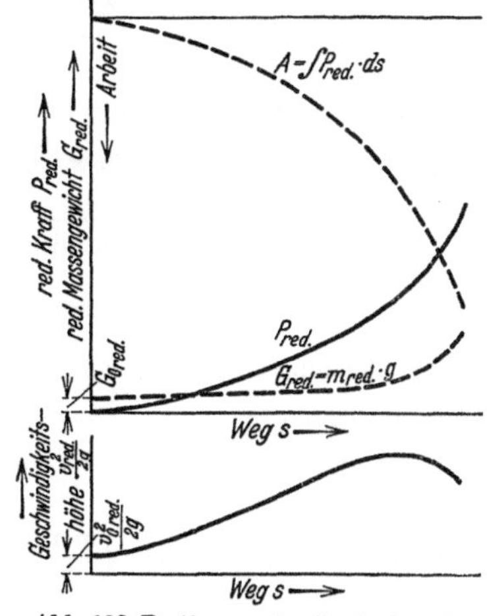


Abb. 138. Bestimmen der Geschwindigkeit des Reduktionspunktes aus reduzierter Kraft und Masse.

$$A = \int_0^s \mathfrak{P}_{red} \cdot d\mathfrak{s}_{red} = m_{red} \cdot g \cdot \frac{v_{red}^2}{2g} - m_{0\,red} \cdot g \cdot \frac{v_{0\,red}^2}{2g}$$

und berechne daraus $\dfrac{v_{red}^2}{2g} = f\,(s_{red})$ (siehe S. 64) zu:

$$\frac{v_{red}^2}{2g} = \frac{A + G_{0\,red}\, \dfrac{v_{0\,red}^2}{2g}}{G_{red}}.$$

$G$ = veränderliches Massengewicht.

Zeiger $_0$ = Anfangszustand mit $s_{red} = 0$.

Die Geschwindigkeiten und Beschleunigungen der einzelnen Systempunkte folgen aus denen des Reduktionspunktes nach Wittenbauers Geschwindigkeits- und Beschleunigungsplan.

---

[1] Man vermeide es nach Möglichkeit, Punkte mit schwingender Bewegung (z. B. Kreuzkopf oder Punkte einer Schwinge) als Reduktionspunkte zu wählen, da im Augenblick der Bewegungsumkehr $v_{red} = 0$ wird, mithin $m_{red} \to \infty$ geht.

# III. Grundgesetze der Kinetik.

## 1. Fortschreitende Bewegung (Translation).

### a) Impulssatz.

Antrieb der Kraft = Änderung der Bewegungsgröße[1],
$\quad\quad\quad\quad$ = Änderung des Impulses.

---

[1] Zur Anwendung des Impulssatzes zeichne man eine Hüllfläche um den zu untersuchenden Bereich. Die geometrische Differenz zwischen der aus- und eintretenden Bewegungsgröße (= Impuls = Masse × Geschwindigkeit) ist gleich dem innerhalb der Hüllfläche ausgeübten Antriebe (Kraft × Zeit). Alle Vorgänge innerhalb der Hülle, wie z. B. Umlenkungen, Stöße, chemische Umsetzungen, also Energieverluste usw., bleiben unbeachtet.

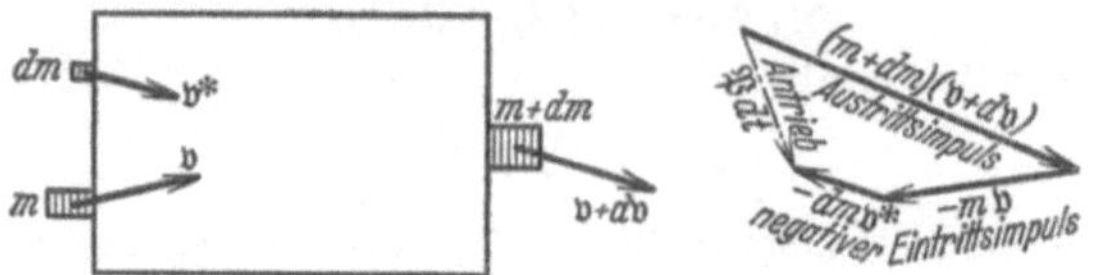


Abb. 139. Anwendung des Impulssatzes bei unveränderlicher Masse.
$\quad\quad$ a) Hüllfläche. $\quad\quad$ b) Impulsvektoren.

Beispiel: Fall 2 (siehe Abb. 139)

$$\left.\begin{array}{ll} \text{austretende Bewegungsgröße} &= (m + dm)\,(\mathfrak{v} + d\mathfrak{v}) \\ \text{eintretende} \quad\quad\quad \text{,,} &= m\cdot\mathfrak{v} + dm\,\mathfrak{v}^* \end{array}\right\}$$

$$\begin{aligned} \text{Differenz} = \text{Impulsänderung} &= m\cdot d\mathfrak{v} - dm\,(\mathfrak{v}^* - \mathfrak{v}) \\ &= m\cdot d\mathfrak{v} - dm\,\mathfrak{v}_{rel} \\ = \text{Antrieb der Kraft} &= \mathfrak{P}\cdot dt. \end{aligned}$$

Die Gleichungen für Fall 3 (reduzierte Masse) folgen aus dem Energiesatz (siehe S. 96) durch Multiplikation mit $\dfrac{dt}{d\mathfrak{s}} = \dfrac{1}{\mathfrak{v}}$ oder aus der Lagrangeschen Gleichung (siehe S. 100). Fall 3 entspricht dem Falle 2, wenn die hinzukommende Masse $dm$ die Geschwindigkeit $\mathfrak{v}^* = \frac{1}{2}\mathfrak{v}$ besitzt.

Energiesatz: $\quad \mathfrak{P}\,d\mathfrak{s} = d\left(\dfrac{m\,\mathfrak{v}^2}{2}\right) = m\,\mathfrak{v}\,d\mathfrak{v} + \dfrac{1}{2}\,\mathfrak{v}^2\,dm \;\Big|\; \cdot \dfrac{dt}{d\mathfrak{s}},$

$\quad\quad\quad\quad \mathfrak{P}\,dt = m\cdot d\mathfrak{v} + \dfrac{1}{2}\,\mathfrak{v}\,dm.$

Lagrangesche Gleichung: $\quad \dfrac{d}{dt}\left(\dfrac{\partial T}{\partial \dot{u}}\right) - \dfrac{\partial T}{\partial u} = -\dfrac{\partial U}{\partial u}.$

Systemkoordinate: $\quad u \equiv s; \quad \dot{u} \equiv \dot{s} = v.$

Kinetische Energie: $\quad T = \dfrac{1}{2}\,m\,v^2,$

$$\dfrac{\partial T}{\partial v} = m\cdot v; \quad \dfrac{d}{dt}\left(\dfrac{\partial T}{\partial v}\right) = \dfrac{dm}{dt}\cdot v + m\cdot \dfrac{dv}{dt},$$

$$\dfrac{\partial T}{\partial u} = \dfrac{\partial T}{\partial s} = \dfrac{1}{2}\cdot\dfrac{dm}{ds}\cdot v^2; \quad -\dfrac{\partial U}{\partial u} = -\dfrac{\partial U}{\partial s} = \mathfrak{P}.$$

Einsetzen ergibt die angegebene Formel.

Fall 2 läßt sich nicht nach Lagrange ableiten, weil infolge des Stoßes ein Energieverlust auftritt, also die Voraussetzung Energie $= T + U = $ const nicht zutrifft.

## α) Massenpunkt.

| Masse = const[1] $m = \text{const},$ $dm = 0.$ | Masse veränderlich[1] | |
|---|---|---|
| | wirkliche Änderung einer wirklich vorhandenen Masse | gedachte Änderung einer auf einen Punkt reduzierten Masse (siehe S. 87). |
| | Zugang / Abgang von Masse $dm \gtrless 0.$ | |
| $\mathfrak{P}\, dt = d\,(m\,\mathfrak{v})\,\dagger$ | $\mathfrak{P}\, dt + dm\,\mathfrak{v}^* = d\,(m\,\mathfrak{v})$ $= dm\,\mathfrak{v} + m\,d\mathfrak{v}$ | $\mathfrak{P}\, dt + \tfrac{1}{2}\,dm\,\mathfrak{v} = d\,(m\,\mathfrak{v})$ |
| $\mathfrak{P}\, dt = m \cdot d\mathfrak{v}$ | $\mathfrak{P}\, dt = m\,d\mathfrak{v} - dm\,\mathfrak{v}_{rel},$ wobei $\mathfrak{v}_{rel} = \mathfrak{v}^* - \mathfrak{v}$ die Relativgeschwindigkeit der Masse $dm$ gegenüber der Masse $m$ ist | $\mathfrak{P}\, dt = m\,d\mathfrak{v} + \tfrac{1}{2}\,dm\,\mathfrak{v}$ |
| $P_x \cdot dt = m \cdot dv_x\,\dagger\dagger$ $\substack{y\\z}$ | $P_x \cdot dt = m\,dv_x - dm\,v_{rel\,x}$ $\substack{y\\z}\quad\substack{y\\z}$ | $P_x\,dt = m\,dv_x + \tfrac{1}{2}\,dm\,v_x$ $\substack{y\\z}\quad\substack{y\\z}$ |

### β) System von Massenpunkten[2].

**Masse = konstant, starrer und formveränderlicher Körper.**

$$\mathfrak{R} \cdot dt = \Sigma\, d\,(m\,\mathfrak{v}) = \Sigma\,(m \cdot d\mathfrak{v})\,\dagger\dagger\dagger.$$

**Erster Schwerpunktsatz** betrifft fortschreitende Bewegung des Schwerpunktes:

$$\mathfrak{R} \cdot dt = M \cdot d\mathfrak{v}_s.$$

Der Schwerpunkt eines Systems bewegt sich so, als ob alle Kräfte parallel verschoben an ihm angriffen und die gesamte Masse in ihm vereinigt wäre (siehe oben: Gesetze für den Massenpunkt). Durch innere Kräfte und Kräftepaare kann der Schwerpunkt nicht bewegt werden.

Trägheitsgesetz: Beim Fehlen äußerer Kräfte und auch bei statischem Gleichgewicht ($\mathfrak{R} = \Sigma\,\mathfrak{P} = 0$) verharrt der Schwerpunkt in Ruhe oder gerader gleichförmiger Bewegung ($d\mathfrak{v}_s = 0$; $\mathfrak{v}_s = \text{const}$).

---

[1] Nach der Relativitätstheorie ist $m = \dfrac{m_0}{\sqrt{1 - v^2/c^2}}$, wobei $v$ die Geschwindigkeit der bewegten Masse und $c$ die konstante Lichtgeschwindigkeit ist. Bei technischen Problemen ist $v^2/c^2$ so klein, daß in der technischen Mechanik von dieser Art der Massenänderung abgesehen werden kann.

† $\mathfrak{P}$ ist die Resultierende aller auf den betrachteten Massenpunkt wirkenden Kräfte.

†† Weitere Zerlegungen siehe beim dynamischen Grundgesetz (siehe S. 90).

[2] Die Gleichungen für ein System von Massenpunkten erhält man durch Addition der für jeden Punkt angesetzten.

††† $\mathfrak{R} = \Sigma\,\mathfrak{P}$ = Resultierende aller an allen Massenpunkten angreifenden Kräfte.

= Resultierende aller äußeren Kräfte, da ja die zwischen den einzelnen Massenpunkten vorhandenen inneren Kräfte wegen ihres paarweisen Auftretens herausfallen.

$\Sigma\,d\,(m\,\mathfrak{v})$ ist die Summe der Impulsänderungen aller Massenpunkte.

$\mathfrak{v}$ = Absolutgeschwindigkeit eines Massenpunktes $m$.

$\mathfrak{v}_s$ = Absolutgeschwindigkeit des Schwerpunktes.

$\mathfrak{v}'$ = Relativgeschwindigkeit eines Massenpunktes gegenüber dem Schwerpunkt $\mathfrak{v} = \mathfrak{v}_s + \mathfrak{v}'$ (siehe S. 56 u. **Abb. 137**).

$\Sigma\,(m\,\mathfrak{v}) = M \cdot \mathfrak{v}_s + \Sigma\,m\,\mathfrak{v}'$. Nach der Definition des Schwerpunktes ist $\Sigma\,(m\,\mathfrak{r}') = 0$ und auch $\Sigma\,m\,\mathfrak{v}' = 0$ für alle Zeiten, d. h. es ist $\Sigma\,(m\,d\mathfrak{v}) = M \cdot d\mathfrak{v}_s$.

### Masse veränderlich.

$$\Re \cdot dt \quad + \quad \Sigma\, dm\, \mathfrak{v}^* \quad = \quad \Sigma\, d\,(m\,\mathfrak{v}) \quad ,$$

Kraftantrieb + zugeführter Impuls = Impulsänderung,

$$= \Sigma\, m\, d\mathfrak{v} + \Sigma\, \mathfrak{v}\, dm,$$

$$= M \cdot d\mathfrak{v}_s + \Sigma\, \mathfrak{v}\, dm,$$

$$\Re \cdot dt = M \cdot d\mathfrak{v}_s - \Sigma\, dm\, \mathfrak{v}_{rel}, \quad \text{wobei} \quad \mathfrak{v}_{rel} = \mathfrak{v}^* - \mathfrak{v} \text{ ist.}$$

## b) Dynamische Grundgleichung

folgt aus dem Impulssatz durch Differentiation nach der Zeit.

Kraft = zeitliche Änderung der Bewegungsgröße (des Impulses),

      = Änderungsgeschwindigkeit des Impulses.

### α) Massenpunkt.

| Masse = const [1] $m = \text{const}$ $dm = 0$ | Masse veränderlich [1] | |
|---|---|---|
| | wirkliche Änderung einer wirklich vorhandenen Masse | gedachte Änderung einer auf einen Punkt reduzierten Masse (siehe S. 87) |
| | Zugang / Abgang von Masse $dm \gtrless 0$ | |
| $\mathfrak{P} = \dfrac{d}{dt}(m\,\mathfrak{v})$ | $\mathfrak{P} + \dfrac{dm}{dt}\cdot\mathfrak{v}^* = \dfrac{d}{dt}(m\,\mathfrak{v})$ | $\mathfrak{P} + \dfrac{1}{2}\dfrac{dm}{dt}\cdot\mathfrak{v} = \dfrac{d}{dt}(m\,\mathfrak{v})$ |
| $\mathfrak{P} = m\cdot\dfrac{d\mathfrak{v}}{dt} = m\,\mathfrak{b}$ | $\mathfrak{P} = m\cdot\mathfrak{b} - \dfrac{dm}{dt}\cdot\mathfrak{v}_{rel}$ | $\mathfrak{P} = m\,\mathfrak{b} + \dfrac{1}{2}\dfrac{dm}{dt}\,\mathfrak{v}$ |
| Kraft = Masse × Beschleunigung | $= m\,\mathfrak{b} - \dfrac{dm}{ds}\cdot v\cdot\mathfrak{v}_{rel}$ | $= m\,\mathfrak{b} + \dfrac{1}{2}\dfrac{dm}{ds}\,v\cdot\mathfrak{v}$ |
| | wobei $v_{rel} = v^* - v$ ist | |

Zerlegung in kartesische Koordinaten [2]:

$$P_x = m \cdot b_x.$$
$$\substack{y \\ z} \qquad \substack{y \\ z}$$

Zerlegung nach Euler in der Schmiegungsebene der Bahn:

$$P_n = m\cdot b_n = m\cdot\frac{v^2}{\varrho} \quad \text{Richtungsänderung von } \mathfrak{v},$$

$$P_t = m\cdot b_t = m\cdot\frac{dv}{dt} \quad \text{Größenänderung von } \mathfrak{v}.$$

Zerlegung in Polarkoordinaten:

$$P_r = m\cdot b_r = m\cdot\ddot{r} - m\cdot r\cdot\omega^2,$$

$$P_\varphi = m\,b_\varphi = m\,r\,\varepsilon + 2\,m\,\dot{r}\,\omega = \frac{2\,m}{r}\cdot\frac{d^2F}{dt^2}.$$

---

[1] Siehe Anm. 1 auf S. 89.        [2] Siehe Kinematik, S. 51.

## $\beta$) System von Massenpunkten.

### Masse = konstant, starrer und formveränderlicher Körper.

$$\Re = \frac{d}{dt}\,(\Sigma\,m\,\mathfrak{v}) = \Sigma\,m\cdot\mathfrak{b}\,\dagger.$$

Erster Schwerpunktsatz (siehe auch S. 89) betrifft fortschreitende Bewegung des Schwerpunktes:

$$\Re = M\cdot\mathfrak{b}_s$$

Resultierende Kraft = Gesamtmasse $\times$ Schwerpunktsbeschleunigung, d. h. für die Bewegung des Schwerpunktes gelten die gleichen Gesetze wie für die Bewegung eines Massenpunktes (siehe S. 90).

Trägheitsgesetz: $\Re = 0$; $\mathfrak{b}_s = 0$; $\mathfrak{v}_s = \text{const}$ (siehe S. 89).

| Prinzip von d'Alembert: | $\Re + \Sigma\,(-\,m\,\mathfrak{b}) = 0\,.$ |
|---|---|

Prinzip von d'Alembert: führt durch Anbringen der Ergänzungskräfte $-\,m\mathfrak{b}$ das kinetische Problem auf ein statisches zurück.

$\Re + \Sigma\,(-\,m\,\mathfrak{b}) = 0\,.$

Die äußeren Kräfte ($\Re = \Sigma\,\mathfrak{P}$) und die Ergänzungskräfte ($-\,m\mathfrak{b}$) bilden ein Gleichgewichtssystem. Die inneren Kräfte zwischen den Massenpunkten bilden infolge ihres paarweisen Auftretens für sich ein Gleichgewichtssystem. Sie üben also auf die Bewegung des Schwerpunktes keinen Einfluß aus[1].

### Masse veränderlich.

$$\Re + \sum \frac{dm}{dt}\cdot\mathfrak{v}^{*} = \frac{d}{dt}\,\Sigma\,m\,\mathfrak{v},$$

$$= \Sigma\,m\,\mathfrak{b} + \sum \frac{dm}{dt}\,\mathfrak{v}\,,$$

$$= M\cdot\mathfrak{b}_s + \sum \frac{dm}{dt}\cdot\mathfrak{v}\,,$$

$$\Re = M\cdot\mathfrak{b}_s - \sum \frac{dm}{dt}\cdot\mathfrak{v}_{rel}\,,$$

$$= M\cdot\mathfrak{b}_s - \sum \frac{dm}{ds}\cdot v\cdot\mathfrak{v}_{rel}\,,$$

wobei $v_{rel} = v^{*} - v$ ist.

## 2. Drehende Bewegung (Rotation).

### a) Satz vom Drehimpuls = Drallsatz = Flächensatz[2].

Er folgt aus dem Impulssatz für die fortschreitende Bewegung durch vektorielle Multiplikation mit $\mathfrak{r}$, der jeweiligen Entfernung von einem beliebig gewählten raumfesten Punkt $O$.

Antrieb der Kraftmomente = Änderung des statischen Momentes der Bewegungsgröße,

| | | | des Impulses, |
|---|---|---|---|
| = | ,, | ,, | ,, doppelten Produktes aus Masse und Flächengeschwindigkeit[3], |
| = | ,, | ,, Drehimpulses, | |
| = | ,, | ,, Dralles. | |

$\dagger$ Siehe Anm. $\dagger\dagger\dagger$ auf S. 89.

[1] Die inneren Kräfte heißen deshalb auch „verlorene" Kräfte. Beim unstarren Körper verrichten sie aber Arbeit (siehe S. 83).

[2] Siehe Bemerkungen über die Hüllfläche auf S. 88.

[3] Es ist $\mathfrak{v} = \mathfrak{v}_r + \mathfrak{v}_\varphi$ (siehe S. 51),

$[\mathfrak{r}\cdot\mathfrak{v}_r] = 0$, weil beide Vektoren die gleiche Richtung haben,

$[\mathfrak{r}\cdot\mathfrak{v}_\varphi] = 2\cdot\dfrac{d\mathfrak{F}}{dt}$ (siehe S. 52).

## α) Massenpunkt.

| Masse = const[1] $m = \mathrm{const}$ $dm = 0$ | Masse veränderlich[1] | |
|---|---|---|
| | wirkliche Änderung einer wirklich vorhandenen Masse | gedachte Änderung einer auf einen Punkt reduzierten Masse (siehe S. 87) |
| | Zugang / Abgang von Masse $dm \gtrless 0$ | |
| $\mathfrak{M}\cdot dt=[\mathfrak{r}\,\mathfrak{P}]\cdot dt=d\,[\mathfrak{r}\,m\,\mathfrak{v}]$ $=m\,d\,[\mathfrak{r}\,\mathfrak{v}]\ \dagger$ $=m\,[\mathfrak{r}\cdot d\,\mathfrak{v}]$ $=2\cdot m\cdot d\!\left(\dfrac{d\mathfrak{F}}{dt}\right)\!\dagger\dagger$ | $\mathfrak{M}\cdot dt+dm\,[\mathfrak{r}^*\mathfrak{v}^*]=d\,[m\,\mathfrak{r}\,\mathfrak{v}]$ $\mathfrak{M}\cdot dt=m\cdot d\,[\mathfrak{r}\,\mathfrak{v}]$ $+dm\,([\mathfrak{r}\,\mathfrak{v}]-[\mathfrak{r}^*\mathfrak{v}^*])\,\dagger$ | $\mathfrak{M}\cdot dt=m\cdot d\,[\mathfrak{r}\,\mathfrak{v}]+\tfrac{1}{2}dm\,[\mathfrak{r}\,\mathfrak{v}]\,\dagger$ |
| $M_x\cdot dt=(yZ-zY)\cdot dt$ $=m\,(y\cdot dv_z-z\cdot dv_y)$ | $M_x\cdot dt=m\,(y\,dv_z-z\,dv_y)$ $+dm\,\{(y\,v_z-z\,v_y)$ $-(y^*v_z^*-z^*v_y^*)\}$ | $M_x\cdot dt=m\,(y\,dv_z-z\,dv_y)$ $+\tfrac{1}{2}dm\,(y\,v_z-z\,v_y)$ |

$\mathfrak{M}_y\,dt$ und $\mathfrak{M}_z\cdot dt$ durch zyklische Vertauschung.

## β) System von Massenpunkten.

**Masse = konstant; starrer und formveränderlicher Körper.**

$$\mathfrak{M}_0\cdot dt=[\mathfrak{r}\,\mathfrak{R}]\cdot dt=\textstyle\sum d\,[\mathfrak{r}\cdot m\,\mathfrak{v}]=d\sum m\,[\mathfrak{r}\,\mathfrak{v}]=d\,\mathfrak{B}_0,$$
$$=d\,\mathfrak{B}'+M\cdot[\mathfrak{r}_s\,d\mathfrak{v}_s].$$

Antrieb der Momente in bezug auf raumfesten Punkt $O$ = Dralländerung in bezug auf den Schwerpunkt + Dralländerung der Schwerpunktsmasse in bezug auf $O$.

Zweiter Schwerpunktssatz (betrifft Drehbewegung um den Schwerpunkt)

$$\mathfrak{M}'\cdot dt=[\mathfrak{r}'\,\mathfrak{R}]\,dt=d\,\mathfrak{B}'=d\textstyle\sum m\,[\mathfrak{r}'\,\mathfrak{v}']\ \dagger\dagger\dagger$$

Antrieb der Momente in bezug auf den Schwerpunkt = Änderung des Dralles in bezug auf den Schwerpunkt.

Keplersches Gesetz (entspricht dem Trägheitsgesetz): Beim Fehlen äußerer Momente und auch bei statischem Gleichgewicht ($\mathfrak{M}_0$ bzw. $\mathfrak{M}' = 0$) bleibt der Drall des Systemes konstant.

$$\left(d\mathfrak{B}=0;\quad \mathfrak{B}=\textstyle\sum[m\,\mathfrak{r}\,\mathfrak{v}]=2\sum m\,\frac{d\mathfrak{F}}{dt}=\mathrm{const.}\right)$$

Es ist also die Flächengeschwindigkeit konstant oder mit anderen Worten: In gleichen Zeiten werden von den Fahrstrahlen gleiche Flächen überstrichen.

**Masse veränderlich.**

$$\mathfrak{M}\cdot dt\qquad +\textstyle\sum dm\,[\mathfrak{r}^*\mathfrak{v}^*]=\ d\sum m\,[\mathfrak{r}\,\mathfrak{v}],$$

**Antrieb der Momente + Zusatzdrall = Dralländerung.**

---

[1] Siehe Anm. 1 auf S. 89.

$\dagger\ d\,[\mathfrak{r}\,\mathfrak{v}]=[\underline{d\mathfrak{r}\,\mathfrak{v}}]+[\mathfrak{r}\,d\mathfrak{v}],$
$\qquad[d\mathfrak{r}\cdot\mathfrak{v}]=[\mathfrak{v}\,dt\cdot\mathfrak{v}]=0,$
weil beide Vektoren die gleiche Richtung haben (siehe S 5).

$\dagger\dagger$ Siehe Anm. [3] auf Seite 91.

$\dagger\dagger\dagger$ Es ist $\mathfrak{M}=[\mathfrak{r}\,\mathfrak{R}]=[\mathfrak{r}_s\cdot\mathfrak{R}]+[\mathfrak{r}'\cdot\mathfrak{R}]=[\mathfrak{r}_s\cdot\mathfrak{R}]+\mathfrak{M}'$, ferner $\mathfrak{R}=M\cdot\mathfrak{b}_s=M\cdot\dfrac{d\mathfrak{v}_s}{dt}$, also läßt sich $[\mathfrak{r}_s\cdot\mathfrak{R}]dt$ gegen $M\,[\mathfrak{r}_s\cdot d\mathfrak{v}_s]$ kürzen, so daß obige Gleichung übrig bleibt.

## b) Dynamische Grundgleichung.

Sie folgt aus dem Drallsatz durch Differentiation nach der Zeit oder aus der dynamischen Grundgleichung der fortschreitenden Bewegung durch vektorielle Multiplikation mit $\mathfrak{r}$, der Entfernung von einem beliebig gewählten raumfesten Punkte.

Drehmoment = zeitliche Änderung des statischen Momentes der Bewegungsgröße,
$$\quad = \quad\text{,,}\quad\quad\text{,,}\quad\quad\text{,,}\quad\text{,,}\quad\quad\quad\text{,,}\quad\text{des Impulses,}$$
$$\quad = \quad\text{,,}\quad\quad\text{,,}\quad\quad\text{,, Drehimpulses,}$$
$$\quad = \quad\text{,,}\quad\quad\text{,,}\quad\quad\text{,, Dralles,}$$
$$\quad = \text{Drallgeschwindigkeit.}$$

### α) Massenpunkt.

| Masse = const [1]<br>$m = $ const<br>$dm = 0$ | Masse veränderlich [1] | |
|---|---|---|
| | wirkliche Änderung einer wirklich vorhandenen Masse | gedachte Änderung einer auf einen Punkt reduzierten Masse (siehe S. 87) |
| | Zugang<br>Abgang von Masse $dm \gtrless 0$ | |
| $\mathfrak{M} = [\mathfrak{r}\,\mathfrak{P}] = \dfrac{d}{dt}[m\,\mathfrak{r}\,\mathfrak{v}]$ $\quad = m\,[\mathfrak{r}\,\mathfrak{b}]$ $\quad = 2\,m \cdot \dfrac{d^2\mathfrak{F}}{dt^2}$ | $\mathfrak{M} + \dfrac{dm}{dt}[\mathfrak{r}^*\,\mathfrak{v}^*] = \dfrac{d}{dt}[m\,\mathfrak{r}\,\mathfrak{v}]$ $\mathfrak{M} = m\,[\mathfrak{r}\,\mathfrak{b}]$ $\quad + \dfrac{dm}{dt}\{[\mathfrak{r}\,\mathfrak{v}] - [\mathfrak{r}^*\,\mathfrak{v}^*]\}$ | $\mathfrak{M} = m\,[\mathfrak{r}\,\mathfrak{b}] + \dfrac{1}{2}\dfrac{dm}{dt}[\mathfrak{r}\,\mathfrak{v}]$ |

Zerlegung in kartesische Koordinaten:
$$M_x = m \cdot (y \cdot \ddot{z} - z \cdot \ddot{y}),$$
$$M_y = m \cdot (z \cdot \ddot{x} - x \cdot \ddot{z}),$$
$$M_z = m \cdot (x \cdot \ddot{y} - y \cdot \ddot{x}).$$

### β) System von Massenpunkten.

Masse = konstant; starrer und formveränderlicher Körper.

$$\mathfrak{M}_0 = [\mathfrak{r}\,\mathfrak{R}] = \frac{d}{dt}\Sigma\,m\,[\mathfrak{r}\,\mathfrak{v}] = \frac{d\mathfrak{B}_0}{dt}$$
$$= \Sigma\,m\,[\mathfrak{r}\,\mathfrak{b}]$$
$$= \frac{d\mathfrak{B}'}{dt} + M \cdot [\mathfrak{r}_s\,\mathfrak{b}_s].$$

Drehmoment der Kräfte in bezug auf den raumfesten Punkt $O$
= zeitliche Änderung des Dralles in bezug auf $O$,
= zeitliche Änderung des Dralles in bezug auf den Schwerpunkt + zeitliche Änderung des Dralles der Schwerpunktmasse in bezug auf $O$.

Zweiter Schwerpunktsatz (betrifft die Drehbewegung um den Schwerpunkt):

$$\mathfrak{M}' = \frac{d\mathfrak{B}'}{dt} = \frac{d}{dt}\Sigma\,m\,[\mathfrak{r}'\,\mathfrak{v}'] = \Sigma\,m\,[\mathfrak{r}'\,\mathfrak{b}'].$$

Drehmoment um den Schwerpunkt = zeitliche Änderung des auf den Schwerpunkt bezogenen Dralles (vgl. S. 92).

Keplersches Gesetz (entspricht dem Trägheitsgesetz): Ist das Drehmoment $\mathfrak{M} = 0$, so ist der Drall $\mathfrak{B} = $ const (siehe auch S. 92).

---

[1] Siehe Anm. 1 auf S. 89.

### Masse veränderlich.

$$[\mathfrak{r} \cdot \mathfrak{R}] + \frac{dm}{dt}\,[\mathfrak{r}^* \cdot \mathfrak{v}^*] = \frac{d}{dt}\,\Sigma\, m\,[\mathfrak{r}\,\mathfrak{v}]$$

Dreh-     zeitliche Ände-     zeitliche Änderung
moment + rung des Zu- = des Gesamtdralles.
satzdralles

## $\gamma$) Komponentendarstellung.

$xyz =$ im Raum richtungsfeste Achsen durch $O$ oder $S$ ($\omega =$ const für alle $m$)

$$M_x = \frac{dB_x}{dt} = \frac{d}{dt}\,(J_x \cdot \omega_x) - \frac{d}{dt}\,(C_{xy} \cdot \omega_y) - \frac{d}{dt}\,(C_{xz} \cdot \omega_z)\,,$$

$$M_y = \frac{dB_y}{dt} = \frac{d}{dt}\,(J_y \cdot \omega_y) - \frac{d}{dt}\,(C_{yz} \cdot \omega_z) - \frac{d}{dt}\,(C_{yx} \cdot \omega_x)\,,$$

$$M_z = \frac{dB_z}{dt} = \frac{d}{dt}\,(J_z \cdot \omega_z) - \frac{d}{dt}\,(C_{zx} \cdot \omega_x) - \frac{d}{dt}\,(C_{zy} \cdot \omega_y)\,.$$

Drehung um eine im Raume richtungsfeste Achse ($z$) durch den raumfesten Punkt $O$ oder den bewegten Schwerpunkt $S$ ($\omega_x = \omega_y = 0$; $\omega_z =$ const für alle $m$).

Allgemein:

$$\left.\begin{array}{l} M_x = -\dfrac{d}{dt}\,(C_{xz} \cdot \omega_z) \\[2ex] M_y = -\dfrac{d}{dt}\,(C_{yz} \cdot \omega_z) \end{array}\right\} = 0\,, \qquad \text{falls } xyz \text{ Hauptachsen des Körpers (freie Achsen) sind und bleiben (siehe S. 72)}$$

$$M_z = +\frac{d}{dt}\,(J_z \cdot \omega_z)$$

starrer Körper:

$$\left.\begin{array}{l} M_x = -C_{xz} \cdot \varepsilon_z \\[1.5ex] M_y = -C_{yx} \cdot \varepsilon_z \end{array}\right\} = 0\,, \qquad \text{falls } xyz \text{ Hauptachsen des Körpers (freie Achsen) sind (siehe S. 72)}$$

$$M_z = +J_z \cdot \varepsilon_z\,,$$

Prinzip von d'Alembert:

$$M_z - J_z \cdot \varepsilon_z = 0\,,$$

d. h. die äußeren Momente $M_z$ und die Ergänzungsmomente $-J_z \cdot \varepsilon_z$ bilden ein Gleichgewichtssystem, wobei

$$M_{\substack{x\\y\\z}} = M_{\substack{x\\y\\z}P} + M_{\substack{x\\y\\z}L} =$$ Momente der eingeprägten Kräfte $\mathfrak{P}$ und der Zwangskräfte (Lagerkräfte) $\mathfrak{L}$ um den raumfesten Bezugspunkt $O$ oder den bewegten Schwerpunkt $S$ sind.

Sind $xyz$ Hauptachsen des Körpers, also die Zentrifugalmomente $= 0$ (siehe S. 72), so treten durch die Bewegung des Körpers keine zusätzlichen (dynamischen) Lagerreaktionen ($M_x = M_y = 0$) auf, die $z$-Achse $=$ Drehachse heißt dann eine „freie" Achse.

Drehung eines starren Körpers um eine im Raume richtungsfeste Achse durch einen beliebigen Punkt $O'$ (z. B. Momentanpol) mit der Absolutbeschleunigung $\mathfrak{b}'_0$.

$$\mathfrak{M}_{O'} = \frac{d\,\mathfrak{B}_{O'}}{dt} + M \cdot [\mathfrak{r}'_s \cdot \mathfrak{b}_{O'}]\;\dagger.$$

Drehmoment in bezug auf beliebigen Punkt $O'$
= zeitliche Änderung des Dralles in bezug auf $O'$
+ Gesamtmasse $\times$ Vektorprodukt aus Schwerpunktsabstand
$\overline{O'S} = \mathfrak{r}'_s$ und Absolutbeschleunigung $\mathfrak{b}_{O'}$ von $O'$ (siehe Abb. 140).

### $\delta$) Übergang zum körperfesten Koordinatensystem[1]. Eulersche Gleichungen.

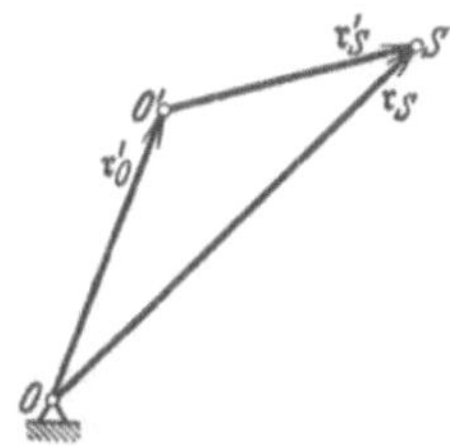

Abb. 140. Beziehung zwischen Schwerpunkt $S$, beschleunigt bewegtem Punkt $O'$ und Festpunkt $O$.

$$\mathfrak{M} = \left(\frac{d\,\mathfrak{B}}{dt}\right)_{rel} + [\overline{\omega} \cdot \mathfrak{B}]\;\dagger\dagger.$$

Drehmoment in bezug auf den Koordinatenursprung,
= Änderung des Dralles in bezug auf das körperfeste (bewegte) System,
+ Vektorprodukt aus der Winkelgeschwindigkeit des Körpers gegen das raumfeste Koordinatensystem und dem Drall.
Komponentendarstellung:

$$\left.\begin{aligned}
M_\xi &= \frac{d}{dt}\,(J_1 \cdot \omega_\xi) - (J_2 - J_3) \cdot \omega_\eta \cdot \omega_\zeta, \\[2mm]
M_\eta &= \frac{d}{dt}\,(J_2 \cdot \omega_\eta) - (J_3 - J_1) \cdot \omega_\zeta \cdot \omega_\xi, \\[2mm]
M_\zeta &= \frac{d}{dt}\,(J_3 \cdot \omega_\zeta) - (J_1 - J_2) \cdot \omega_\xi \cdot \omega_\eta.
\end{aligned}\right\} \quad \text{Eulersche Form}\;\dagger\dagger\dagger.$$

---

$\dagger$ Aus der Grundformel (siehe S. 93) $\mathfrak{M}_O = \mathfrak{M}_{O'} + [\mathfrak{r}'_0\,\mathfrak{B}] = \dfrac{d\,\mathfrak{B}'}{dt} + M\,[\mathfrak{r}_s\mathfrak{b}_s]$ folgt mit den Beziehungen $\mathfrak{B} = M \cdot \mathfrak{b}_s$; $\mathfrak{r}_{0'} = \mathfrak{r}_s - \mathfrak{r}'_s$ und $\mathfrak{b}_s = \mathfrak{b}_{O'} + \mathfrak{b}_{sO'}$ (siehe Abb. 140).

$$\mathfrak{M}_{O'} + [\underline{\mathfrak{r}_s \cdot M \cdot \mathfrak{b}_s}] - [\mathfrak{r}'_s \cdot M \cdot \mathfrak{b}_s] = \frac{d\,\mathfrak{B}'}{dt} + M \cdot [\underline{\mathfrak{r}_s \cdot \mathfrak{b}_s}],$$

$$\mathfrak{M}'_0 = \frac{d\,\mathfrak{B}'}{dt} + [\mathfrak{r}'_s \cdot M \cdot \mathfrak{b}_{sO'}] + [\mathfrak{r}'_s \cdot M \cdot \mathfrak{b}_{O'}] = \frac{d\,\mathfrak{B}_{O'}}{dt} + M\,[\mathfrak{r}'_s\,\mathfrak{b}_{O'}].$$

[1] Das körperfeste System $\xi\,\eta\,\zeta$ führt eine reine Drehung gegenüber dem raumfesten $x\,y\,z$ aus. Die Ursprungspunkte beider Koordinatensysteme fallen zusammen. Sie sind entweder ein raumfester Punkt oder der Schwerpunkt des Körpers. Im letzteren Falle bedeutet „raumfestes" System: die Achsen $x\,y\,z$ behalten ihre Richtung im Raume bei und der Ursprungspunkt gleitet auf der Schwerpunktsbahn entlang. (Vgl. S. 71, Zerlegen der Bewegung eines Körpers in eine Fortschreitbewegung des Schwerpunktes und eine Drehung um den Schwerpunkt.)

$\dagger\dagger$ Das Moment ist gleich der absoluten Änderung des Drallvektors $= \dfrac{d\,\mathfrak{B}}{dt}$. Für diese gilt dieselbe Umformung wie für die absolute Geschwindigkeit (vgl. S. 57); es ist in der dortigen Formel nur statt des Ortsvektors $\mathfrak{r}$ der Drallvektor $\mathfrak{B}$ einzusetzen).

$\dagger\dagger\dagger$ Es ist

$$\left(\frac{d\,\mathfrak{B}}{dt}\right)_{rel} = \frac{d}{dt}\{\mathfrak{i}\,J_1 \cdot \omega_\xi + \mathfrak{j}\,J_2 \cdot \omega_\eta + \mathfrak{k}\,J_3 \cdot \omega_\zeta\}$$

und

$$[\overline{\omega}\,\mathfrak{B}] = \begin{vmatrix} \mathfrak{i} & \mathfrak{j} & \mathfrak{k} \\ \omega_\xi & \omega_\eta & \omega_\zeta \\ J_1 \cdot \omega_\xi & J_2 \cdot \omega_\eta & J_3 \cdot \omega_\zeta \end{vmatrix}$$

$$= \mathfrak{i}\,(J_3 - J_2) \cdot \omega_\eta \cdot \omega_\zeta - \mathfrak{j}\,(J_3 - J_1) \cdot \omega_\xi \cdot \omega_\zeta + \mathfrak{k}\,(J_2 - J_1) \cdot \omega_\xi \cdot \omega_\eta,$$

wobei $\xi\,\eta\,\zeta$ die Hauptachsen des Körpers; $J_{123}$ die zugehörigen Trägheitsmomente; $\omega_{\xi\eta\zeta}$ die Komponenten der Winkelgeschwindigkeit $\overline{\omega}$ des körperfesten Systems gegenüber dem raumfesten projiziert in die körperfesten Hauptachsen sind.

$$M_\xi = \frac{dB_\xi}{dt} - (B_\eta \cdot \omega_\zeta - B_\zeta \cdot \omega_\eta)\,\dagger,$$

$$M_\eta = \frac{dB_\eta}{dt} - (B_\zeta \cdot \omega_\xi - B_\xi \cdot \omega_\zeta),$$

$$M_\zeta = \frac{dB_\zeta}{dt} - (B_\xi \cdot \omega_\eta - B_\eta \cdot \omega_\xi).$$

$$\left.\begin{aligned}
\mathfrak{M}_\xi &= \frac{d}{dt}\left(\frac{\partial T}{\partial \omega_\xi}\right) - \left(\frac{\partial T}{\partial \omega_\eta}\cdot \omega_\zeta - \frac{\partial T}{\partial \omega_\zeta}\cdot \omega_\eta\right), \\
\mathfrak{M}_\eta &= \frac{d}{dt}\left(\frac{\partial T}{\partial \omega_\eta}\right) - \left(\frac{\partial T}{\partial \omega_\zeta}\cdot \omega_\xi - \frac{\partial T}{\partial \omega_\xi}\cdot \omega_\zeta\right), \\
\mathfrak{M}_\zeta &= \frac{d}{dt}\left(\frac{\partial T}{\partial \omega_\zeta}\right) - \left(\frac{\partial T}{\partial \omega_\xi}\cdot \omega_\eta - \frac{\partial T}{\partial \omega_\eta}\cdot \omega_\xi\right).
\end{aligned}\right\} \text{Lagrangesche Form [1].}$$

## 3. Arbeitssatz = Energiesatz[2].

Er folgt aus dem Impulssatz durch skalare Multiplikation mit $\mathfrak{v} = \dfrac{d\mathfrak{s}}{dt}$ oder aus der dynamischen Grundgleichung durch skalare Multiplikation mit $d\mathfrak{s}$ und lautet:

Arbeit der äußeren und inneren Kräfte und Momente = Änderung der Bewegungsenergie + Summe aller Verluste an mechanischer Energie.

### α) Massenpunkt.

| Masse = const[3]<br>$m = \text{const}$<br>$dm = 0$ | Masse veränderlich[3] | |
| --- | --- | --- |
| | wirkliche Änderung einer wirklich vorhandenen Masse | gedachte Änderung einer auf einen Punkt reduzierten Masse (siehe S. 87) |
| | $\begin{array}{c}\text{Zugang}\\\text{Abgang}\end{array}$ von Masse $dm \gtrless 0$ | |
| $dA = \tfrac{1}{2}\,m\,d(v^2)$<br>$\quad = \tfrac{1}{2}\,m\,d(v_x^2 + v_y^2 + v_z^2)$ | $dA + \dfrac{dm}{2}\,v^{*2} = d\left(\dfrac{m}{2}\,v^2\right)$<br>$\qquad\qquad + \tfrac{1}{2}\,dm\,(v_{rel}^2)$<br>$\qquad\qquad \text{Stoßverlust}$<br>$dA = \tfrac{1}{2}\,m\,d(v^2)$<br>$\qquad\quad + dm\,(v^2 - (\mathfrak{v}^*\,\mathfrak{v}))$<br>$\quad = \tfrac{1}{2}\,m\,d(v^2) - dm\cdot(\mathfrak{v}\,\mathfrak{v}_{rel})$<br>wobei $v_{rel} = v^* - v$ ist | $dA = d\left(\dfrac{m}{2}\,v^2\right)$<br>$\quad = \tfrac{1}{2}\,m\,d(v^2) + \tfrac{1}{2}\,dm\,v^2$<br>$\quad = d(G\cdot h)$<br>$G = m\,g = $ veränderliches reduziertes Massengewicht<br>$h = \dfrac{v^2}{2g} = \begin{cases}\text{Geschwindig-}\\\text{keitshöhe}\end{cases}$ |

### β) System von Massenpunkten.

Masse = const

formveränderlicher Körper:

$$dA = \mathfrak{R}_a\,d\mathfrak{s} + \mathfrak{M}_{res}\cdot d\overline{\varphi} + \sum \mathfrak{P}_i \cdot dl = \tfrac{1}{2}\sum m \cdot d(v^2)$$

$$= \tfrac{1}{2}\,M\cdot d(v_\mathfrak{s}^2) + \tfrac{1}{2}\sum_m m\,d(v'^2)\,\dagger\dagger,$$

$$A = \int_1^2 \mathfrak{R}_a\,d\mathfrak{s} + \int_1^2 \mathfrak{M}_{res}\cdot d\overline{\varphi} + \int_1^2 \sum_m \mathfrak{P}_i\,dl = \tfrac{1}{2}\,M\,(v_{\mathfrak{s}2}^2 - v_{\mathfrak{s}1}^2) + \tfrac{1}{2}\sum_m m\,(v_2'^2 - v_1'^2),$$

---

† Über den Drall in bezug auf die Hauptachsen siehe S. 84.
[1] Über die Beziehungen zwischen Drall und kinetischer Energie siehe S. 83/84.
[2] Siehe die Definitionen und Beziehungen auf S. 83.     [3] Siehe Anm. 1. auf S. 89.
†† $v_s = $ Geschwindigkeit des Schwerpunktes; $v' = $ Geschwindigkeit eines Massenpunktes relativ zum Schwerpunkt.

starrer Körper:

$$dA = \Re_a \cdot d\mathfrak{s} + \mathfrak{M}_{res} \cdot d\overline{\varphi} = \tfrac{1}{2} M \cdot d\,(v_S^2) + \tfrac{1}{2} J_S \cdot d\,(\omega'^{\,2}),$$

$$A = \int\limits_1^2 \Re_a\, d\mathfrak{s} + \mathfrak{M}_{res} \cdot d\overline{\varphi} = \tfrac{1}{2} M \cdot (v_{S2}^2 - v_{S1}^2) + \tfrac{1}{2} J_S \cdot (\omega_2'^{\,2} - \omega_1'^{\,2}).$$

**Drehung um die Momentanachse $O$.**

$$A = \int\limits_1^2 \mathfrak{M}_{res} \cdot d\overline{\varphi} = \tfrac{1}{2} \cdot J_O \cdot (\omega_{O2}^2 - \omega_{O1}^2).$$

Veränderliche Masse.

$$A + \tfrac{1}{2}\, \Sigma\, m^* v^{*\,2} = \tfrac{1}{2}\,(M_2 \cdot v_{S2}^2 - M_1 \cdot v_{S1}^2) + \tfrac{1}{2}\, \Sigma_m\, m \cdot (v_2'^{\,2} - v_1'^{\,2}) + \Sigma\ \text{Stoßverluste}.$$

# 4. Potential.

## Definitionen und Folgerungen.

Feld = Zustand im Raume, durch eindeutige Funktion angegeben.

Kräftepotential = Ortsfunktion $V(xyz)$ derart, daß ihre negative Ableitung in irgendeiner Richtung die Kraftkomponente in dieser Richtung angibt[1].

Potentialdifferenz zwischen zwei Punkten des Feldes = negative Arbeit, die auf dem Wege vom Anfangs- zum Endpunkte (Aufpunkt) verrichtet wird*.

Feldstärke = Kraft auf die Masseneinheit im jeweiligen Aufpunkte = Beschleunigung.

<table>
<tr><td align="center">Potential.<br>Skalar</td><td align="center">Kraft.<br>Vektor</td></tr>
<tr><td>

Arbeitsvermögen,
potentielle Energie

$$V_1 = V_0 - \int\limits_0^1 \mathfrak{P}\, d\mathfrak{s},$$

$$\int\limits_0^1 \mathfrak{P}\, d\mathfrak{s} = V_0 - V_1\ ^*,$$

$$dV = -dA = -\mathfrak{P}\, d\mathfrak{s},$$

$$dV = \frac{\partial V}{\partial x} \cdot dx + \frac{\partial V}{\partial y} \cdot dy + \frac{\partial V}{\partial z} \cdot dz,$$

$$-\mathfrak{P}\, d\mathfrak{s} = P_x \cdot dx + P_y \cdot dy + P_z \cdot dz,$$

</td><td>

negative Ableitung des Potentiales,
negatives Potentialgefälle (Änderung des Feldzustandes),
negativer Gradient des Potentiales

$$\mathfrak{P} = -\frac{dV}{d\mathfrak{s}} = -\operatorname{grad} V_{(xyz)},$$

$$\mathfrak{P} = \mathfrak{i}\, P_x + \mathfrak{j}\, P_y + \mathfrak{k}\, P_z,$$

$$\mathfrak{P} = -\left(\mathfrak{i}\, \frac{\partial V}{\partial x} + \mathfrak{j}\, \frac{\partial V}{\partial y} + \mathfrak{k}\, \frac{\partial V}{\partial z}\right),$$

$$|\mathfrak{P}| = P = \sqrt{\left(\frac{\partial V}{\partial x}\right)^2 + \left(\frac{\partial V}{\partial y}\right)^2 + \left(\frac{\partial V}{\partial z}\right)^2},$$

</td></tr>
<tr><td>

Äquipotentialflächen ⎫ Potential
Niveauflächen ⎭ ($V_{(xyz)} =$ const.

</td><td>

Kraftlinien (Verbindungslinien von Orten mit gleicher Kraftgröße $|\mathfrak{P}| = P$) stehen auf den Niveauflächen senkrecht[2].

</td></tr>
</table>

---

[1] Der negative Wert der Ortsfunktion $V$, also $F = -V$, heißt Kräftefunktion. Die positive Ableitung der Kräftefunktion ergibt die Kraft in der jeweiligen Richtung.

* Potentialdifferenz $\gtrless 0$, d. h. $V_0 \gtrless V_1$, d. h. Arbeit $\mathfrak{P}\, d\mathfrak{s} \gtrless 0$, d. h. Kraft und Weg in gleicher / entgegengesetzter Richtung, d. h. Energie-abgabe / zufuhr auf dem Wege $0 \to 1$.

[2] Für $dV = 0$, d. h. Fortschreiten um $d\mathfrak{s}$ in der Niveaufläche ist auch $\mathfrak{P}\, d\mathfrak{s} = 0$, d. h. aber, daß $\mathfrak{P} \perp d\mathfrak{s}$ (siehe S. 6).

Notwendige und hinreichende Bedingung für das Vorhandensein eines Potentials:

$$\frac{\partial P_x}{\partial y} = \frac{\partial P_y}{\partial x} = \frac{\partial^2 V}{\partial x \cdot \partial y},$$

$$\frac{\partial P_x}{\partial z} = \frac{\partial P_z}{\partial x} = \frac{\partial^2 V}{\partial x \cdot \partial z},$$

$$\frac{\partial P_y}{\partial z} = \frac{\partial P_z}{\partial y} = \frac{\partial^2 V}{\partial y \cdot \partial z},$$

oder in Vektorform:

$$\operatorname{rot}\mathfrak{P} = \begin{vmatrix} \mathfrak{i} & \mathfrak{j} & \mathfrak{k} \\ \dfrac{\partial}{\partial x} & \dfrac{\partial}{\partial y} & \dfrac{\partial}{\partial z} \\ P_x & P_y & P_z \end{vmatrix} = 0,$$

$$= \mathfrak{i}\left(\frac{\partial P_z}{\partial y} - \frac{\partial P_y}{\partial z}\right) + \mathfrak{j}\left(\frac{\partial P_x}{\partial z} - \frac{\partial P_z}{\partial x}\right) + \mathfrak{k}\left(\frac{\partial P_y}{\partial x} - \frac{\partial P_x}{\partial y}\right) = 0.$$

## Konservative Kräfte

haben ein Potential

$$\operatorname{rot}\mathfrak{P} = 0,$$
$$V = \text{reine Ortsfunktion,}$$
d. h.  $\quad V(x\,y\,z),$

z. B. Zentralkräfte,
  elastische Kräfte (Federkräfte),
  elektrostatische Kräfte,
  magnetische Kräfte.

Arbeit auf geschlossener Bahn $= 0$, d. h. mechanische Energie (potentielle $+$ kinetische) $= \text{const}$[1].

$$\oint \mathfrak{P}\, d\mathfrak{s} = 0,$$

$$\left.\begin{array}{l} \displaystyle\int_0^1 \mathfrak{P}\, d\mathfrak{s} = V_0 - V_1, \\[2ex] \displaystyle\int_0^1 \mathfrak{P}\, d\mathfrak{s} = \tfrac{1}{2}\, m\,(v_1^2 - v_0^2)\,*, \\[2ex] \hphantom{\displaystyle\int_0^1 \mathfrak{P}\, d\mathfrak{s}} = T_1 - T_0, \end{array}\right\}$$

$$\overline{V_0 + T_0 = V_1 + T_1 = \text{const}.}$$

## Dissipative Kräfte

haben kein Potential, sondern es besteht ein Wirbelfeld

$$\operatorname{rot}\mathfrak{P} \neq 0,$$

$V$ vom Ort und von der Zeit abhängig,

d. h.  $\quad V(x\,y\,z\,t),$
oder  $\quad V(x\,y\,z\,v),$

z. B. Reibung,
  Flüssigkeitswiderstände,
  elektrodynamische Kräfte.

Arbeit auf geschlossener Bahn $\neq 0$**, d. h. mechanische Energie $\neq \text{const}$, d. h. Energiezufuhr oder -Abgabe.

$$\oint \mathfrak{P}\, d\mathfrak{s} = \oint (\operatorname{rot}\mathfrak{P}\cdot df) \neq 0,$$

$$= \frac{1}{2}\iint\left(\frac{\partial P_z}{\partial y} - \frac{\partial P_y}{\partial z}\right)\cdot dy\cdot dz,$$

$$+ \frac{1}{2}\iint\left(\frac{\partial P_x}{\partial z} - \frac{\partial P_z}{\partial x}\right)\cdot dz\cdot dx,$$

$$+ \frac{1}{2}\iint\left(\frac{\partial P_y}{\partial x} - \frac{\partial P_x}{\partial y}\right)\cdot dx\cdot dy.$$

(Satz von Stokes).

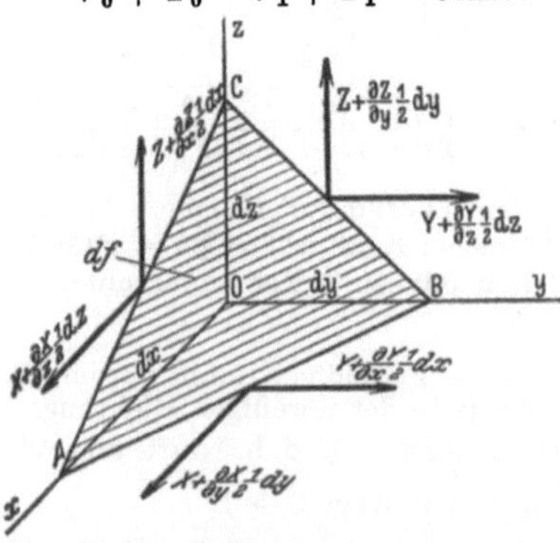


Abb. 141. Zum Bestimmen der Arbeit nicht konservativer Kräfte.

---

[1] Daher der Name „konservative" Kräfte.
  * Siehe Arbeitsatz S. 96.
  ** In Abb. 141 ist die Größe der längs der $x\,y\,z$-Achsen veränderlichen Kräfte $X\,Y\,Z$ eingetragen, wenn der Schritt $\tfrac{1}{2}\,dx$, $\tfrac{1}{2}\,dy$, $\tfrac{1}{2}\,dz$ beträgt. Durch Bilden der Produkte Kraft $\times$ Weg in der Kraftrichtung erhält man die Arbeit beim Umfahren des Dreiecks $A\,B\,C$

$$dA = \frac{1}{2}\left(\frac{\partial Y}{\partial x} - \frac{\partial X}{\partial y}\right)dx\,dy$$

$$+ \frac{1}{2}\cdot\left(\frac{\partial Z}{\partial y} - \frac{\partial Y}{\partial z}\right)dy\,dz + \frac{1}{2}\left(\frac{\partial X}{\partial z} - \frac{\partial Z}{\partial x}\right)dx\,dz,$$

## 5. Prinzip der virtuellen Arbeiten.

**Virtuelle Verrückung:** Es ist dies eine kleine, von der Zeit unabhängige — also rein geometrische — Verschiebung, die mit den Systembedingungen vereinbar ist. Die Unabhängigkeit von der Zeit wird dadurch ausgedrückt, daß statt des Differentials $d$ ein $\delta$ geschrieben wird. Klein muß die Verschiebung sein, damit die Kräfte ihre Richtung nicht ändern. So viele Freiheitsgrade das System besitzt, soviel virtuelle Verrückungen sind möglich und notwendig, um die Verschiebungen aller Systempunkte auszudrücken.

**Auftretende Kräfte:** An jedem Massenpunkt können äußere ($\mathfrak{P}_a$) und innere Kräfte ($\mathfrak{P}_i$) auftreten. Ist $\delta\mathfrak{r}$ die virtuelle Verschiebung eines Massenpunktes, so besagt das
**Prinzip der virtuellen Arbeiten:**

$$\Sigma\,(\mathfrak{P}_a + \mathfrak{P}_i)\cdot\delta\mathfrak{r} = 0\,*,$$

$$\delta A_a + \delta A_i = 0.$$

Im Gleichgewichtsfalle ist die Arbeit der äußeren und inneren Kräfte gleich Null. Da die Arbeit gleich der Änderung der kinetischen Energie ist, so heißt

$$\delta A_{ges} = \delta T = 0,$$

die kinetische Energie und damit auch die potentielle ist ein Maximum oder Minimum (siehe S. 29).

**Anwendungsgebiet:** Das Prinzip enthält die 6 Gleichgewichtsbedingungen der Statik in einer Gleichung[1]. Es wird daher benutzt zum Aufstellen der Gleichgewichtsbedingungen, zum Bestimmen der Gleichgewichtsstellung und zum Bestimmen der Auflager- oder Stabkräfte (siehe (S. 44).

---

Mit

$$\text{rot}\,\mathfrak{P} = \mathfrak{i}\left(\frac{\partial Z}{\partial y} - \frac{\partial Y}{\partial z}\right) + \mathfrak{j}\left(\frac{\partial X}{\partial z} - \frac{\partial Z}{\partial x}\right) + \mathfrak{k}\left(\frac{\partial Y}{\partial x} - \frac{\partial X}{\partial y}\right)$$

und

$$df = \frac{1}{2}\,(\mathfrak{i}\,dy\,dz + \mathfrak{j}\cdot dz\cdot dx + \mathfrak{k}\,dx\,dy),$$

kann die Arbeitsgleichung auch in Vektorform (siehe S. 4) $dA = (\text{rot}\,\mathfrak{P}\cdot df)$ geschrieben werden.

* Die $\Sigma$ ist über alle Kräfte zu erstrecken.

[1] Die allgemeinste Verschiebung eines Massenpunktes ist ein Fortschreiten $\delta\mathfrak{r} = \mathfrak{i}\cdot\delta x_0 + \mathfrak{j}\cdot\delta y_0 + \mathfrak{k}\cdot\delta z_0$ und eine Drehung

$$[\delta\overline{\varphi}\cdot\mathfrak{r}] = \begin{vmatrix} \mathfrak{i} & \mathfrak{j} & \mathfrak{k} \\ \delta\alpha & \delta\beta & \delta\gamma \\ x & y & z \end{vmatrix}$$

um den Koordinatenursprung. Sind $XYZ$ die Kraftkomponenten, so bestehen die Gleichungen (siehe Abb. 142):

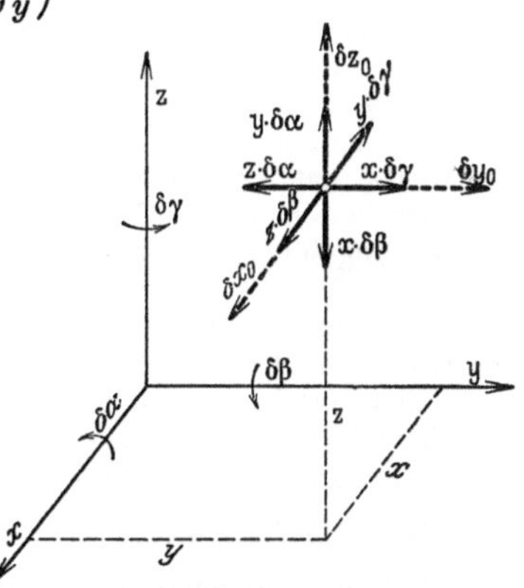


Abb. 142. Virtuelle Verrückung aus Fortschreit- und Drehbewegung.

virtuelle Verrückungen

$$\delta x = \delta x_0 + \delta\beta\cdot z - \delta\gamma\cdot y,$$
$$\delta y = \delta y_0 + \delta\gamma\cdot x - \delta\alpha\cdot z,$$
$$\delta z = \delta z_0 + \delta\alpha\cdot y - \delta\beta\cdot x,$$

virtuelle Arbeiten

$$\delta A = \Sigma\,\{\,X\cdot\delta x + Y\cdot\delta y + Z\cdot\delta z\,\},$$

$$\delta A = \Sigma\left\{\begin{array}{l} X\cdot\delta x_0 + X\cdot\delta\beta\cdot z - X\cdot\delta\gamma\cdot y + \\ Y\cdot\delta y_0 + Y\cdot\delta\gamma\cdot x - Y\cdot\delta\alpha\cdot z + \\ Z\cdot\delta z_0 + Z\cdot\delta\alpha\cdot y - Z\cdot\delta\beta\cdot x \end{array}\right\}$$

und wegen der Unabhängigkeit der Verschiebungen von einander, zerfällt die Arbeitsgleichung in die 6 Einzelgleichungen, die 6 Gleichgewichtsbedingungen der Statik (siehe S. 27).

$$\Sigma X = 0, \qquad \Sigma\,(y\cdot Z - z\cdot Y) = \Sigma M_x = 0,$$
$$\Sigma Y = 0, \qquad \Sigma\,(z\cdot X - x\cdot Z) = \Sigma M_y = 0,$$
$$\Sigma Z = 0, \qquad \Sigma\,(x\cdot Y - y\cdot X) = \Sigma M_z = 0.$$

Anwendung: 1. Die Kräfte eintragen, die eine virtuelle Arbeit verrichten. Keine virtuelle Arbeit verrichten Normalkräfte (weil sie senkrecht auf der Bewegungsrichtung stehen), Kräfte, die durch feste Gelenke hindurchgehen und innere Kräfte beim starren Körper (weil ihre Verschiebung Null ist).

2. Verschiebung der einzelnen Kraftangriffspunkte durch die der Anzahl der Freiheitsgrade entsprechenden virtuellen Verrückungen in einem raumfesten Koordinatensystem ausdrücken.

3. Arbeitsgleichung anschreiben.

4. Da alle virtuellen Verrückungen unabhängig von einander sind, kann jede jeden beliebigen Wert annehmen, also auch gleich Null gesetzt werden, d. h. aber aus der Arbeitsgleichung folgen so viele Einzelgleichungen wie Freiheitsgrade vorhanden sind.

Einführen der d'Alembertschen Ergänzungskräfte (siehe S. 91) faßt in einer Gleichung

$$\delta A = \Sigma(\mathfrak{P}_a + \mathfrak{P}_i + (-m\,b)) \cdot \delta\mathfrak{r} = 0$$

die 6 Bewegungsgleichungen der Kinetik zusammen[1]. Für einen starren Körper, ein reibungsfrei bewegliches System sowie beim Fehlen von elastischen Formänderungen ist $\Sigma(\mathfrak{P}_i \cdot \delta\mathfrak{r}) = 0$.

## 6. Lagrangesche Gleichung.

Anwendungsgebiet: Aufstellen der Differentialgleichung für die Bewegung eines Systems von Massenpunkten (z. B. eines Getriebes[2]).

Voraussetzung: Die auftretenden Kräfte sind konservative Kräfte (siehe S. 98), haben also ein Potential, und die mechanische Energie des Systems ist $T + V = $ const.

Dann ist:

$$\frac{d}{dt}\left(\frac{\partial T}{\partial \dot{u}}\right) - \frac{\partial T}{\partial u} = -\frac{\partial V}{\partial u} = \frac{\delta A}{\delta u} = Q.$$

$u = $ Systemkoordinate = Koordinate des Freiheitsgrades, z. B. Entfernung eines Punktes vom Koordinatenursprung, oder Ausschlagwinkel eines Pendels, Stellung eines Getriebes (z. B. Kurbelwinkel oder Entfernung des Kreuzkopfes von der Totlage beim Kurbeltrieb).

Besitzt das System $n$ Freiheitsgrade, d. h. sind $n$ von einander unabhängige Systemkoordinaten $u$ zur Festlegung der augenblicklichen Lage erforderlich, so ist die Lagrangesche Gleichung für jede Systemkoordinate, also $n$ mal anzusetzen, so daß man $n$ Gleichungen für die $n$ Unbekannten $u_1, u_2 \ldots u_n$ erhält.

$T = $ kinetische Energie des Systems.

$V = $ potentielle Energie.

$Q = $ allgemeine Lagrangesche Kraftkomponente. Um sie zu bestimmen, führe man eine virtuelle Verrückung (siehe S. 99) derart aus, daß nur eine Koordinate $u$ geändert wird, während alle anderen konstant bleiben. Aus der virtuellen Arbeit des Systems folgt dann die Kraftkomponente zu $\dfrac{\delta A}{\delta u}$.

Ist $u$ eine Längenänderung, so ist $Q$ eine Kraft.

Ist $u$ eine Winkeländerung, so ist $Q$ ein Moment.

Ist $u$ eine Volumenänderung, so ist $Q$ ein Druck.

---

[1] Sind die Kräfte in der Komponentenzerlegung $X$, $Y$, $Z$ und die Ergänzungskräfte $-m\,b_x$, $-m\,b_y$, $-m\,b_z$, so erhält man nach Multiplikation mit den virtuellen Verrückungen (siehe Anm. 1, S. 99) und Trennung die 6 Bewegungsgleichungen (vgl. S. 90 und S. 93)

$$\Sigma X = \Sigma m \cdot b_x, \qquad \Sigma M_x = \Sigma m\,(y \cdot \ddot{z} - z \cdot \ddot{y}),$$
$$\Sigma Y = \Sigma m \cdot b_y, \qquad \Sigma M_y = \Sigma m\,(z \cdot \ddot{x} - x \cdot \ddot{z}),$$
$$\Sigma Z = \Sigma m \cdot b_z, \qquad \Sigma M_z = \Sigma m\,(x \cdot \ddot{y} - y \cdot \ddot{x}).$$

[2] Zum gleichen Ziele (der Differentialgleichung der Bewegung) kommt man auch auf dem umständlicheren Wege des Isolierens jeder Einzelmasse und Eliminierens der (paarweise) auftretenden Schnittkräfte aus den für jede Masse einzeln angesetzten Bewegungsgleichungen.

# IV. Bewegungsgesetze bei verschiedenen Widerständen.

Fortschreitbewegung unter Einwirken einer resultierenden eingeprägten Kraft $P$ und einem Widerstande $W$ (siehe S. 102/103), d. h. einer Gesamtresultierenden $R = \pm P - W$. Dieselben Gleichungen erhält man sinnentsprechend für die Drehbewegung. Es treten dann an Stelle von Kraft — Moment, Geschwindigkeit — Winkelgeschwindigkeit, Beschleunigung — Winkelbeschleunigung, Weg — Winkelweg

| 1. $W = \text{const}$ | 2. $W = k \cdot v$ | 3. $W = k \cdot v^2$ | 4. $W = k \cdot s$ |
|---|---|---|---|

**Impulssatz liefert Beziehung zwischen Kraft, Masse, Zeit und Geschwindigkeit (siehe S. 88/89).**

| 1. | 2. | 3. | 4. |
|---|---|---|---|
| $(\pm P - W) \cdot dt = m \cdot dv$ | $(\pm P - kv)\, dt = m\, dv$ | $(\pm P - kv^2)\, dt = m\, dv$ | $(\pm P - ks)\, dt = m\, dv$ |
| $t = \int_{v_0}^{v} \dfrac{m\, dv}{\pm P - W}$ | $t = \int_{v_0}^{v} \dfrac{m\, dv}{\pm P - kv}$ | $t = \int_{v_0}^{v} \dfrac{m\, dv}{\pm P - kv^2}$ | $(\pm P - ks) \cdot ds = m \cdot \dfrac{ds}{dt} \cdot dv = m\,v\,dv$ |
| $t = \dfrac{m}{\pm P - W} \cdot (v - v_0)$ | $t = m \cdot \dfrac{1}{k} \cdot \ln \dfrac{\pm P - k v_0}{\pm P - k v}$ | für $+P$: $\quad t = \dfrac{1}{2}\, m \cdot \sqrt{\dfrac{1}{P \cdot k}} \cdot \ln \dfrac{\sqrt{P} + \sqrt{k} \cdot v}{\sqrt{P} - \sqrt{k} \cdot v} \Big|_{v_0}^{v}$ <br> für $-P$: $\quad t = m \cdot \sqrt{\dfrac{1}{P \cdot k}} \cdot \text{arc tg} \sqrt{\dfrac{k}{P}} \cdot v \Big|_{v}^{v_0}$ | weitere Behandlung siehe unten beim Arbeitsatz |

**dynamische Grundgleichung liefert Beziehung zwischen Kraft, Masse und Beschleunigung (siehe S. 90/91).**

| 1. | 2. | 3. | 4. |
|---|---|---|---|
| $\pm P - W = m \cdot b$ | $\pm P - kv = m \cdot b$ | $\pm P - kv^2 = m\,b$ | $\pm P - k \cdot s = m\,b$ |
| $b = \dfrac{\pm P - W}{m} = b_0$ | $b = \dfrac{\pm P - kv}{m} = \pm b_0 - a\,v$ | $b = \dfrac{\pm P - kv^2}{m} = \pm b_0 - a\,v^2$ | $b = \dfrac{\pm P - ks}{m} = \pm b_0 - a\,s$ |
| $b = \text{const}$ | $b = f(v)$ | $b = f(v^2)$ | $b = f(s)$ |

betr. weiterer Behandlung siehe S. 54/56

**Arbeitssatz liefert Beziehung zwischen Kraft, Masse, Geschwindigkeit und Weg (siehe S. 96).**

| 1. | 2. | 3. | 4. |
|---|---|---|---|
| $(\pm P - W)\, ds = m\,v\,dv$ | $(\pm P - kv)\, ds = m\,v\,dv$ | $(\pm P - kv^2)\, ds = m\,v\,dv$ | $(\pm P - ks)\, ds = m\,v\,dv$ |
| $s = \dfrac{m}{\pm P - W} \int_{v_0}^{v} v\,dv$ | $s = \int_{v_0}^{v} \dfrac{m\,v\,dv}{\pm P - kv}$ | $s = -\dfrac{m}{2\,k} \int_{v_0}^{v} \dfrac{2 \cdot k \cdot v\,dv}{\pm P - kv^2}$ | |
| $s = \dfrac{m}{\pm P - W} \cdot \dfrac{1}{2}\,(v^2 - v_0^2)$ | Lösungsansatz $\pm P - kv = z$ <br> $s = \dfrac{m}{k}\,(v_0 - v) \pm \dfrac{m P}{k^2} \cdot \ln \dfrac{\pm P - k v_0}{\pm P - k v}$ <br> $= \dfrac{m}{k} \left( v_0 - v + v_g \cdot \ln \dfrac{v_g - v_0}{v_g - v} \right)$ <br> wobei die Grenzgeschwindigkeit <br> $v_g = + \dfrac{P}{k}$ ist (siehe S. 56) | $s = \dfrac{m}{2\,k} \cdot \ln \dfrac{\pm P - k \cdot v_0^2}{\pm P - k \cdot v^2}$ <br> $= \dfrac{m}{2\,k} \cdot \ln \dfrac{v_g^2 - v_0^2}{v_g^2 - v^2}$ <br> wobei die Grenzgeschwindigkeit <br> $v_g = \sqrt{\dfrac{P}{k}}$ ist (siehe S. 56) | $\pm P s - \dfrac{1}{2}\,k\,s^2 = \dfrac{1}{2}\,m\,(v^2 - v_0^2)$ |

# V. Widerstände gegen

| **1. Reibung** | | **2. Flüssigkeits-** |
|---|---|---|
| der Ruhe = Haftreibung | der Bewegung = Gleitreibung | laminare Strömung |

| | | |
|---|---|---|
| unbestimmt nach Größe und Richtung bis zur Grenze des Haftens ($\mu_0$) (siehe S. 29 Lagerkräfte). | stets der Gleitgeschwindigkeit entgegengesetzt. Bei Bewegungsumkehr ist also das Vorzeichen des Reibungsgliedes umzukehren. | innere Reibung in der zähen Flüssigkeit (Schmiermittel). Automatischer Zeichenwechsel bei Bewegungsumkehr. |

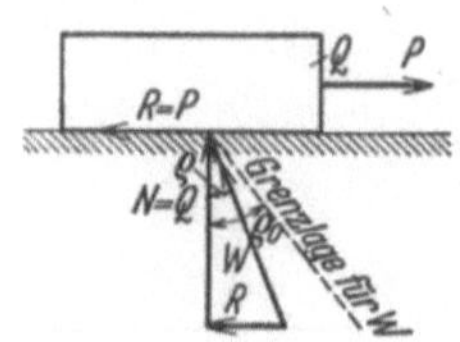

Abb. 143. Haftreibung.

$$R \leqq \mu_0 \cdot N \; \text{[kg]}$$

$$\mu_0 = f\,(\text{Oberfläche})$$

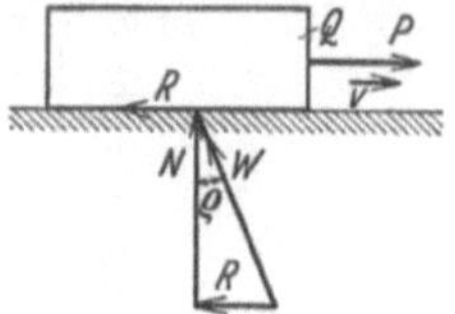

Abb. 144. Gleitreibung.

$$R = \mu \cdot N \; \text{[kg]}$$

$$\mu = f\,\begin{pmatrix}\text{Oberfläche}\\ \text{Gleitgeschwindigkeit}\\ \text{Normaldruck}\\ \text{Schmierstoff und seiner}\\ \text{Temperatur}\end{pmatrix}$$

Abb. 145. Laminare Strömung.

$$W = k \cdot v \; \text{[kg]}$$

$$k = f\,\begin{pmatrix}\text{Größe und Rauhig-}\\ \text{keit der benetzten}\\ \text{Oberfläche, Zähigkeit}\\ \text{der Flüssigkeit}\end{pmatrix}$$

Leistungsverlust:

$$L = R \cdot v \; \text{[mkg/s]} \qquad L = k \cdot v^2 \; \text{[mkg/s]}$$

Größe der resultierenden Auflagerkraft:

$$W = \sqrt{N^2 + R^2} \qquad W = \sqrt{N^2 + R^2} = N \cdot \sqrt{1 + \mu^2}$$

Richtung der resultierenden Auflagerkraft gegen die Normalkraft $N$

$$\frac{R}{N} \leqq \operatorname{tg} \varrho_0 = \mu_0 \qquad \frac{R}{N} = \operatorname{tg} \varrho = \mu$$

### Seiltrieb

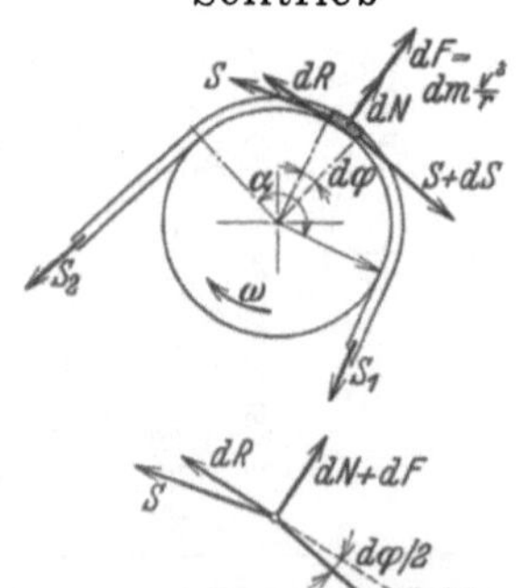

Abb. 149. Kräfte im Seiltrieb.

Gleichgewicht in tangentialer und normaler Richtung ergibt

$$R = S_1 - S_2$$

$$S_1 - q \cdot \frac{v^2}{g} = e^{\mu_0 \cdot \alpha}\left(S_2 - q \cdot \frac{v^2}{g}\right) *$$

$$L = (S_1 - S_2) \cdot v \approx S_2 \cdot (e^{\mu_0\,\alpha} - 1) \cdot v$$

Gleitlager

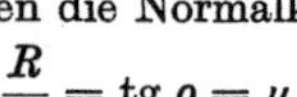

Abb. 150. Lager mit Gleitreibung.

$$M = f \cdot r \cdot P **$$

Spurlager

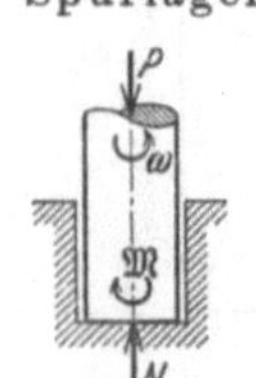

Abb. 151. Spurlager mit Gleitreibung.

$$M = \tfrac{2}{3} \cdot \mu \cdot P \cdot r ***$$

Für $f$ gelten dieselben Abhängigkeiten wie für $\mu$.

# die Bewegung.

| widerstand<br>turbulente Strömung | 3. Rollwiderstand | 4. Seilsteifigkeit |
|---|---|---|
| Energieverlust durch Wirbelbildung. Bei Bewegungsumkehr ist das Vorzeichen des Widerstandsgliedes umzukehren. | infolge Abplattung zwischen Körper und Unterlage und nur teilweiser Rückgewinnung der Verformungsarbeit. | Seil setzt der Biegung beim Auf- und Abrollen einen Widerstand entgegen (innere Reibung). |
| <br>Abb. 146. Turbulente Strömung. | 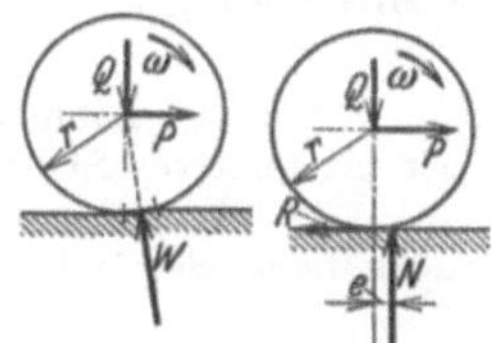<br>Abb. 147. Rollwiderstand. | 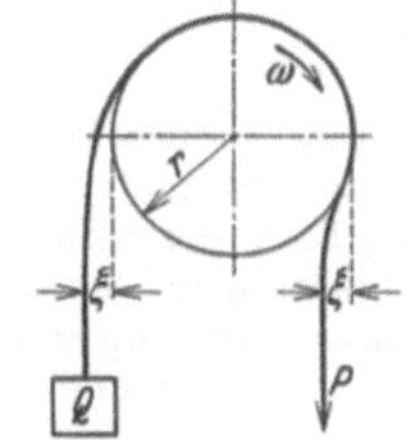<br>Abb. 148. Seilsteifigkeit. |
| $W = k \cdot v^2$ [kg] | $M = e \cdot N = P \cdot r$ [mkg]<br><br>$P = R = \dfrac{M}{r} = \dfrac{e}{r} \cdot N$ [kg] | $P = Q \cdot \left(1 + \dfrac{2\,\xi}{r}\right)$ [kg] |
| $k = f$ (Form und Größe des Körpers, Dichte der Flüssigkeit). | $e = f$ (Oberflächenrauhigkeit und -härte). | $\xi = f$ (Seildicke, Flechtart, Rollenradius). |
| $L = k \cdot v^3$ [mkg/s] | $L = M \cdot \omega = P \cdot v$ [mkg/s] | $L = P \cdot v$    [mkg/s]<br>$\phantom{L} = P \cdot r \cdot \omega$   [mkg/s] |

---

* $q$ = Seilgewicht je Längeneinheit,

$v$ = Seilgeschwindigkeit,

$g$ = Erdbeschleunigung,

$e$ = Grundzahl der natürlichen Logarithmen,

$\alpha$ = Umschlingungswinkel im Bogenmaß,

$$\alpha = \alpha^0 \frac{2\,\pi}{360} = \frac{\alpha^0}{57{,}3},$$

falls $q \cdot \dfrac{v^2}{g}$ klein ist, ist $S_1 \approx S_2 \cdot e^{\mu_0 \alpha}$.

$$** \quad M = \int_0^{2\alpha} r \cdot dR = \mu \cdot r \int_0^{2\alpha} dN; \quad \int dN > P, \quad \text{also} \quad f > \mu.$$

$$*** \quad M = \int_0^r r \cdot dR = \int_0^r \mu\, r\, dN = \int_0^r \mu \cdot \frac{P}{F} \cdot 2\,\pi\, r\, dr \cdot r.$$

# VI. Der Stoß.

## 1. Allgemeines.

### a) Definition des Stoßes.

Einwirken zweier Körper aufeinander durch Berühren in so kurzer Zeit, daß während dieser die Lagenänderung der Körper $= 0$ ist. Die Ableitungen des Weges, also Geschwindigkeit und Beschleunigung, sind aber $\neq 0$.

### b) Stoßvorgang.

1. Zusammendrücken:

An Berührungsstelle Formänderungen, Kräfte $\pm$ nach Wechselwirkungsgesetz; Verzögerung bzw. Beschleunigung der Körper bis relativer Stillstand gegeneinander.

2. Ausdehnen:

Formänderung mehr oder weniger rückgängig, elastische Kräfte $\pm$ vom Höchstwerte abnehmend bis auf null.

### c) Stoßarten.

Stoßlinie $=$ Senkrechte auf Berührungsebene der beiden Körper.
Stoßlinie $=$ Richtung der Stoßkraft, falls Reibung an Stoßstelle $= 0$ ist.
Stoßpunkt $B =$ Projektion des Schwerpunktes auf die Stoßlinie.
Stoßnormale $=$ Senkrechte auf der Stoßlinie, d. h. in Berührungsebene.

1. Lage der Schwerpunkte in bezug zur Stoßlinie.

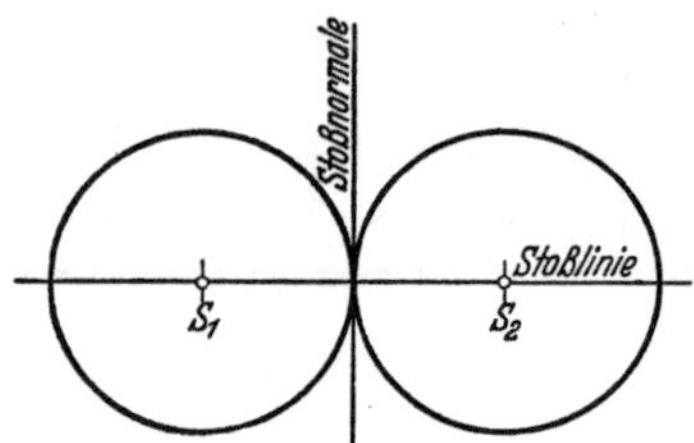


Abb. 152. Zentraler Stoß.
Schwerpunkte liegen auf der Stoßlinie.

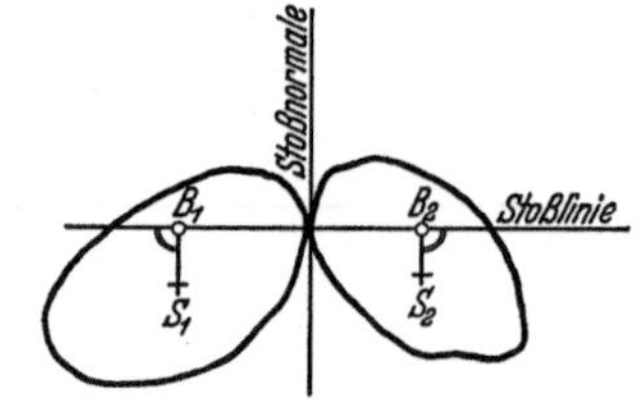


Abb. 153. Exzentrischer Stoß.
Schwerpunkte liegen nicht auf der Stoßlinie.

2. Geschwindigkeiten $c$ der Stoßpunkte vor dem Stoße in bezug zur Stoßlinie.

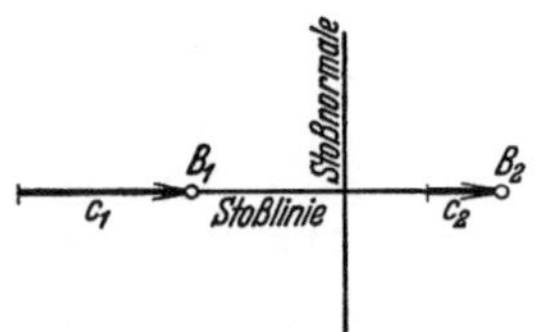


Abb. 154. Gerader Stoß.
Geschwindigkeiten liegen in der Stoßlinie.

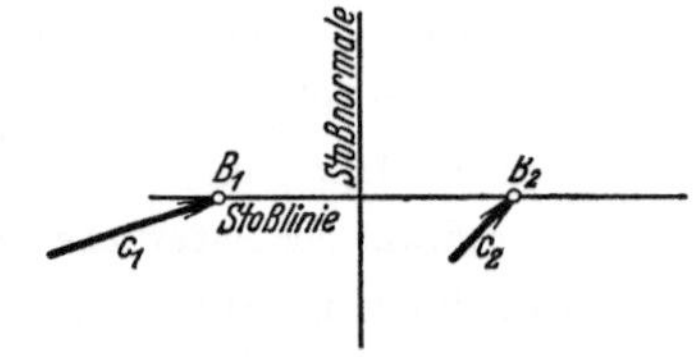


Abb. 155. Schiefer Stoß.
Geschwindigkeiten liegen nicht in der Stoßlinie.

3. Verlauf des zweiten Stoßabschnittes (Ausdehnen).

| Formänderungen | Stoßbezeichnung | Energieverlust | Stoßzahl[1] |
|---|---|---|---|
| vollständig rückgängig | vollkommen elastisch | $E_v = 0$ | $\varepsilon = 1$ |
| nur teilweise rückgängig | unvollkommen elastisch | $E_v$ | $0 < \varepsilon < 1$ |
| gar nicht rückgängig | vollkommen unelastisch (plastisch) | $E_v = E_{v\,\mathrm{max}}$ | $\varepsilon = 0$ |

[1] Siehe S. 105.

# 2. Grundgesetze.

## a) Allgemeines.

Bezeichnungen:

Geschwindigkeiten der Stoßpunkte vor dem Stoß $c_1, c_2$; Zeit $t = 0$,
Geschwindigkeiten der Stoßpunkte bei größter Zusammendrückung $w$; Zeit $t'$,
Geschwindigkeiten der Stoßpunkte nach dem Stoß $v_1, v_2$; Zeit $t''$.

Stoßzahl $\varepsilon$[1]:

$= $ Verhältnis der Antriebe im zweiten und ersten Stoßabschnitt $\qquad \Big\} \quad \varepsilon = \dfrac{\int_{t'}^{t''} P \cdot dt}{\int_0^{t'} P \cdot dt},$

$= $ Verhältnis der Geschwindigkeitsänderung des Stoßpunktes eines Körpers in der Stoßlinie im zweiten und ersten Stoßabschnitt $\Big\} \quad \varepsilon = \dfrac{v - w}{w - c}.$

$= $ Verhältnis der Relativgeschwindigkeiten der Stoßpunkte in Richtung der Stoßlinie zwischen beiden Körpern nach und vor dem Stoß (also unabhängig von den sich stoßenden Massen) $\Big\} \quad \varepsilon = \dfrac{v_2 - v_1}{c_1 - c_2} = \dfrac{\Delta v}{\Delta c}$

## b) Exzentrischer schiefer Stoß mit Reibung an der Stoßstelle.

### (Allgemeinster Fall).

Die Impulssätze für die fortschreitende und drehende Bewegung (siehe S. 88 u. S. 91) der beiden Körper ergeben $4 + 2 = 6$ Gleichungen für die 7 Unbekannten:

$$v_{S1x};\ v_{S2x};\ \omega_1';\ \omega_2';\ \int_0^{t''} P\,dt.$$

Eine 7. Gleichung liefert die Angabe über die Art des Stoßes ($\varepsilon$) (siehe Abb. 156):

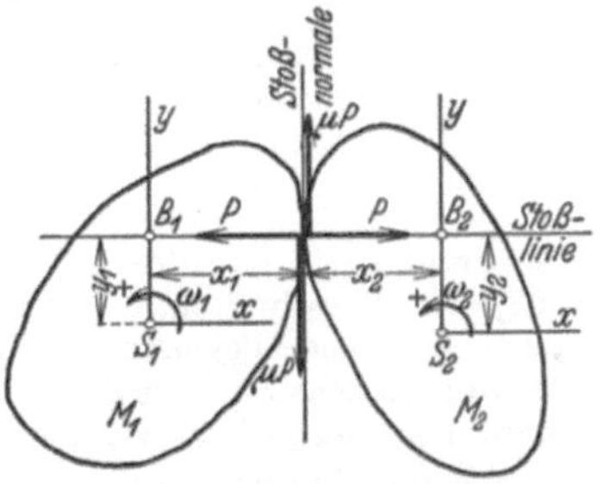

$$-\int_0^{t''} P \cdot dt = m_1 \cdot (v_{S1x} - c_{S1x}), \qquad (1)$$

$$+\int_0^{t''} P \cdot dt = m_2 \cdot (v_{S2x} - c_{S2x}), \qquad (2)$$

Abb. 156. Exzentrischer, schiefer Stoß mit Reibung an der Stoßstelle.

$$-\int_0^{t''} \mu\, P \cdot dt = m_1 \cdot (v_{S1y} - c_{S1y}), \qquad (3)$$

$$+\int_0^{t''} \mu\, P \cdot dt = m_2 \cdot (v_{S2y} - c_{S2y}), \qquad (4)$$

$$+\int_0^{t''} P \cdot dt \cdot y_1 - \int_0^{t''} \mu \cdot P\,dt \cdot x_1 = J_{S1} \cdot (\omega_1' - \omega_1), \qquad (5)$$

$$-\int_0^{t''} P\,dt \cdot y_2 - \int_0^{t''} \mu\, P \cdot dt \cdot x_2 = J_{S2} \cdot (\omega_2' - \omega_2), \qquad (6)$$

$$\varepsilon = \frac{v_{B2x} - v_{B1x}}{c_{B1x} - c_{B2x}} = \frac{v_{S2x} - y_2 \cdot \omega_2' - (v_{S1x} - y_1 \cdot \omega_1')}{c_{S1x} - y_1 \cdot \omega_1 - (c_{S2x} - y_2 \cdot \omega_2)}. \qquad (7)$$

## c) Gerader Zentralstoß,

d. h.:
$$c_{1y} = c_{2y} = 0; \qquad \mu = 0; \qquad y_1 = y_2 = 0;$$
$$c_{1x} = c_1;\ c_{2x} = c_2; \qquad v_{1x} = v_1;\ v_{2x} = v_2; \qquad v_{1Bx} = v_1;\ v_{2Bx} = v_2$$

---

[1] Die erste Beziehung ist die Definition der Stoßzahl; die zweite und dritte folgen aus den Impulssätzen.

Aus den Gleichungen:

$$- \int_0^{t''} P\,dt = m_1 \cdot (v_1 - c_1),\tag{1}$$

$$+ \int_0^{t''} P\,dt = m_2 \cdot (v_2 - c_2),\tag{2}$$

$$\varepsilon = \frac{v_2 - v_1}{c_1 - c_2} = \frac{v_1 - w}{w - c_1} = \frac{v_2 - w}{w - c_2}\tag{3}$$

folgt:

$$v_{\genfrac{}{}{0pt}{}{1}{2}} = \frac{(m_{\genfrac{}{}{0pt}{}{1}{2}} - \varepsilon \cdot m_{\genfrac{}{}{0pt}{}{2}{1}}) \cdot c_{\genfrac{}{}{0pt}{}{1}{2}} + (1 + \varepsilon) \cdot m_{\genfrac{}{}{0pt}{}{2}{1}} \cdot c_{\genfrac{}{}{0pt}{}{2}{1}}}{m_1 + m_2},$$

$$w = \frac{m_1 \cdot c_1 + m_2 \cdot c_2}{m_1 + m_2} = \frac{m_1 \cdot v_1 + m_2\, v_2}{m_1 + m_2},$$

$$E_v = \frac{1}{2} \cdot \frac{m_1 \cdot m_2}{m_1 + m_2} \cdot (1 - \varepsilon^2) \cdot (c_1 - c_2)^2 = \frac{1}{2} \cdot M \cdot (1 - \varepsilon^2) \cdot \varDelta c^2,$$

wobei

$$\frac{1}{M} = \frac{1}{m_1} + \frac{1}{m_2}$$

und

$$\varDelta c = c_1 - c_2 \quad \text{ist.}$$

### d) Schiefer Zentralstoß.

Falls keine Reibung an Stoßstelle auftritt, werden durch den Stoß nur die in die Stoßrichtung fallenden Geschwindigkeitskomponenten $c_{S1x}$, $c_{S2x}$ geändert. Es gelten für diese Komponenten dieselben Formeln wie beim geraden Stoß.

$$x_1 = x_2 = 0, \qquad y_1 = y_2 = 0, \qquad \mu = 0,$$
$$c_{\genfrac{}{}{0pt}{}{S1y}{S2y}} = v_{\genfrac{}{}{0pt}{}{S1y}{S2y}}; \qquad v_B = v_S; \qquad c_{\bar{B}} = c_S.$$

### e) Exzentrischer Stoß.

Die exzentrisch getroffenen Körper ändern nach den Schwerpunktsätzen (siehe S. 89 und 92) die fortschreitende Bewegung des Schwerpunktes und die Drehung um den Schwerpunkt, siehe allgemeinster Fall Gl. (1), (2), (5), (6), (7), falls $\mu = 0$ ist.

Der exzentrische Stoß wird auf den geraden Zentralstoß zurückgeführt durch Reduktion der Massen $m_1$, $m_2$ auf die zugehörigen Stoßpunkte $B_1$ und $B_2$, deren Geschwindigkeiten dann nach den Formeln des geraden Zentralstoßes zu berechnen sind. Massenreduktion nach S. 87. Die Beziehung: Energie = const = $\frac{1}{2}\, m_B \cdot v_B^2 = \frac{1}{2}\, J_S \cdot \omega^2 + \frac{1}{2}\, m \cdot v_S^2$ ergibt:

$$m_B = m \cdot \frac{i^2 + e^2}{(e + s)^2} = \frac{J_0}{h^2}\,*, \quad \text{siehe Abb. 157.}$$

## 3. Stoßmittelpunkt.

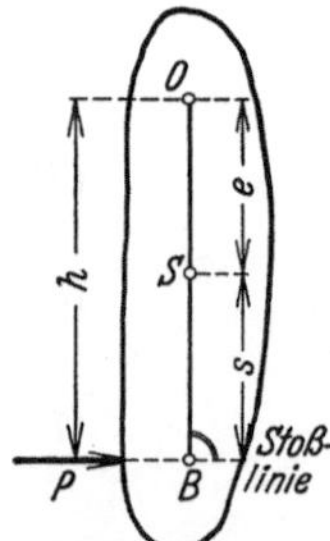

Abb. 157. Lage vom Stoßpunkt $B$ und Stoßmittelpunkt $O$ im Verhältnis zum Schwerpunkt.

Der Stoßmittelpunkt ist der Punkt des gestoßenen Körpers, der seine Geschwindigkeit durch den Stoß nicht ändert. War der Körper anfangs in Ruhe ($c_S = 0$, $\omega = 0$), so ist der Stoßmittelpunkt der Momentanpol. Besaß der Körper vorher die Geschwindigkeiten $c_S$ und $\omega$, so gilt für den Stoßmittelpunkt $O$: $c_O = c_S - e \cdot \omega = v_O = v_S - e \cdot \omega'$.

Aus den Impulssätzen für die fortschreitende und drehende Bewegung in bezug auf den Schwerpunkt folgt für die Entfernung des Stoßmittelpunktes vom Schwerpunkt (siehe Abb. 157):

$$S\,O = e = \frac{J_S}{m \cdot s} = \frac{i_S^2}{s},$$

$$B\,O = h = e + s = \frac{i_S^2 + s^2}{s} = \frac{J_S + m\,s^2}{m\,s},$$

$$= \text{reduzierte Pendellänge,}$$

[1] Zeiger $S$ = Schwerpunkt,   Zeiger $O$ = Momentanpol = Stoßmittelpunkt = Drehpunkt bei gelagerten Körpern.

d. h. Stoßpunkt $B$ und Stoßmittelpunkt $O$ stehen in derselben Beziehung zueinander wie Schwingungspunkt und Schwingungsmittelpunkt[1].

## 4. Erweiterte Stoßtheorie.

Die elementare Theorie gibt nur $\int P\,dt$ an, aber nicht $P_{\max}$. Mit dem Ansatz $P = k \cdot \xi^n$ [*] erhält man aus den Impulssätzen durch Differentiation und Differenzenbildung für beide Massen (siehe Abb. 158)

$$\ddot{x}_2 - \ddot{x}_1 = -\ddot{\xi} = \frac{P}{m_1} + \frac{P}{m_2} = \frac{1}{M} \cdot k \cdot \xi^n \;[**].$$

Integration liefert

$$\frac{1}{2}\left[\dot{\xi}^2 - \Delta c^2\right] = -\frac{1}{n+1} \cdot \frac{1}{M} \cdot k \cdot \xi^{n+1},$$

abermalige Integration liefert die Zeit für den ersten Stoßabschnitt

$$T = \frac{1}{\Delta c} \int_0^{\xi_{\max}} \frac{d\xi}{\sqrt{1 - \dfrac{1}{\dfrac{M}{k} \cdot \dfrac{n+1}{2} \cdot \Delta c^2}\,\xi^{n+1}}}.$$

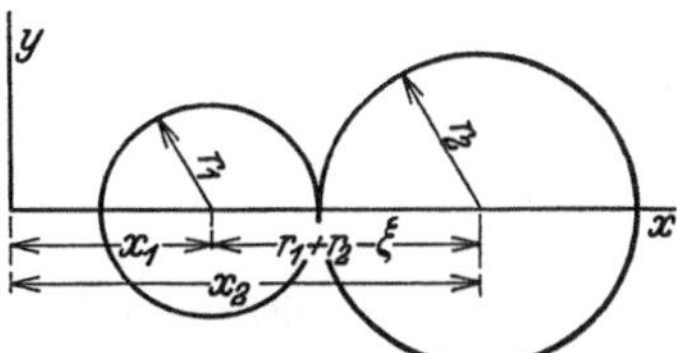

Abb. 158. Zusammendrückung an der Stoßstelle.

| | allgemein | Hooke ($n = 1$) | Hertz ($n = \tfrac{3}{2}$) |
|---|---|---|---|
| größte Zusammendrückung $\dot{\xi} = 0$ | $\xi_{\max}^{n+1} = \dfrac{M}{k} \cdot \dfrac{n+1}{2} \cdot \Delta c^2$ | $\xi_{\max} = \Delta c \cdot \sqrt{\dfrac{M}{k}}$ | $\xi_{\max} = \sqrt[5]{\Delta c^4 \cdot \left(\dfrac{5 \cdot M}{4\,k}\right)^2}$ |
| größte Kraft | $P_{\max} = k \cdot \xi_{\max}^n$ | $P_{\max} = \Delta c \cdot \sqrt{k \cdot M}$ | $P_{\max} = \sqrt[5]{\Delta c^6 \cdot k^2 \cdot \left(\dfrac{5}{4}\,M\right)^3}$ |
| Zeit des ersten Stoßabschnittes | $T = 2 \cdot \dfrac{\xi_{\max}}{\Delta c} \displaystyle\int_0^1 \dfrac{d(\xi/\xi_{\max})}{\sqrt{1 - \left(\dfrac{\xi}{\xi_{\max}}\right)^{n+1}}}$ | $T = \pi \cdot \dfrac{\xi_{\max}}{\Delta c} = \pi \cdot \sqrt{\dfrac{M}{k}}$ | $T = 2{,}94 \cdot \dfrac{\xi_{\max}}{\Delta c}$ <br> $= 2{,}94 \cdot \sqrt[5]{\dfrac{1}{\Delta c} \cdot \left(\dfrac{5\,M}{4\,k}\right)^2}$ |

---

[1] Schwingungszeit beim Schwingen um $O$ gleich der beim Schwingen um $B$.

[*] $\xi$ ist die Annäherung beider Körper, siehe Abb. 158. Mit $n = 1$ erhält man das Hookesche Gesetz, Kraft $\sim$ Zusammendrückung $P = k_1 \cdot \xi$.

Nach der Hertzschen Theorie des Druckes gewölbter Flächen aufeinander ist $n = \dfrac{3}{2}$, also $P = k_2 \cdot \xi^{3/2}$. Hierbei ist

$$k_2 = \frac{16}{3 \cdot (\vartheta_1 + \vartheta_2)} \cdot \sqrt{\frac{1}{\varrho_1 + \varrho_2}}; \qquad \vartheta = \frac{2(m-1)}{m \cdot G}; \qquad m = \frac{10}{3} = \text{Poissonsche Zahl};$$

$$G = \frac{m}{2(m+1)} \cdot E = \text{Schubmodul}; \qquad E = \text{Elastizitätsmodul}.$$

$$\varrho = \frac{1}{r} = \text{Krümmung der Berührungsfläche}.$$

Bei gleichen Materialien ($\vartheta_1 = \vartheta_2$) ist $k_2 = 0{,}733 \cdot E \cdot \sqrt{\dfrac{r_1 \cdot r_2}{r_1 \pm r_2}}$. $+$ beides konvexe Kugeln; $-$ falls Kugel 2 konkav ist (auf der Innenseite gestoßen wird).

[**] $\quad x_2 - x_1 = r_1 + r_2 - \xi; \qquad \ddot{x}_2 - \ddot{x}_1 = -\ddot{\xi}; \qquad \dfrac{1}{m_1} + \dfrac{1}{m_2} = \dfrac{1}{M}.$

# VII. Massenausgleich.

## 1. Bedingungen.

Er ist dann vorhanden, wenn durch die Bewegung des Systems keine zusätzlichen Lagerkräfte entstehen.

Statischer Ausgleich: Schwerpunkt in Ruhe oder geradlinig gleichförmig fortschreitend.

$$\Re = M \cdot \frac{d\mathfrak{v}_S}{dt} = \sum \frac{d}{dt}(m\,\mathfrak{v}) = 0\,.$$

$$\mathfrak{v}_S = \text{const}\,.$$

Dynamischer Ausgleich: Drall für jede beliebige Achse = const.

$$\mathfrak{M} = \frac{d\mathfrak{B}}{dt} = 0\,,$$

$$\mathfrak{B} = \sum m\,[\mathfrak{r}\,\mathfrak{v}] = \text{const}\,.$$

## 2. Starrer Körper, Drehung um die $z$-Achse.

Statischer Ausgleich: Schwerpunkt liegt auf der Drehachse.

Dynamischer Ausgleich: Drehachse = freie Achse = Trägheitshauptachse (siehe S. 94)

$$M_x = 0; \qquad M_y = 0 \quad \text{für} \quad C_{xz} = C_{yz} = 0\,.$$

## 3. Schlickscher Massenausgleich von Mehrzylindermaschinen.

Bezeichnungen:

$\varphi_i$ = Kurbelwinkel des $i$-ten Zylinders.

$\alpha_i$ = Schränkung der jeweiligen Kurbel gegen die erste, im Drehsinn gemessen.

$s_i$ = Entfernung der jeweiligen Zylinderachse von der ersten.

$m_i$ = hin- und hergehende Masse des jeweiligen Zylinders.

Zeiger $_i$ = bezeichnet den jeweiligen Zylinder.

a) **Massenausgleich erster Ordnung** (unendliche lange Schubstange) $\lambda = \dfrac{r}{l} = 0$.

Geschwindigkeit der hin- und hergehenden Massen:

$$v_i = r_i \cdot \omega_i \cdot \sin \varphi_i = r_i \cdot \omega \cdot \sin(\varphi_1 + \alpha_i)\,,$$

$$= r_i \cdot \omega \cdot [\sin \varphi_1 \cdot \cos \alpha_i + \cos \varphi_1 \cdot \sin \alpha_i]\,.$$

Statischer Ausgleich: Schwerpunkt in Ruhe $= \sum m \cdot \mathfrak{v} = 0$

$$\sum_i m_i \cdot r_i \cdot \sin \alpha_i = 0\,^*, \tag{1}$$

$$\sum_i m_i \cdot r_i \cdot \cos \alpha_i = 0\,. \tag{2}$$

Dynamischer Ausgleich: Drall um beliebige Achse senkrecht zur Zylinderebene $= 0\,^{**}$

$$\sum_i m_i \cdot r_i \cdot s_i \cdot \sin \alpha_i = 0, \tag{3}$$

$$\sum_i m \cdot r \cdot s_i \cdot \cos \alpha_i = 0\,. \tag{4}$$

4 Gleichungen, zwei Stücke (z. B. eine Schränkung $\alpha_2$, eine Zylinderentfernung $s_2$) wählbar, d. h. Massenausgleich erster Ordnung erst von 4-Zylindermaschine an möglich. (Unbekannte $\alpha_3$, $\alpha_4$, $s_3$, $s_4$).

---

$^*$ $\sum\limits_i$ heißt, die Summe ist über alle Zylinder zu nehmen.

$^{**}$ D. h. auf den Ausgleich um eine Achse senkrecht zur Drehachse und parallel zur Zylinderebene wird wegen der Kleinheit der zusätzlichen Momente verzichtet.

**b) Massenausgleich zweiter Ordnung** $\left(\text{endliche Schubstangenlänge, } \lambda = \dfrac{r}{l}\right)$.

Geschwindigkeit: $v_i = r_i\,\omega_i(\sin\varphi_i + \tfrac{1}{2}\lambda\cdot\sin 2\,\varphi_i)$.

Statischer Ausgleich: | | Dynamischer Ausgleich:

$$\sum_i m_i\,r_i\sin\alpha_i = 0, \qquad (1)$$

$$\sum_i m_i\,r_i\cos\alpha_i = 0, \qquad (2)$$

$$\sum_i m_i\,r_i\sin 2\,\alpha_i = 0, \qquad (3)$$

$$\sum_i m_i\,r_i\cos 2\,\alpha_i = 0, \qquad (4)$$

$$\sum_i m_i\,r_i\,s_i\sin\alpha_i = 0, \qquad (5)$$

$$\sum_i m_i\,r_i\,s_i\cos\alpha_i = 0, \qquad (6)$$

$$\sum_i m_i\,r_i\,s_i\sin 2\,\alpha_i = 0, \qquad (7)$$

$$\sum_i m_i\,r_i\,s_i\cos 2\,\alpha_i = 0. \qquad (8)$$

8 Gleichungen, zwei Stücke wählbar, d. h. Massenausgleich zweiter Ordnung erst von 6-Zylindermaschine an möglich (Unbekannte: 4 Schränkungen, 4 Zylinderabstände).

# VIII. Der Kreisel.

## 1. Grundgleichungen.

Dynamische Grundgleichung in bezug auf ein $\genfrac{}{}{0pt}{}{\text{raum-}}{\text{körper-}}$ festes Koordinatensystem $\genfrac{}{}{0pt}{}{x\ y\ z}{\xi\ \eta\ \zeta}$ (siehe S. 93 u. 95/96)

$$\mathfrak{M} = \frac{d\mathfrak{B}}{dt},$$

$$\mathfrak{M} = \left(\frac{d\mathfrak{B}}{dt}\right)_{rel} + [\overline{\omega}\,\mathfrak{B}],$$

$$\left.\begin{array}{l} M_\xi = J_1\cdot\varepsilon_\xi - (J_2 - J_3)\cdot\omega_\eta\cdot\omega_\zeta \\ {}_\eta \quad\ {}_2\ {}_\eta \quad\ {}_3\ {}_1\quad\ {}_\zeta\ {}_\xi \\ {}_\zeta \quad\ {}_3\ {}_\zeta \quad\ {}_1\ {}_2\quad\ {}_\xi\ {}_\eta \end{array}\right\} \text{Eulersche Gleichungen}$$

$$= \frac{dB_{\xi\eta\zeta}}{dt} - \left(B_\eta\cdot\omega_\zeta - B_\zeta\cdot\omega_\eta\right).$$

Kinetische Energie und Drall (siehe S. 84 u. 82)

$$T = \tfrac{1}{2}(\mathfrak{B}\cdot\overline{\omega}) = \tfrac{1}{2}B\cdot\omega\cdot\cos\widehat{\mathfrak{B}\,\omega}$$
$$= \tfrac{1}{2}J_\omega\cdot\omega^2 = \tfrac{1}{2}(J_1\cdot\omega_\xi^2 + J_2\cdot\omega_\eta^2 + J_3\cdot\omega_\zeta^2)$$
$$= \tfrac{1}{2}(B_\xi\cdot\omega_\xi + B_\eta\cdot\omega_\eta + B_\zeta\cdot\omega_\zeta)$$
$$B = \sqrt{(J_1\cdot\omega_\xi)^2 + (J_2\cdot\omega_\eta)^2 + (J_3\cdot\omega_\zeta)^2}\,.$$

## 2. Kräftefreier Kreisel.

### a) Allgemeines.

Schwerpunkt = Stützpunkt, keine äußeren Kräfte außer Eigengewicht und Stützkraft. keine Momente.

$$\sum\mathfrak{P} = M\cdot\mathfrak{b}_s = 0; \qquad \mathfrak{b}_s = 0; \qquad \mathfrak{v}_s = \text{const},$$

$$\sum\mathfrak{M} = \frac{d\mathfrak{B}}{dt} = 0; \qquad \mathfrak{B} = \text{const},$$

$$\left(\frac{d\mathfrak{B}}{dt}\right)_{rel} = -[\overline{\omega}\cdot\mathfrak{B}],$$

$$\frac{d\omega_{\xi\eta\zeta}}{dt} = \frac{J_{231} - J_{312}}{J_{123}}\cdot\omega_\eta\cdot\omega_\zeta \qquad \text{(Eulersche Gleichungen, siehe S. 95)}.$$

Der Drall eines kräftefreien Kreisels ist nach Größe und Richtung unveränderlich.

Der um eine Hauptachse rotierende kräftefreie Kreisel behält seine Drehgeschwindigkeit nach Größe und Richtung bei[1].

Winkelgeschwindigkeit $\overline{\omega}$ und Drallvektor $\mathfrak{B}$ fallen hierbei in dieselbe Richtung (siehe S. 81/82).

Die Hauptachsen mit dem größten und kleinsten Trägheitsmoment sind stabile Achsen; die Hauptachse mit dem mittleren Trägheitsmoment ist eine labile Drehachse[2].

## b) Symmetrischer Kreisel $J_1 = J_2 \equiv J$.

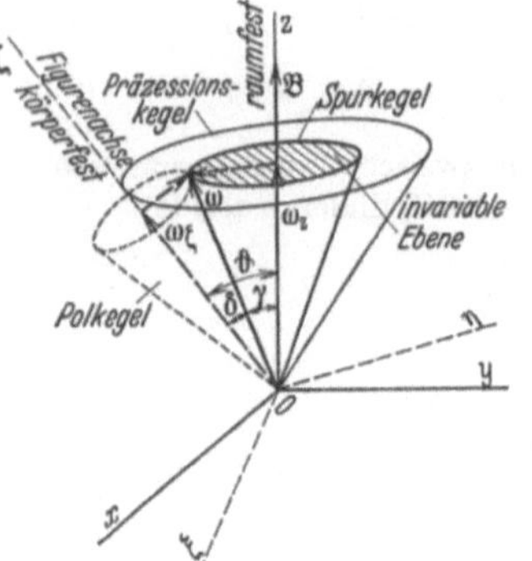


Abb. 159. Bewegung des symmetrischen Kreisels.

Die Eulerschen Gleichungen nehmen die Form an:

$$\frac{d\omega_\xi}{dt} = \frac{J - J_3}{J} \cdot \omega_\eta \cdot \omega_\zeta,$$

$$\frac{d\omega_\eta}{dt} = \frac{J_3 - J}{J} \cdot \omega_\zeta \cdot \omega_\xi,$$

$$\frac{d\omega_\zeta}{dt} = 0; \quad \text{d. h.} \quad \omega_\zeta = \omega_{\zeta_0} = \text{const}.$$

Der Vektor $\overline{\omega}$ beschreibt um die **körperfeste Figurenachse** den Polkegel (Polodie) mit konstantem Öffnungswinkel[3] (siehe Abb. 159)

$$\delta = \text{arc tg} \frac{\sqrt{\omega_\xi^2 + \omega_\eta^2}}{\omega_\zeta} = \text{const}.$$

Der Vektor $\overline{\omega}$ beschreibt um den **raumfesten Drallvektor** $\mathfrak{B}$ (raumfeste Achse $z$) den Spurkegel (Herpolodie) mit konstantem Öffnungswinkel (siehe Abb. 159)[4]

$$\gamma = \text{arc cos} \frac{2 \cdot T}{B \cdot \omega}.$$

---

[1] Ist $\zeta$ die Hauptachse, um die die Drehung mit $\omega_\zeta$ erfolgt, so daß also $\omega_\xi = \omega_\eta = 0$, so folgt aus den Eulerschen Gleichungen, daß $\omega_\xi = \omega_\eta \equiv 0$ und $\omega_\zeta = \omega_{\zeta_0} = \text{const}$ bleiben.

[2] Aus den Eulerschen Momentengleichungen folgt mit $M_\xi = M_\eta = M_\zeta = 0$ (d. h. kräftefreier Kreisel) und $\omega_\xi \ll \omega_\zeta$ (d. h. Drehung nur wenig von der Hauptachse $\zeta$ abweichend), also $\omega_\xi \cdot \omega_\eta \approx 0$ (d. h. $\varepsilon_\zeta = 0$; $\omega_\zeta = \text{const}$) durch einmalige Differentiation und Zusammenfassen der Gleichungen für das Abweichen von der Drehung um die Hauptachse $\zeta$ die Differentialgleichung:

$$\underset{\eta}{\ddot{\omega}_\zeta} + \frac{J_2 - J_3}{J_1} \cdot \frac{J_1 - J_3}{J_2} \cdot \omega_\zeta^2 \cdot \underset{\eta}{\omega_\xi} = 0$$

in der Form einer Schwingungsgleichung

$$\underset{\eta}{\ddot{\omega}_\xi} + \alpha^2 \cdot \underset{\eta}{\omega_\xi} = 0.$$

Eine Schwingung mit constanter Amplitude ergibt sich für $\omega$, falls

$$\alpha = \omega_\zeta \cdot \sqrt{\frac{J_2 - J_3}{J_1} \cdot \frac{J_1 - J_3}{J_2}} > 0, \quad \text{d. h.} \quad J_3 = \underset{\text{min}}{J_{\text{max}}}$$

ist ($\zeta = $ stabile Achse).

Ein Anwachsen der $\omega$-Werte nach einer $e$-Funktion erhält man, falls $\alpha < 0$, d. h. $J_1 \lessgtr J_3 \lessgtr J_2$, d. h. $J_3$ das mittlere Trägheitsmoment ist ($\zeta = $ labile Achse).

[3] Aus den Eulerschen Gleichungen folgt in gleicher Weise wie unter Anm. 2 die Differentialgleichung $\underset{\eta}{\ddot{\omega}_\xi} + \alpha^2 \cdot \underset{\eta}{\omega_\xi} = 0$, wobei $\alpha^2 = \left(1 - \frac{J_3}{J}\right)^2 \cdot \omega_\zeta^2$ ist. Die Lösungen dieser Schwingungsgleichungen lauten $\omega_\xi = a \cdot \sin \alpha t$ und $\omega_\eta = a \cdot \cos \alpha t$, wobei $a = \sqrt{\omega_{\xi_0}^2 + \omega_{\eta_0}^2}$ ist.

Es ist also $\omega_\xi^2 + \omega_\eta^2 = \text{const}$ und da auch $\omega_\zeta = \text{const}$ ist, ist $\text{tg } \delta = \dfrac{\sqrt{\omega_\xi^2 + \omega_\eta^2}}{\omega_\zeta} = \text{const}$.

[4] Aus $T = \frac{1}{2}(\mathfrak{B} \cdot \overline{\omega}) = \frac{1}{2} B \cdot \omega \cdot \cos \widehat{\mathfrak{B}\,\overline{\omega}} = \frac{1}{2} B \cdot \omega \cdot \cos \gamma$ (siehe S. 84) folgt, da $T = \text{const}$; $B = \text{const}$; $\omega = \text{const}$, daß auch $\cos \gamma = \text{const}$ ist.

Die Endpunkte des $\overline{\omega}$-Vektors liegen in der auf dem Drallvektor senkrecht stehenden raumfesten (invariablen) Ebene, die vom Koordinatenpunkt die Entfernung (siehe Abb. 159)

$$\omega_z = \omega \cdot \cos\gamma$$

besitzt.

Die Figurenachse (körperfeste $\zeta$-Achse) beschreibt um den raumfesten Drallvektor $\mathfrak{B}$ (raumfeste $z$-Achse) den Präzessionskegel mit dem konstanten Öffnungswinkel (siehe Abb. 159).

$$\vartheta = \gamma + \delta\,.$$

Die Endpunkte des $\omega$-Vektors liegen aber auch auf dem Poinsot-Ellipsoid (siehe S. 79), d. h. die Bewegung des Kreisels ist darstellbar als das Abrollen des Poinsot-Ellipsoides auf der invariablen Ebene.

Für die Präzessionsgeschwindigkeit $\mu$ und die Eigenschnelle $\nu$ bestehen die Gleichungen (siehe Abb. 160)[1]

$$\overline{\omega} = \overline{\mu} + \overline{\nu}\,,$$
$$\mathfrak{B} = J \cdot \overline{\mu}\,,$$

Drall $=$ Durchmesserträgheitsmoment $\times$ Präzessionsgeschwindigkeit (nicht $J_3$!!).

$$J \cdot \nu = (J - J_3) \cdot \omega_\zeta$$
$$J_3 \cdot \nu + (J_3 - J) \cdot \mu \cos\vartheta = 0$$

⎱ Bedingung für reguläre Präzession der Figurenachse.

Oder in anderer Form

$$\mu = \frac{B}{J} = \sqrt{(\omega_\xi^2 + \omega_\eta^2) + \frac{J_3}{J} \cdot \omega_\zeta^2}\,,$$

$$\nu = \frac{J - J_3}{J} \cdot \omega_\zeta\,,$$

$$\operatorname{tg}\vartheta = \frac{J}{J_3} \cdot \frac{\sqrt{\omega_\xi^2 + \omega_\eta^2}}{\omega_\zeta}\,,$$

$$T_\mu = \frac{2\pi}{\mu} = \frac{2\pi \cdot J}{B}$$

Dauer einer vollen Präzession der Figurenachse um die raumfeste Drallachse.

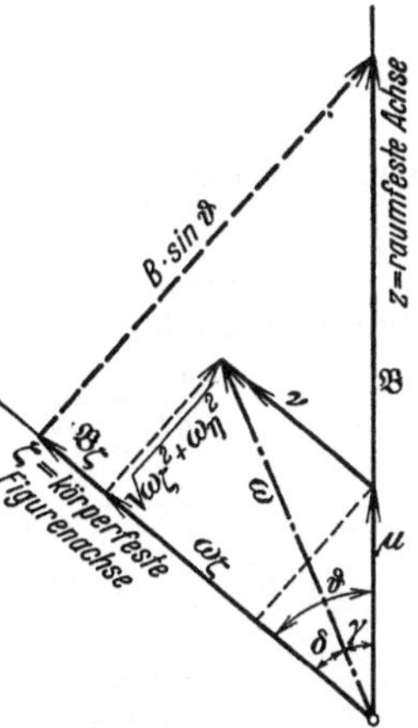


Abb. 160. Beziehung zwischen Winkelgeschwindigkeit $\overline{\omega}$, Präzessionsgeschwindigkeit $\overline{\mu}$ und Eigenschnelle $\overline{\nu}$.

## 3. Kreisel unter Zwang.

### a) Drehmoment aufgezwungen, Bewegung gesucht.

#### α) Drehmoment parallel zur Figurenachse ($\mathfrak{M} = \mathfrak{M}_\zeta$).

Der Drall ändert seine Größe und Richtung um den Betrag $\varDelta\mathfrak{B} = \int\mathfrak{M}\,dt = \varDelta\mathfrak{B}_\zeta$, damit ändert sich also der Winkel $\vartheta$ (siehe Abb. 161). Die Winkelgeschwindigkeit um die $\zeta$-Achse ändert sich in demselben Verhältnis wie der Drall bezüglich dieser Achse $\dfrac{\omega_\zeta}{\omega_{\zeta_0}} = \dfrac{B_\zeta}{B_{\zeta_0}}$,

---

[1] Die Winkelgeschwindigkeiten um die Figuren- und eine dazu senkrechte Achse sind: $\omega_\zeta = \mu\cdot\cos\vartheta + \nu$ und $\mu\cdot\sin\vartheta = \sqrt{\omega_\xi^2 + \omega_\eta^2}$. Die Drallkomponente senkrecht zur Figurenachse ist $B\cdot\sin\vartheta = J\cdot\sqrt{\omega_\xi^2 + \omega_\eta^2} = \mu\cdot J\cdot\sin\vartheta$, also $B = J\cdot\mu$. Dies in die Gleichung für $\omega_\zeta$ eingeführt, gibt mit $B\cdot\cos\vartheta = J_3\cdot\omega_\zeta$ die Beziehung $J\omega_\zeta = J_3\omega_\zeta + J\cdot\nu$. Führt man hier wieder $\omega_\zeta = \mu\cdot\cos\vartheta + \nu$ ein, so erhält man $J_3\cdot\nu + (J_3 - J)\cdot\mu\cdot\cos\vartheta = 0$. Die Winkelbeziehung $\operatorname{tg}\vartheta = \dfrac{J}{J_3}\cdot\dfrac{\sqrt{\omega_\xi^2 + \omega_\eta^2}}{\omega_\zeta}$ folgt aus $\sin\vartheta = \dfrac{\sqrt{\omega_\xi^2 + \omega_\eta^2}}{\mu}$ und $\cos\vartheta = \dfrac{B_\zeta}{B} = \dfrac{J_3\cdot\omega_\zeta}{J\cdot\mu}$ durch Division.

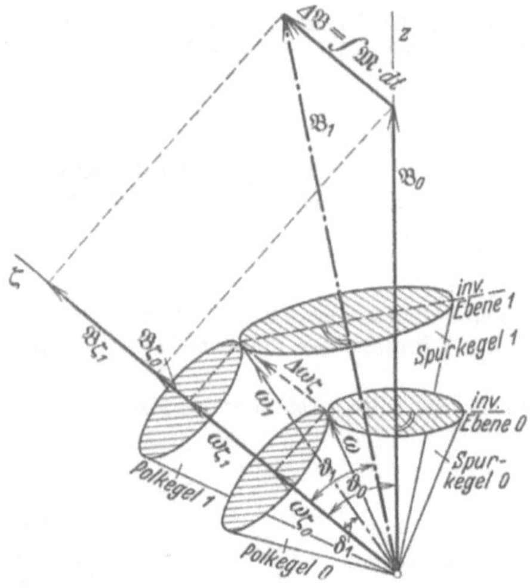

Abb. 161. Zwangsmoment parallel zur Figurenachse des Kreisels.

während die Resultierende aus den beiden anderen Komponenten $\sqrt{\omega_\xi^2 + \omega_\eta^2} =$ const bleibt[1]. Infolgedessen ändert sich auch der Winkel $\delta$. Nach Aufhören des Momentes bleiben die neuen Werte für den Drall, die Winkelgeschwindigkeit usw. konstant und es gelten wieder die in Abb. 159 dargestellten Beziehungen.

### $\beta$) Drehmoment parallel zur Drallachse ($\mathfrak{M} \parallel \mathfrak{B}$).

Es tritt keine Änderung in der Richtung des Dralles, sondern nur von seiner Größe um $\varDelta \mathfrak{B} = \int \mathfrak{M}\, dt$ ein. Der Anfangsdrall $\mathfrak{B}_0$ ist entstanden durch ein Moment in Richtung von $\mathfrak{B}_0$ und rief die Winkelgeschwindigkeit $\omega_0$ hervor. Mithin wird durch $\mathfrak{M} \parallel \mathfrak{B}_0$ auch nur die Größe von $\omega_0$ geändert und nicht seine Richtung. Es bleiben also alle Winkel erhalten, und beim Abrollen des Poinsot-Ellipsoides ändert sich nur dessen Größe und der Abstand der invariablen Ebene vom Koordinatenursprung. Für die Größenänderung der Präzessionsgeschwindigkeit und Eigenschnelle des symmetrischen Kreisels erhält man

$$\frac{d\mu}{dt} = \frac{dB}{dt \cdot J} = \frac{M}{J},$$

$$\frac{dv}{d\cdot} = \frac{J - J_3}{J} \cdot \frac{d\omega_\zeta}{dt} = \frac{J - J_3}{J} \cdot \frac{d\mu}{dt} \cdot \cos\vartheta = \frac{J - J_3}{J} \cdot \frac{M}{J} \cdot \cos\vartheta.$$

### $\gamma$) Stoß senkrecht auf die Figurenachse; schneller Kreisel.

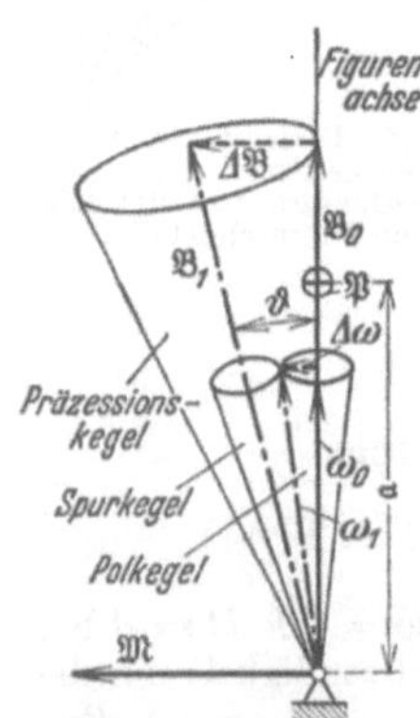


Abb. 162. Stoßmoment senkrecht zur Figurenachse des schnellen Kreisels.

Beim schnellen Kreisel überwiegt die Winkelgeschwindigkeit $\omega_\zeta$ in Richtung der Figurenachse die beiden anderen Komponenten $\omega_{\xi\,\eta}$ bedeutend, so daß

Figurenachse
Winkelgeschwindigkeitsachse
Drallachse

$\Big\}$ so dicht beieinander liegen, daß man sie in einer Geraden liegend auffassen kann.

Durch einen Stoß $\int \mathfrak{P}\,dt$ senkrecht auf die Figurenachse entsteht in Verbindung mit der Auflagerkraft ein Kräftepaar, d. h. ein auf Figurenachse und Stoßkraft senkrecht stehender Drehstoß (siehe Abb. 162) $\int \mathfrak{M}\,dt = \int [\mathfrak{a} \cdot \mathfrak{P}]\, dt = \varDelta \mathfrak{B}$, der ebenfalls auf der Drallachse senkrecht stehend nur dessen Richtung ändert. Nach dem Stoß führt die Figurenachse, die während der kurzen Stoßdauer ihre Richtung nicht geändert hat, den Gesetzen des kräftefreien Kreisels entsprechend, eine Präzessionsbewegung um die raumfeste Drallachse $\mathfrak{B}_1 = \mathfrak{B}_0 + \varDelta \mathfrak{B}$ mit dem Öffnungswinkel

$$\vartheta = \text{arc tg}\, \frac{\varDelta B}{B_0} = \text{arc tg}\, \frac{\int M\,dt}{B_0} \qquad \text{aus.}$$

---

[1] Die dritte Eulersche Gleichung geht wegen $J_1 = J_2 \equiv J$ in die dynamische Grundgleichung über: $\mathfrak{M}_\zeta = J_3 \cdot \varepsilon_\zeta$, d. h. $\varDelta\,\omega_\zeta = \int M_\zeta \cdot dt = \dfrac{\varDelta B_\zeta}{J_3}$. Aus den ersten beiden Eulerschen Gleichungen

$$J \cdot \varepsilon_\xi = (J - J_3) \cdot \omega_\eta \cdot \omega_\zeta$$

und

$$J \cdot \varepsilon_\eta = (J_3 - J) \cdot \omega_\zeta \cdot \omega_\xi$$

erhält man durch Division

$$\omega_\xi \cdot d\omega_\xi = -\omega_\eta \cdot d\omega_\eta, \quad \text{d. h. aber} \quad \omega_\xi^2 + \omega_\eta^2 = \text{const}.$$

Je größer der Anfangsdrall $B_0$ war, je schneller also der Kreisel rotierte, um so enger ist der Präzessionskegel, d. h. um so unempfindlicher ist der Kreisel gegenüber Stößen (nur schwache Erzitterungen der Figurenachse).

Infolge des Drehstoßes erhält der Kreisel eine Zusatz-Drehgeschwindigkeit in Richtung des Stoßmomentes, d. h. die Figurenachse weicht senkrecht zur Stoßkraft aus[1]. Dies ist der Satz vom gleichsinnigen Parallelismus:

Wird auf einen schnellen Kreisel ein Störungsmoment ausgeübt, so ist die Drehachse bestrebt, sich mit der Störung in gleichsinnigen Parallelismus (d. h. gleiche Richtung und gleicher Pfeilsinn) zu stellen.

### $\delta$) Konstantes Drehmoment auf die Figurenachse ausgeübt (schwerer Kreisel).

Das beliebige Drehmoment (z. B. Moment des Gewichtes, wenn Schwerpunkt und Unterstützungspunkt nicht zusammenfallen = schwerer Kreisel) kann in die beiden Komponenten in Richtung der Figurenachse und senkrecht dazu zerlegt werden. Die erste Komponente ändert bei einem schnellen Kreisel (Figuren-, Drall- und Winkelgeschwindigkeitsachse liegen praktisch in einer Geraden) nur die Größe der Winkelgeschwindigkeit um die Figurenachse (siehe S. 111). Die Komponente senkrecht auf der Figurenachse ändert aber beständig die Richtung des Dralles durch den Zusatzdrall (siehe Abb. 163).

$$d\mathfrak{B} = \mathfrak{M} \cdot dt = [\mathfrak{a} \cdot \mathfrak{P}] \cdot dt.$$

Nach der Figur ist aber auch $dB = B \cdot \sin\alpha \cdot d\varphi$, mithin beschreibt der Drallvektor $\mathfrak{B}$ um die raumfeste $z$-Achse einen Kreiskegel mit dem ursprünglichen Öffnungswinkel $\alpha$. Die Winkelgeschwindigkeit dieser (pseudoregulären) Präzession ist:

$$\frac{d\varphi}{dt} = \mu = \frac{M}{B \cdot \sin\alpha}$$

oder in Vektorform

$$\mathfrak{M} = [\overline{\mu} \cdot \mathfrak{B}].$$

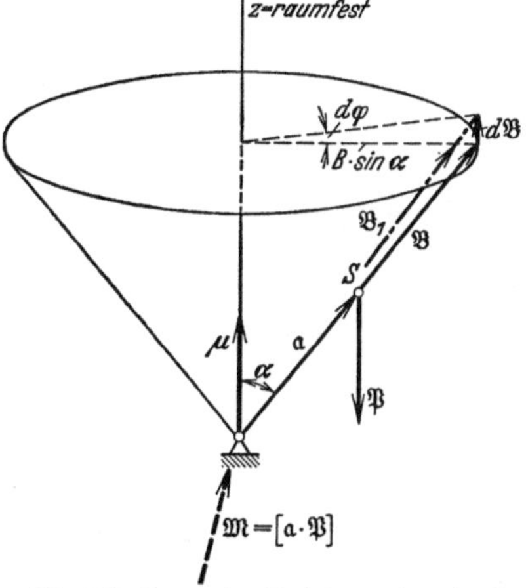


Abb. 163. Dauerndes Drehmoment senkrecht zur Figurenachse.

Die Präzession der Drallachse (und der nahebei liegenden Figurenachse, $\alpha \approx \vartheta$) um die raumfeste $z$-Achse ist dem Störungsmoment direkt und der Winkelgeschwindigkeit des Kreises $(B \sim \omega)$ umgekehrt verhältig.

Die Figurenachse beschreibt, da sie mit der Drallachse nicht genau in einer Linie liegt, um diese einen Kegel, allerdings mit sehr geringem Öffnungswinkel, so daß sie um die raumfeste $z$-Achse keinen exakten Kegelmantel beschreibt. Aber auch die Drallachse führt keine reine Präzession aus, da wegen des Tanzens der Figurenachse um die Drallachse auch das an der Figurenachse angreifende Moment $\mathfrak{M} = [\mathfrak{a} \cdot \mathfrak{P}]$ kleine Erzitterungen ausführt. (Daher der Name pseudoreguläre Präzession.) Die Schwankungen der Figurenachse um die Drallachse, Nutationen genannt, sind (siehe S. 111)

$$\mu' = \frac{B}{J}.$$

Die Nutationsgeschwindigkeit wächst mit dem Drall und ist unabhängig von dem Störungsmoment.

---

[1] Der Nachweis kann auch durch Betrachten der Geschwindigkeit des Stoßpunktes erbracht werden. Nach dem Arbeitssatz ist $(\mathfrak{M} \cdot \overline{\omega}) = \dfrac{dT}{dt}$. Da aber $\mathfrak{M} \perp \overline{\omega}$ steht, ist die Änderung der kinetischen Energie $\dfrac{dT}{dt} = 0 = (\mathfrak{P} \cdot \mathfrak{v})$, d. h. die Geschwindigkeit des Stoßpunktes steht senkrecht auf der Stoßkraft.

Umlaufzeit für Präzession des Dralles $\quad T_\mu = \dfrac{2\pi}{\mu}$,

Umlaufzeit für Nutation der Figurenachse $\quad T_{\mu'} = \dfrac{2\pi}{\mu'}$,

Anzahl Nutationen bei einem Präzessionsumlauf $n = \dfrac{T_\mu}{T_{\mu'}} = \dfrac{\mu'}{\mu} = \dfrac{B^2 \cdot \sin\alpha}{M \cdot J}$.

Für einen schnellen Kreisel ist dieses Verhältnis ($n \sim B^2$) groß.

## b) Reguläre Präzession aufgezwungen, Trägheitswiderstand des Kreisels (Kreiselmoment) gesucht.

### α) Symmetrischer Kreisel.

Wird dem Kreisel von der Eigenschnelle $\nu$ eine reguläre Präzession $\mu$ aufgezwungen, so ist das dafür erforderliche Drehmoment $\mathfrak{M}$ bzw. das widerstehende Trägheitsmoment des

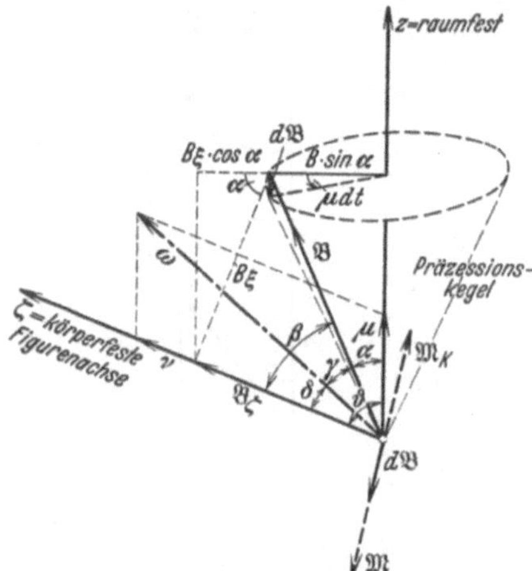



Abb. 164. Entstehung des Kreiselmomentes $\mathfrak{M}_K$ bei aufgezwungener Präzessionsbewegung $\bar{\mu}$.

Kreisels (das Kreiselmoment) $\mathfrak{M}_K$ (siehe Abb. 164)[1]

$$\mathfrak{M}_K = -\mathfrak{M}$$
$$= [\bar{\nu} \cdot \bar{\mu}] \cdot \left\{ J_3 + (J_3 - J) \cdot \frac{\mu}{\nu} \cdot \cos\beta \right\},$$
$$|\mathfrak{M}_K| = \nu \cdot \mu \cdot \sin\vartheta \cdot \left\{ J_3 + (J_3 - J) \cdot \frac{\mu}{\nu} \cdot \cos\beta \right\}$$
$$= M_{K1} + M_{K2}.$$

Kreiselmoment im engeren Sinne:

$$M_{K1} = J_3 \cdot \nu \cdot \mu \sin\vartheta .$$

$\bar{\nu}\,\bar{\mu}\,\mathfrak{M}_{K1} \equiv$ rechtshändiges Koordinatensystem, d. h. $\mathfrak{M}_{K1} =$ Richtung der negativen Knotenlinie (siehe Abb. 166).

Höchstwert für $\sphericalangle \vartheta = \sphericalangle \widehat{\bar{\nu}\,\bar{\mu}} = 90^0$, d. h. Präzession $\mu$ steht senkrecht auf der Figurenachse $\nu$.

Schleudermoment:

$$M_{K2} = \mu^2 \cdot \tfrac{1}{2} \sin 2\vartheta \cdot (J_3 - J) .$$

Es ist unabhängig von der Kreiselbewegung (Eigenschnelle $\nu$) und tritt bei jedem Körper als Wirkung der **Fliehkräfte** auf[2].

Höchstwert:
$$M_{K2} = M_{K2\,\text{max}} \quad \text{für} \quad \sphericalangle \vartheta = \sphericalangle \widehat{\bar{\nu}\,\bar{\mu}} = 45^0.$$

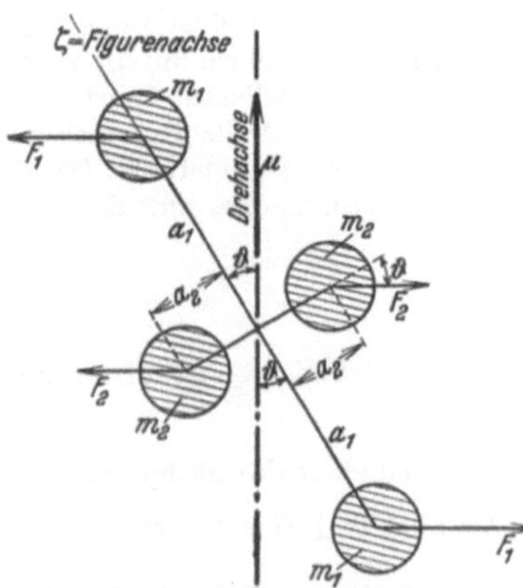



Abb. 165. Entstehung des Schleudermomentes aus den Fliehkräften.

---

[1] Es ist $M \cdot dt = B \cdot \sin\alpha \cdot \mu \cdot dt$ und $B \sin a = B_\zeta \cdot \sin\vartheta - B_\xi \cdot \cos\vartheta$. Mit $B_\zeta = J_3 \cdot \omega_\zeta = J_3 \cdot (\mu \cos\vartheta + \nu)$ und $B_\xi = B \cdot \sin\beta = J \cdot \omega_\xi = J \cdot \mu \cdot \sin\vartheta$ (beim kräftefreien Kreisel ist $\alpha = 0$, d. h. $\beta \equiv \vartheta$, mithin gilt dort $B_\xi = B \cdot \sin\vartheta$ und $B = J \cdot \mu$, siehe S. 111) erhält man $M = \mu \cdot \sin\vartheta \{J_3 \cdot \nu + (J_3 - J) \cdot \mu \cdot \cos\vartheta\}$ wie oben angegeben.

[2] Die Fliehkräfte sind $F_1 = m_1 \cdot b_{n1} = m_1 \cdot a_1 \sin\vartheta \cdot \mu^2$ und ihre Momente (siehe Abb. 165)

$$M_1 = \mp 2 \cdot F_1 \cdot a_1 \cdot \frac{\cos}{\sin}\vartheta .$$

Mithin ist das resultierende Moment

$$M_{K2} = -2 \cdot m_1 \cdot a_1^2 \cdot \mu^2 \cdot \sin\vartheta \cos\vartheta$$
$$+ 2 \cdot m_2 \cdot a_2^2 \cdot \mu^2 \cdot \sin\vartheta \cdot \cos\vartheta$$
oder $M_{K2} = (J_3 - J)\,\mu^2 \cdot \sin\vartheta \cos\vartheta$. (Forts. S. 115)

Kleinstwert: $M_{K2} = 0$, wenn 1. $\measuredangle\,\vartheta = 0$, d. h. Figurenachse $\zeta$ mit der Präzessionsachse $\mu$ zusammenfällt.

2. wenn $\measuredangle\,\vartheta = 90^0$, d. h. Figurenachse senkrecht auf der Präzessionsachse steht.

In beiden Fällen ist die Präzessionsachse eine Hauptachse des Kreisels.

3. $J_3 = J \equiv J_1 = J_2$, d. h. der Kreisel ist ein Kugelkreisel.

Richtung: Das Schleudermoment versucht immer, die Achse mit dem größten Trägheitsmoment zur Drehachse ($\mu$) zu machen.

Gesamtkreiselmoment $M_K = M_{K1} + M_{K2} = 0$, d. h.

$$\{\ \} = 0 = J_3 \cdot v + (J_3 - J) \cdot \mu \cdot \cos\vartheta$$

die Bedingung für die reguläre Präzession eines kräftefreien Kreisels ist erfüllt (vgl. S. 111).

### $\beta$) Schneller symmetrischer Kreisel.

Die Eigenschnelle $v$ ist bedeutend größer als die Präzessionsgeschwindigkeit $\mu$, also auch $v \cdot \mu \gg \mu^2$, d. h. das Schleudermoment verschwindet gegenüber dem eigentlichen Kreiselmoment

$$M_K \approx M_{K1} = v \cdot \mu \cdot J_3 \cdot \sin\vartheta$$

oder in Vektorform

$$\mathfrak{M}_K \approx [\overline{v} \cdot \overline{\mu}] \cdot J_3 .$$

in Richtung der negativen Knotenlinie (siehe Abb. 166).

### $\gamma$) Unsymmetrischer Kreisel.

Aus den Eulerschen Momentengleichungen (siehe S. 109) und den kinematischen Eulerschen Gleichungen (siehe S. 57) folgt für die Komponenten des Kreiselmomentes in der Projektion auf die Knotenlinie, Querachse und Figurenachse (siehe Abb. 166[1]).

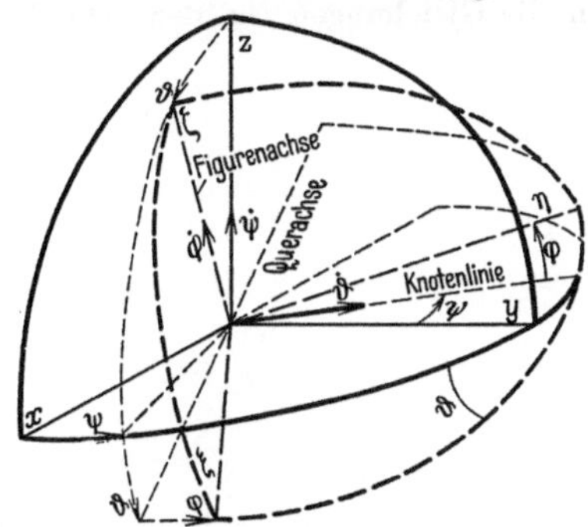


Abb. 166. Lage von Knoten-, Quer- und Figurenachse zum raumfesten Koordinatensystem $xyz$.

Der Drehsinn des Momentes ist für $J_3 \gtrless J$ $\left(\begin{smallmatrix}\text{abgeplatteter}\\\text{gestreckter}\end{smallmatrix}\ \text{Kreisel}\right)$ $\begin{smallmatrix}\text{rechts-}\\\text{links-}\end{smallmatrix}$ herum, das Schleudermoment ist also bestrebt, die Achse mit dem größten Trägheitsmoment zur Drehachse zu machen.

[1] Für die Eulerschen Winkelgeschwindigkeiten erhält man mit $\mu \equiv \dot\psi$, $v \equiv \dot\varphi$ und $\dot\vartheta = 0$ ($\overline{\mu}, \overline{v}, \overline{\omega}$ liegen in einer Ebene)

$$\omega_\xi = -\mu \cdot \sin\vartheta \cdot \cos\varphi ,$$
$$\omega_\eta = +\mu \cdot \sin\vartheta \cdot \sin\varphi ,$$
$$\omega_\zeta = \ \ \mu \cdot \cos\vartheta + v$$

und da $\mu, \vartheta, v = $ const und $\dot\varphi \equiv v$ ist, sind die Winkelbeschleunigungen

$$\varepsilon_\xi = +\mu \cdot v \cdot \sin\vartheta \cdot \sin\varphi ,$$
$$\varepsilon_\eta = +\mu \cdot v \cdot \sin\vartheta \cdot \cos\varphi ,$$
$$\varepsilon_\zeta = 0 .$$

Diese Beziehungen werden in die Eulerschen Momentengleichungen eingesetzt und geben mit der Umformung

$$M_{Knoten} = M_\xi \cdot \sin\varphi + M_\eta \cdot \cos\varphi \quad \text{und} \quad M_{Quer} = -M_\xi \cdot \cos\varphi + M_\eta \cdot \sin\varphi$$

die auf S. 116 angegebenen Gleichungen.

8*

$$M_{Knoten} = + K_2 \cdot \cos 2\,\varphi - K_1\,,$$
$$M_{Quer} \;\; = + K_2 \cdot \sin 2\,\varphi\,,$$
$$M_{Figur} \;\; = \mathfrak{M}_3 = - K_3 \cdot \sin 2\,\varphi\,,$$

hierbei bedeuten:

$$K_1 = \nu\,\mu \cdot \sin\vartheta \cdot \left\{ J_3 + \left( J_3 - \frac{J_1 + J_2}{2} \right) \cdot \frac{\mu}{\nu} \cdot \cos\vartheta \right\},$$

$$K_2 = \frac{1}{2}\,\nu\,\mu \cdot \sin\vartheta \cdot (J_1 - J_2) \cdot \left( 2 + \frac{\mu}{\nu} \cdot \cos\vartheta \right),$$

$$K_3 = \frac{1}{2}\,\mu^2 \cdot \sin^2\vartheta \cdot (J_1 - J_2)\,.$$

### $\delta$) Schneller, unsymmetrischer Kreisel $(\nu \gg \mu)$.

$$K_1 = \mu \cdot \nu \cdot \sin\vartheta \cdot J_3\,,$$
$$K_2 = \tfrac{1}{2}\,\mu \cdot \nu \cdot \sin\vartheta \cdot (J_1 - J_2)\,,$$
$$K_3 = 0\,,$$

d. h.

$$M_{Knoten} = \mu \cdot \nu \cdot \sin\vartheta \cdot \left\{ -J_3 + \frac{J_1 - J_2}{2} \cdot \cos 2\,\varphi \right\},$$

$$M_{Quer} \;\; = \mu \cdot \nu \cdot \sin\vartheta \cdot \frac{J_1 - J_2}{2} \cdot \sin 2\,\varphi\,,$$

$$M_{Figur} \;\; = M_\zeta = 0\,.$$

Für $J_1 = J_2$ erhält man die Gleichungen für den schnellen, symmetrischen Kreisel (vgl. Abschnitt b $\beta$).

# Sachverzeichnis.

## Grundlagen der Mechanik. Mechanik der Punkte und starren Körper.
Bearbeitet von H. Alt, C. B. Biezeno, E. Fues, R. Grammel, O. Halpern, G. Hamel, L. Nordheim, Th. Pöschl, M. Winkelmann. Redigiert von **R. Grammel.** Mit 256 Abbildungen. XIV, 623 Seiten. 1927. RM 51.60; gebunden RM 54.—*

## Mechanik der elastischen Körper.
Bearbeitet von G. Angenheister, A. Busemann, O. Föppl, J. W. Geckeler, A. Nádai, F. Pfeiffer, Th. Pöschl, P. Riekert, E. Trefftz. Redigiert von R. Grammel. Mit 290 Abbildungen. XII, 632 Seiten. 1928.
RM 56.—; gebunden RM 58.60*

## Mechanik der flüssigen und gasförmigen Körper.
Bearbeitet von J. Ackeret, A. Betz, Ph. Forchheimer, A. Gyemant, L. Hopf, M. Lagally. Redigiert von R. Grammel. Mit 290 Abbildungen. XI, 413 Seiten. 1927.
RM 34.50; gebunden RM 36.60*

*(Handbuch der Physik. Herausgegeben von H. Geiger, Kiel, und Karl Scheel, Berlin. Band V—VII.)*

## Lehrbuch der technischen Mechanik für Ingenieure und Physiker.
Zum Gebrauche bei Vorlesungen und zum Selbststudium. Von Professor Dr.-Ing. Theodor Pöschl, Karlsruhe. Zweite, vollständig umgearbeitete Auflage. Mit 249 Textabbildungen. VIII, 318 Seiten. 1930. RM 17.50; gebunden RM 19.—*

## Autenrieth-Ensslin, Technische Mechanik.
Ein Lehrbuch der Statik und Dynamik für Ingenieure. Neu bearbeitet von Dr.-Ing. Max Ensslin, Eßlingen. Dritte, verbesserte Auflage. Mit 295 Textabbildungen. XVI, 564 Seiten. 1922.
Gebunden RM 15.—*

## Lehrbuch der technischen Mechanik. Von Professor M. Grübler, Dresden.

Erster Band: Bewegungslehre. Zweite, verbesserte Auflage. Mit 144 Textfiguren. VII, 143 Seiten. 1921. RM 4.20*

Zweiter Band: Statik der starren Körper. Zweite, berichtigte Auflage. (Unveränderter Neudruck.) Mit 222 Textfiguren. X, 280 Seiten. 1922. RM 7.50*

Dritter Band: Dynamik starrer Körper. Mit 77 Textfiguren. VI, 157 Seiten. 1921. RM 4.20*

## ⓦLehrbuch der technischen Mechanik starrer Systeme.
Zum Vorlesungsgebrauch und zum Selbststudium. Von Professor Dr. Karl Wolf, Wien. Mit 250 Textabbildungen. IX, 359 Seiten. 1931. Gebunden RM 19.—

## Vorträge über Mechanik als Grundlage für das Bau- und Maschinenwesen.
Von Professor Dr.-Ing. Walther Kaufmann, Hannover.

Erster Teil: Einführung in die Mechanik starrer Körper. Achte Auflage des gleichnamigen Lehrbuches von Keck-Hotopp. Mit 520 Abbildungen. XIII, 632 Seiten. 1927. RM 14.50; gebunden RM 16.50*

## Mechanik.
Von Dr.-Ing. Fritz Rabbow, Hannover. (Handbibliothek für Bauingenieure, I. Teil, Bd. 2.) Mit 237 Textfiguren. VIII, 204 Seiten. 1922. Gebunden RM 6.40*

**Aufgaben aus der technischen Mechanik.** Von Professor Ferd. Wittenbauer †, Graz.

> **Erster Band: Allgemeiner Teil.** 896 Aufgaben nebst Lösungen. Sechste, vollständig umgearbeitete Auflage, herausgegeben von Professor Dr.-Ing. Theodor Pöschl, Karlsruhe. Mit 601 Textabbildungen. VIII, 356 Seiten. 1929.
> RM 14.20; gebunden RM 15.60*

> **Zweiter Band: Elastizitäts- und Festigkeitslehre.** 566 Aufgaben nebst Lösungen und einer Formelsammlung. Vierte, vollständig umgearbeitete Auflage, herausgegeben von Professor Dr.-Ing. Theodor Pöschl, Karlsruhe. Mit 498 Textabbildungen. VIII, 318 Seiten. 1931.
> RM 12.60; gebunden RM 14.—*

> **Dritter Band: Flüssigkeiten und Gase.** 634 Aufgaben nebst Lösungen und einer Formelsammlung. Dritte, vermehrte und verbesserte Auflage. Mit 433 Textabbildungen. VIII, 390 Seiten. 1921. Unveränderter Neudruck 1922.
> Gebunden RM 8.—*

**Einführung in die Mechanik und Akustik.** Von Professor Dr.-Ing. e. h. R. W. Pohl, Göttingen. Zweite, verbesserte Auflage. (Einführung in die Physik, Bd. I.) Mit 440 Textabbildungen, darunter 14 entlehnte. VIII, 251 Seiten. 1931.
Gebunden RM 15.80

**Die technische Mechanik des Maschineningenieurs** mit besonderer Berücksichtigung der Anwendungen. Von Professor Dipl.-Ing. P. Stephan, Reg.-Baumstr.

> **Erster Band: Allgemeine Statik.** Mit 300 Textfiguren. VI, 160 Seiten. 1921.
> Gebunden RM 6.—*

> **Zweiter Band: Die Statik der Maschinenteile.** Mit 276 Textfiguren. IV, 268 Seiten. 1921.
> Gebunden RM 9.—*

> **Dritter Band: Bewegungslehre und Dynamik fester Körper.** Mit 264 Textfiguren. VI, 252 Seiten. 1922.
> Gebunden RM 9.—*

> **Vierter Band: Die Elastizität gerader Stäbe.** Mit 255 Textfiguren. IV, 250 Seiten. 1922.
> Gebunden RM 9.—*

> **Fünfter Band: Die Statik der Fachwerke.** Mit 198 Textfiguren. IV, 140 Seiten. 1926.
> Gebunden RM 8.40*

**℗Einführung in die Mechanik fester elastischer Körper und das zugehörige Versuchswesen.** (Elastizitäts- und Festigkeitslehre.) Von Professor Dr. Rudolf Girtler, Brünn. Mit 182 Textabbildungen. VIII, 450 Seiten. 1931.
Gebunden RM 29.—

**Graphische Dynamik.** Ein Lehrbuch für Studierende und Ingenieure. Mit zahlreichen Anwendungen und Aufgaben. Von Professor Ferdinand Wittenbauer †, Graz. Mit 745 Textfiguren. XVI, 797 Seiten. 1923. Gebunden RM 30.—*

**Praktische Winke zum Studium der Statik und zur Anwendung ihrer Gesetze.** Ein Handbuch für Studierende und praktisch tätige Ingenieure. Von Geh. Reg.-Rat Professor Robert Otzen, Hannover. Vierte Auflage. Mit 147 Abbildungen. VIII, 212 Seiten. 1923. RM 3.—*

**Die Statik im Eisenbetonbau.** Ein Lehr- und Handbuch der Baustatik. Von Professor Dr.-Ing. Kurt Beyer, Dresden. Verfaßt im Auftrage des Deutschen Beton-Vereins. Zweite, vollständig neubearbeitete Auflage.

> **Erster Band.** Mit 572 Abbildungen im Text, zahlreichen Tabellen und Rechenvorschriften. VIII, 389 Seiten. 1933.
> Gebunden RM 32.50

> **Zweiter Band.** Mit 800 Abbildungen im Text, zahlreichen Tabellen und Rechenvorschriften. VI, 414 Seiten. 1934.
> Gebunden RM 30.—

---